普通高等教育应用型人才培养在线开放课程新形态一体化规划教材
普通高等教育创新创业人才培养系列教材

创新思维训练

主　编　曹福全　丛喜权
副主编　吴永志　王妍玮
　　　　杨得成

高等教育出版社·北京

内容提要

本书是普通高等教育应用型人才培养在线开放课程新形态一体化规划教材，普通高等教育创新创业人才培养系列教材。

本书立足于基础创新能力的养成性培养，从创新思维与方法的本源出发，以体验学习理论为指导，以创新活动的思维引导、工具实施、实践融通为主线，将课程总体框架分为相互联系的三个部分：心法篇、技法篇和战法篇。第一篇"心法篇——创新思维"，按照建立创新自信→突破思维障碍→感悟创新思维→收获思维果实的知识路线，分为七个子模块：挖掘思维的潜力（全脑思维）、打破思维的惯性（惯性思维）、突破思维的象限（发散思维）、架起思维的桥梁（联想思维）、展开思维的翅膀（想象思维）、倒转思维的方向（逆向思维）、捕捉思维的火花（灵感思维）；第二篇"技法篇——创新工具"，按照发现问题、分析问题、解决问题的一般创新流程，分为包含两个团队创新方法模块在内的八个子模块：思维激励——头脑风暴法、平行思考——六顶思考帽、质疑思考——5W2H法、系统思考——九屏幕法、动态思考——和田十二法、极限思考——STC算子与最终理想解、矛盾思考——分离原理、应用资源——资源分析；第三篇"战法篇——创新实训"，包含三个综合训练子模块：创思实训、创意实训、创造实训。

为方便学习者快速有效地掌握核心知识，也方便教师实现线上线下混合式教学模式，本书配套在职业教育数字化学习中心（www.icve.com.cn，简称"智慧职教"）上建有"创新思维训练"在线开放课程，包括教学PPT、微课、动画、视频、文本等丰富数字资源，并择取优质数字资源，做成二维码在书中进行标注，即扫即学。具体获取方式详见书后"郑重声明"的资源服务提示。

本书既适用于高等职业院校开设创新思维与方法课程使用，也适用于普通本科院校开设相关的通识课程之用，亦可作为创新思维与方法自我训练用书。

图书在版编目（CIP）数据

创新思维训练 / 曹福全，丛喜权主编 . -- 北京：高等教育出版社，2019.5（2025.1重印）
ISBN 978-7-04-050898-7

Ⅰ.①创… Ⅱ.①曹…②丛… Ⅲ.①创造性思维 - 思维训练 Ⅳ.① B804.4

中国版本图书馆 CIP 数据核字（2018）第 245147 号

创新思维训练
CHUANGXIN SIWEI XUNLIAN

策划编辑	李聪聪	责任编辑	李聪聪	封面设计	李小璐	版式设计	李小璐
插图绘制	于 博	责任校对	张 薇	责任印制	存 怡		

出版发行	高等教育出版社	咨询电话	400-810-0598
社 址	北京市西城区德外大街4号	网 址	http://www.hep.edu.cn
邮政编码	100120		http://www.hep.com.cn
印 刷	肥城新华印刷有限公司	网上订购	http://www.hepmall.com.cn
			http://www.hepmall.com
开 本	787mm×1092mm 1/16		http://www.hepmall.cn
印 张	22	版 次	2019年5月第1版
字 数	410千字	印 次	2025年1月第8次印刷
购书热线	010-58581118	定 价	44.80元

本书如有缺页、倒页、脱页等质量问题，请到所购图书销售部门联系调换
版权所有 侵权必究
物 料 号 50898-00

大众创新 万众创业

在这个时代，很容易产生颠覆性的创新。

为了吃货女友，他创办了 eBay；由于一次"课堂作业"，Google 在车库里诞生；为了对抗寄宿高中"变态"的校园文化，他从哈佛大学退学创办了 Facebook；由于交不起房租打不起车，他们推出了"分享经济"……

你有扎实的知识素养、敏锐的机会捕捉能力，你有强健的体魄、初恋般的热情，你有宗教般的虔诚、坚持不懈的韧劲……

年轻人改变世界！

智慧职教平台信息化教学服务指南

基于"智慧职教"开发和应用的新形态一体化教材，素材丰富、资源立体，教师在备课中不断创造，学生在学习中享受过程，新旧媒体的融合生动演绎了教学内容，线上线下的平台支撑创新了教学方法，可完美打造优化教学流程、提高教学效果的"智慧课堂"。

"智慧职教"是由高等教育出版社建设和运营的职业教育数字教学资源共建共享平台和在线教学服务平台，包括职业教育数字化学习中心（www.icve.com.cn）、职教云（zjy2.icve.com.cn）和云课堂（APP）三个组件。其中：

● 职业教育数字化学习中心为学习者提供了包括"职业教育专业教学资源库"项目建设成果在内的大规模在线开放课程的展示学习。

● 职教云实现学习中心资源的共享，可构建适合学校和班级的小规模专属在线课程（SPOC）教学平台。

● 云课堂是对职教云的教学应用，可开展混合式教学，是以课堂互动性、参与感为重点贯穿课前、课中、课后的移动学习 APP 工具。

"智慧课堂"具体实现路径如下：

1. 基本教学资源的便捷获取

职业教育数字化学习中心为教师提供了丰富的数字化课程教学资源，包括与本书配套的教学大纲、教学 PPT、微课、动画、实训、试题库、习题参考答案等。未在 www.icve.com.cn 网站注册的用户，请先注册。用户登录后，在首页或"课程"频道搜索本书对应课程"创新思维训练"，即可进入课程进行在线学习或资源下载。

2. 个性化 SPOC 的重构

教师若想开通职教云 SPOC 空间，可将院校名称、姓名、院系、手机号码、课程信息、书号等发至 1735644788@qq.com（邮件标题格式：课程名＋学校＋姓名＋SPOC 申请），审核通过后，即可开通专属云空间。教师可根据本校的教学需求，通过示范课程调用及个性化改造，快捷构建自己的 SPOC，也可灵活调用资源库资源和自有资源新建课程。

3. 云课堂 APP 的移动应用

云课堂 APP 无缝对接职教云，是"互联网＋"时代的课堂互动教学工具，支持无线投屏、手势签到、随堂测验、课堂提问、讨论答疑、头脑风暴、电子白板、课业分享等，帮助激活课堂，教学相长。

智慧职教助力智慧课堂

- 调用国家资源库精品资源，
  海量在线开放课程任您选择
- 建设整合自有资源，
  快捷构建教师专属在线开放课程
- 全程教学掌上互动，
  即时分析教学数据，
  倾力打造智慧课堂

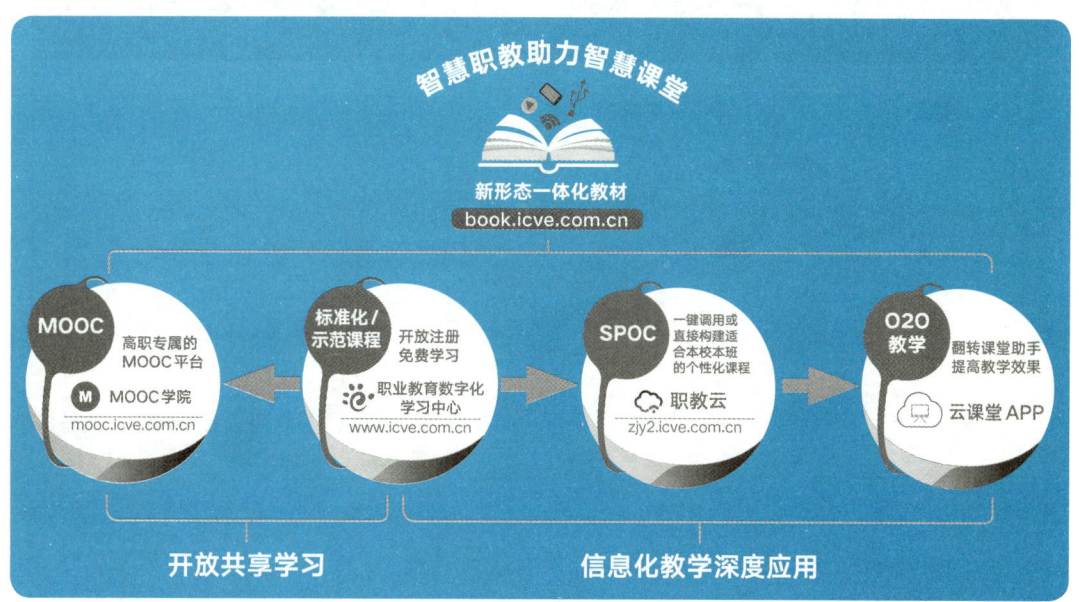

立体化教学资源

智慧职教在线开放课程

网址：www.icve.com.cn

登录"智慧职教"平台，进入"创新思维训练"在线开放课程进行学习

二维码资源

本教材边白配有二维码资源，可使用智能移动终端扫描学习

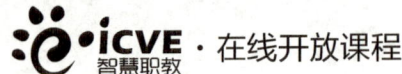

创新思维训练

曹福全

出版说明

2015年5月，国务院办公厅下发《关于深化高等学校创新创业教育改革的实施意见》。意见要求，高校要面向全体学生开发开设研究方法、学科前沿、创业基础、就业创业指导等方面的必修课和选修课，课程要纳入学分管理，建设依次递进、有机衔接、科学合理的创新创业教育专门课程群。

2015年12月，教育部印发《关于做好2016届全国普通高等学校毕业生就业创业工作的通知》。通知指出，从2016年起所有高校都要设置创新创业教育课程，对全体学生开发开设创新创业教育必修课和选修课，纳入学分管理。

2016年7月，高等教育出版社在教育部职业技术教育中心研究所"高职创新创业培养体系的研究与实践"课题的指导下，经过调研众多高职院校创新创业开课情况，以及与全国商业行指委、知名企业/行业高管深入研究的基础上，完成了创新创业教育整体教学解决方案，全新推出创新创业课程群，并相应建设在线开放课程及新形态一体化教材。

创新创业教育整体教学解决方案所倡导的创新创业人才培养模式是：双创教育与专业教育融合，众创空间与实训基地融合，基于在线开放课程群的整体教学解决方案。与创新创业相关的，涉及学生的基本素质、基础知识、基本技能的课程是：创新创业基础/创新创业实务、创新思维训练、创新创业财务知识、创新创业营销技能、创新创业管理技术。

学习者可在高等教育出版社智慧职教（www.icve.com.cn）平台在线学习创新创业课程。

总之，创新创业是一种很理智的商业投资行为，而非"只是为了证明自己和实现理想"的感性、盲目之举，也并非只是理想主义的乌托邦。创新创业的大学生们，需要具备足够的素养、知识、技能。高等教育出版社推出的创新创业在线开放课程及新形态一体化教材，就是为了帮助创新创业的大学生们做好从心理、精神到行为的足够准备。

高等教育出版社
2016年7月

前言

创新能力是面对当今飞速发展变化的信息时代各种竞争和挑战应所必备的核心能力，而创新能力的核心是创新思维。

思维决定思路，思路决定出路，出路决定人生。"创新思维训练"课程是一门经过长期教学实践检验，抽取、融合多种优秀创新思维方法，以创新的理念、创新的视野、创新的方式精心构建的创新思维训练课程。本课程将与每一位讲授者和学习者一起，共同打开思维的创新之门，让巡行在传统思维长廊中的人们从此步入五彩缤纷的新奇世界，学会用全新视角、开阔的思路来迎接挑战，抢抓机遇，获取在山重水复中开拓柳暗花明的出路的本领，创造精彩人生！

本课程的特色与亮点

突出思维先导：创新性解决问题的过程是辩证的、动态的过程，思维的水平决定着工具应用的水平。本课程将开放的思维、辩证的方法、进化的理念贯穿于课程设计的始终，也应贯穿于课程实施的始终。

方法多维融合：本课程集成了已被创新实践反复证明的一些优秀、成熟方法之精髓，但不是简单的堆砌，而是按照创新思维规律和一般流程进行优化组合。本课程首次将 TRIZ（发明问题解决理论）的核心内容——理想解、矛盾、资源和部分优秀工具从其庞大体系中拆解出来，以通俗浅显的方式纳入本课，并与一般性的创新思维训练内容有机融合。

内容简捷实用：本课程的理论内容力求言简意赅，必要的原理阐述力求通俗扼要；案例选择力求贴近生活、贴近应用；实训内容力求目标明确、难度适中、生动有趣、便于实施。对于关键知识点和技能点，以及拓展资源，均可扫描教材边白的二维码获取相关学习资源。

强化主体视角：本课程充分重视学生学习的主体性和主观能动性。主要章节以第一人称"我"导入内容，学习方式与策略的设计围绕学生这一主体，关注个性，关注主观能动性，在课程实施中注重引导学生"自主构建"创新思想和技能。本课程让学习者扔掉烦琐的学习笔记，直接在每页的"妙思偶得"栏中随时简要记录下自己的学习心得和想法，从而更专注于学习的"体验"之中。

方便教学设计：教师是学生与课程之间的纽带，教师是课程的直接实施者，课程目标的实现和教学的效果取决于教师；教师的指导决定着学生的学习方向、内容、进程、结果和质量，起引导、规范、评价和纠正的作用。本课程为教师的教学设计、实施与实践指导提供了丰富而富有特色的资源和范例。教师可以通过这些资源有效组织教学，激发学生强烈的创新激情，帮助他们体验成功，发展思维，养成创新的思维习惯和行为习惯，成为一个勇于探索，敢于创造的新时代创新人才。

本课程的教学目标与方法

充分利用本课程丰富的内容和资源，通过以学生为主体的体验式学习和实训，让学生认识创新的本质和自身的创新潜能，领会区别于传统垂直思维的创新性思维的属性和运用方式，掌握个体和团队创新的思维技巧、过程和方法，学会使用部分易学好用的优秀创新方法。

行为取向目标：了解创新思维的基本属性、特点和方式；掌握基本的创新思维方法；领会团队创新的思维组织方法和技巧；学会基础创新工具的使用。

生成性目标：初步建立学生科学的、动态的、多维的创新思维模式，养成积极思维、辩证思维的良好习惯；逐步学会驾驭自己的思维。

表现性目标：课程内容，尤其创新实训内容上注重学生个性差异，体现学生主体性，知识情境、技能情境的营造利于激发学生的创造精神、批判思维。

在教学方法上，遵循体验式学习的基本原则。各章基本结构遵循体验式学习的一般要求：

创新故事 → 知识导图 → 学习目标 → 知识内容 → 基本训练 → 拓展训练

体验：以学生为主体组织知识与实训内容，让学习者完完全全地参与学习过程，使学习者真正成为课堂的主角。

领悟：通过浅显的知识说明、丰富的案例解析、生动的实践操作等，从多个视角提供观察思考的材料，领悟创新思维的真谛。

形成：通过学习和领悟，让创新思维真正融入头脑之中；通过体验和实训，初步形成创新的习惯技能。

验证：通过知识延伸和实践拓展，测试、验证、巩固知识和技能成果。

本课程的知识结构

在符合认知规律，保证结构完整，符合教材、课程的基本属性要求基础上，课程章节内容安排体现了前后联系的线性关系，同时也力求体现创新思维所具有的"非线性"的生态架构。

创新能力源自创新思维、创新方法以及创新实践的有机结合，本课程的三大基本模块，也揭示了模块之间最本质的联系：思维引导工具、工具辅助思维，二者相互作用共同构成了方法；方法在实践中不断应用，融会贯通，才能转化为技能；熟悉方法，掌握技能，才真正获得了能力。

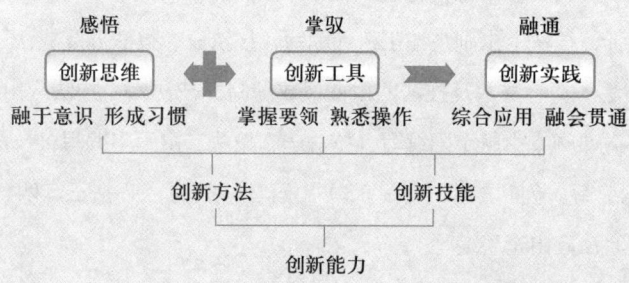

基于以上简图所示，本课程三大模块的内容设计包括心法篇、技法篇、战法篇：

心法篇——感悟创新思维　思维是创新的主导，是方法的灵魂，是创新者应该时时修炼的"内功"。只有将创新的思维领悟至深且融于意识，形成习惯，才能在创新过程中得心应手，如鱼得水。内功的心法是需要用心去感悟的，而且，只要用心，我们会发觉一切原来如此容易！当它真正融为我们思维的有机成分，一个新奇的充满活力的世界将会呈现在我们面前！心法篇中，我们将从认识思维潜能开始，打破思维惯性、树立发散意识，然后通过联想、想象、逆向的方法充分发散思维，并学会随时捕捉灵光一现的创新灵感。

技法篇——掌驭创新工具　工具是创新的手段，是方法的基础，是创新者应该努力掌握的"技法"。首先是团队协作创新的技法。我们深深懂得团队协作的重要性，所以，我们先学会整合智力，协调一致。头脑风暴法将会让我们感受到思维激励、集思广益的神奇力量；六顶思考帽将会使思维并联同步，无往不胜！其次是创新问题具体解决过程中常用的基本工具与技法。我们将从疑问开始，以问题为导向，逐步深入,探索用系统思考的方法全面认识问题、学会用动态思考的方法简单解决问题、尝试用极限思考的方法进一步发现问题和寻找解决问题的终极目标、用矛盾思考的方法剖析问题的深层次根源和有效分离矛盾,还有关键的一步:找到最终解决问题的材料——资源。

战法篇——融通创新实践　实践出真知,实战出真技。在这里,我们将融会贯通创新的各种心法技法,熟悉创思、创意、创造的流程,练就综合应用创新方法解决实际问题的技能,初步形成现代社会生存必备的核心能力——创新能力。

本课程是黑龙江省哲学社会科学规划项目"TRIZ本土化理论体系研究"(13D056)的阶段性成果,同时综合了内蒙古电子信息职业技术学院计算机科学系"高等职业教育创新发展行动计划——'互联网+'创新创业课程群"建设项目成果。

本书技法篇及其资源由主编曹福全设计,心法篇由主编丛喜权设计,战法篇由副主编吴永志设计,技法七由副主编王妍玮编写,技法三、技法五及战法三由副主编杨得成编写,心法一、心法六及技法四由曲凤成编写,技法六、技法八由辛明远编写,战法一及全部微课脚本由赵宇阳编写,技法一、战法二由王丰编写,技法二及全部动画脚本由徐驰编写,创新故事(1~18)由石春华编写,心法三、四、七由贺栋编写,心法二、心法五由李瑛编写。

我们致力于建设一门深受广大师生喜爱的课程,一门有趣的、贴心的、互动的、易学实用的课程,一门一朝学习终身受益的课程。我们深知,一门好的课程的构建,需要学生、老师、编者以及搭建课程平台、开发课程资源的许许多多幕后者共同的努力。我们期待着广大师生积极参与学习该门课程,并提出宝贵的意见、建议,我们将不断改进、完善、优化课程的形式、内容和资源,努力打造创新思维与方法的精品课程。

编　者

2019年2月

学生序语

这是我用于创新思维训练的手册。我将在它的引导下开始我成为创新能手的神奇之旅！在这片自由的天地中，我将重新发现自我，领悟创新真谛，建立创新的信心，树立创新意识，激发创新潜能，获得创新能力！

现在，我郑重地签下我的名字——

创 新 能 手

当然，还有我的伙伴们。我们将以非常新奇有趣的方式确定创新团队的小组成员，并为我们的团队取一个富有个性的名称。伙伴们，在团队栏中签上我们的名字吧！

我 的 团 队

我知道，学习的旅途不会一帆风顺，但我也知道，除了并肩的伙伴们，我们身后还有护航的老师，随时为我们指引方向，答疑解惑。还有功能强大、资源丰富的在线课程平台，通过扫描二维码，随时随地都能轻松获取帮助。

能力不仅是学来的，更是做来的；不仅是课堂上认真学习领悟，更需要课后坚持训练，持之以恒。我将努力养成良好的思维习惯，随时在每一页的边白处"妙思偶得"记录下自己灵光一现的想法和学习的简要体会，并将勤于思考、随时记录的习惯一直坚持下去。

伙伴们，钥匙已经拿在我们手中，我们将共同开启智慧之门！当我们一步一步地走过这条思维心路，一个奇妙无比的创新世界将呈现在我们面前！

目　录

第一篇　心法篇——创新思维　/1

心法一　挖掘思维的潜力　/3
一、无处不在的创新　/4
二、我的能量超乎我想象　/12
三、我的思维我做主　/14

心法二　打破思维的惯性　/23
一、思维的惯性　/24
二、思维惯性的作用　/25
三、思维惯性的表现形式　/26
四、思维惯性的线性特征与克服方法　/38

心法三　突破思维的象限　/43
一、感悟发散思维　/44
二、提升发散思维的能力　/47

心法四　架起思维的桥梁　/59
一、感悟联想思维　/60
二、联想思维的类型　/62
三、提高联想思维能力的方法　/68

心法五 展开思维的翅膀 /77

一、感悟想象思维 /78
二、想象思维的种类 /80
三、想象思维在创新思维中的作用 /83
四、提高想象思维能力的途径 /84

心法六 倒转思维的方向 /89

一、感悟逆向思维 /90
二、逆向思维的类型 /92
三、逆向思维与发明原理 /97
四、培养逆向思维的途径 /101

心法七 捕捉思维的火花 /105

一、感悟灵感思维 /106
二、灵感思维的培养和训练 /110

第二篇 技法篇——创新工具 /121

技法一 思维激励——头脑风暴法 /123

一、认识思维激励 /124
二、激励思维的头脑风暴法 /126
三、应用头脑风暴法 /129
四、使用头脑风暴法的误区 /134

技法二 平行思考——六顶思考帽 /139

一、认识平行思考 /140
二、六顶思考帽 /142

技法三　质疑思考——5W2H法　/159

一、认识质疑思考　/160
二、5W2H 分析法　/167

技法四　系统思考——九屏幕法　/175

一、认识系统思考　/176
二、建立时空联系的九屏幕法　/178

技法五　动态思考——和田十二法　/193

一、认识动态思考　/194
二、和田十二法　/198

技法六　极限思考——STC算子与最终理想解　/211

一、认识极限思考　/212
二、极限思考的利器——STC 算子　/216
三、理想化的最终结果：最终理想解　/222

技法七　矛盾思考——分离原理　/229

一、认识矛盾思考　/230
二、矛盾分离原理　/233

技法八　应用资源——资源分析　/249

一、认识资源　/250
二、资源分析　/268

第三篇 战法篇——创新实训 /285

战法一 创思实训 /287
一、创新思维训练的要素 /288
二、创新思维综合训练方法 /289

战法二 创意实训 /297
一、创意的方法路线 /298
二、创意实训 /300

战法三 创造实训 /309
一、创造的概念与过程 /310
二、发明创造案例——输电杆塔鸟巢问题的解决 /313

参考文献 /324

知识结构总图

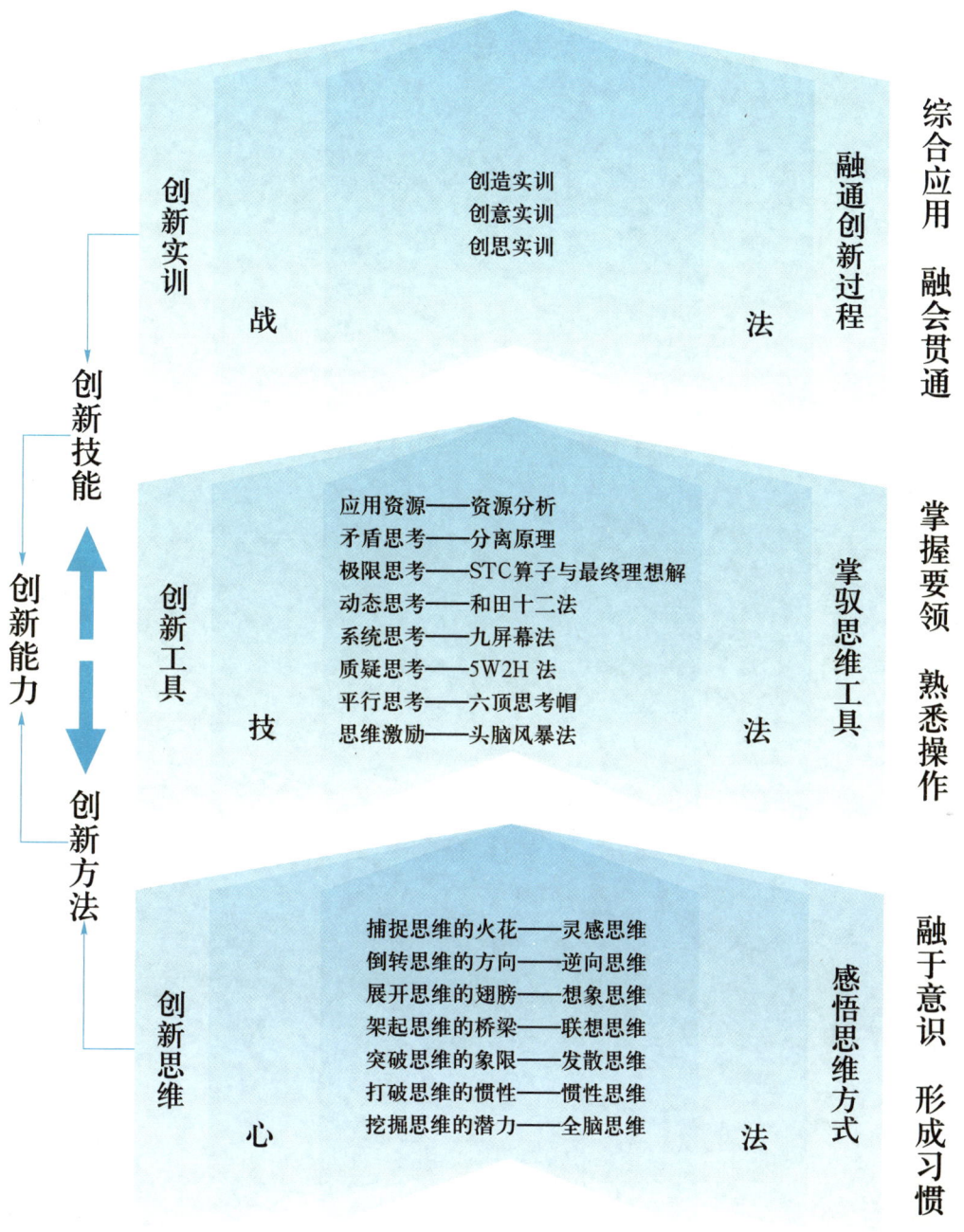

心法篇：创新思维与训练　技法篇：创新工具与训练　战法篇：创新技能与训练

感：感知思维方式
悟：领悟思维内涵

第一篇
心法篇——创新思维

心法要诀——感悟

感悟思维方式

心

捕捉思维的火花——灵感思维
倒转思维的方向——逆向思维
展开思维的翅膀——想象思维
架起思维的桥梁——联想思维
突破思维的象限——发散思维
打破思维的惯性——惯性思维
挖掘思维的潜力——全脑思维

法

融于意识 形成习惯

心法一
挖掘思维的潜力

心法导图

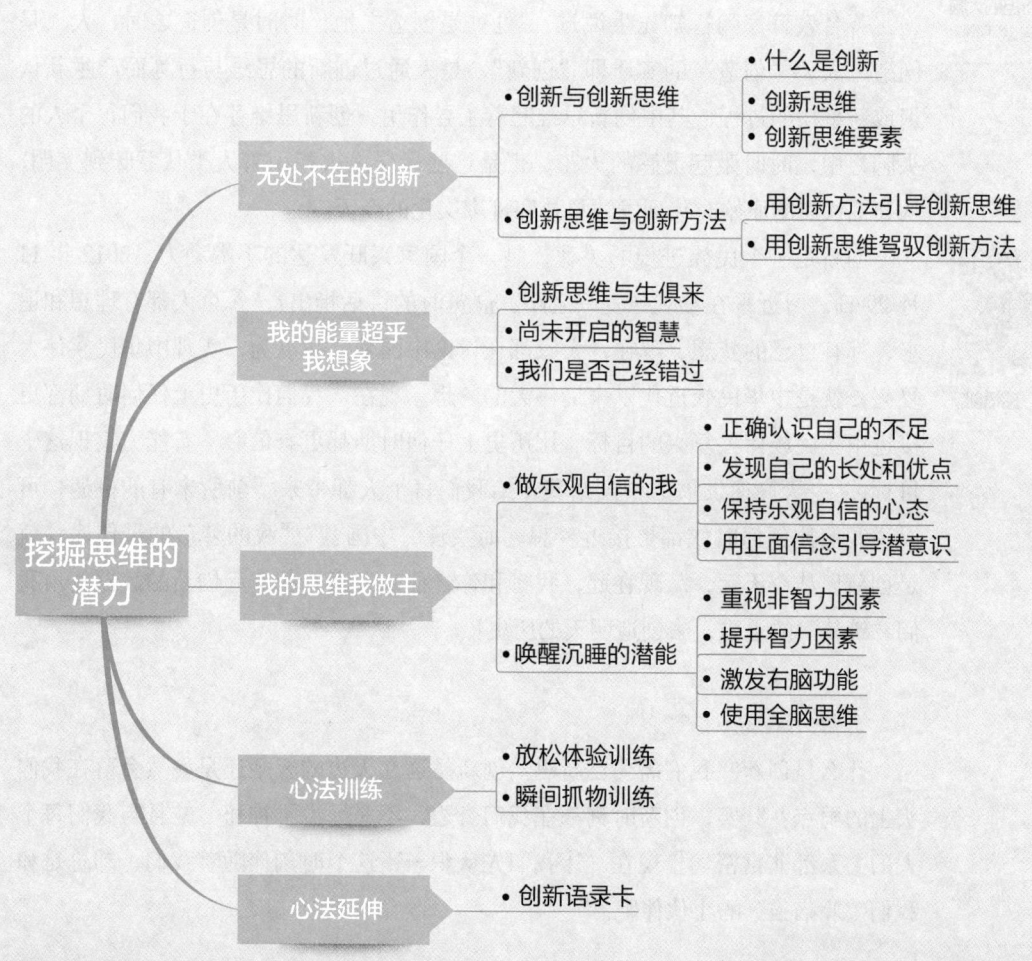

心法目标

1．知识目标：了解创新与创新思维的概念，理解创新思维与创新方法的关系，了解大脑潜能及一般发展规律，掌握挖掘思维潜能的途径。

2．技能目标：学会激发思维潜能的一般性方法。

3．体验目标：打破创新的神秘感，建立（增强）创新的自信心，通过持续练习养成积极思维的良好习惯。

心法内容

思维的质量决定未来的质量。传统思维的精髓在于清除虚假、混乱以及错误的假设，而不是提出更好的观点或想法；其缺点是不能适应变化。在高速变革的今天，"改变"已经日益成为我们思维的重要属性。对于未来，重要的不是判断"是什么"，而是思考"可能成为什么"。我们需要创新的思维！

创新故事1：
爱因斯坦的大脑
是否与众不同

著名教育家陶行知先生说过："处处是创造之地，时时是创造之时，人人是创造之人。""创造"的实质即"创新"，是人通过创新的思维与行为而产生新认识或新事物的过程，其中创新思维起着主导作用。创新思维存在于我们每个人的头脑之中，时时激起灵感的火花。正是这些星星之火指引着人类从蒙昧到文明，从茹毛饮血的原始时代到发达科技和璀璨文化的今天。

创新是一个民族进步的灵魂，是一个国家兴旺发达的不竭动力。2012年11月29日，习近平在参观《复兴之路》展览时的讲话指出："每个人都有理想和追求，都有自己的梦想。现在，大家都在讨论中国梦，我以为，实现中华民族伟大复兴，就是中华民族近代以来最伟大的梦想。现在，我们比历史上任何时期都更接近中华民族伟大复兴的目标，比历史上任何时期都更有信心、有能力实现这个目标。"今天高速发展的中国给我、给我们每个人都带来了前所未有的机遇，可以说我们比任何时候都更接近梦想。而实现"中国梦""我的梦"的最佳途径就是创新！从今天起，从现在起，我将和你、他、大家一起拿起创新的武器，用我们"筑梦"的思维，去创造明天的历史！

一、无处不在的创新

什么是创新？我们需要创新吗？创新是远在天边的云朵还是偶然会落在我们头上的雨点？其实，创新时刻都在我们身边，不遥远也不神秘，并且与我们每个人的关系都非常密切。现在，让我们先认识一下这个时刻伴随着我们，却总是和我们"躲猫猫"的小伙伴吧。

（一）创新与创新思维

1．什么是创新

"创新"一词起源于拉丁语，原意有三层含义：更新、创造新的东西、改变。《现代汉语词典》的解释是：创新就是抛开旧的，创造新的。创新是指以现有的思维模式提出有别于常规或常人思路的见解为导向，利用现有的知识和物质，在特定的环境中，本着理想化需要或为满足社会需求，而改进或创造原来不存在或不完善的事物、方法、元素、路径、环境，并能获得一定有益效果的行为。创新是人类特有的认知能力和实践能力，是人类主观能动性的高级表现。创新是以新思维、新发明和新描述为特征的一种概念化过程。

创新始终推动着人类社会的进步。按考古学观点，人类从诞生至今已经历600多万年的光阴。大约250万年前，人类从树上走到陆地，学会了使用工具，后来又学会了用火、制作陶器、产生了语言、发明了文字……可以说人类发展进步的历史就是一部创新的历史。尤其是第一次工业革命后的200多年来，创新使人类社会生活发生了天翻地覆的变化。如今，以计算机技术为核心的互联网时代极大地拓展了我们的知觉空间，改变了我们的生活方式和习惯——我们已经无法想象没有网络的日子会是什么样。

制造者与创造者

制造者知道如何用正确的方式来做事，他会用最富经济效益的方式做事，用最少的力气制造出最大的成果。而创造者是个四处玩耍、探险的人，他不知道什么是正确的方法，所以他不断地寻找、追寻各种不同的方法；他常常会走错方向，但不论走到哪里，他总是能够从中学习，也因而变得愈来愈丰富。创造者会做出从来没有人做过的事情，如果他只遵循正确的方法做事，就永远无法做出那些没有人尝试过的事情。

【案例1.1.1】

大创新、小创新与微创新

重塑全球的大创新

丝绸之路是两汉时期中国古人开创的连接东西方文明的贸易和文化交流通道，是起始于中国，连接亚洲、非洲和欧洲的古代商业贸易路线。从运输方式上分为陆上丝绸之路和海上丝绸之路。丝绸之路是一条东方与西方之间经济、政治、文化交流的主要通道。它最初的作用是运输中国古代出产的丝绸、瓷器等商品。德国地理学家费迪南·冯·李希霍芬最早在19世纪70年代将之命名为"丝绸之路"。

2013年9月和10月，习近平总书记在出访中亚和东南亚国家期间，先后提出共建"丝绸之路经济带"和"21世纪海上丝绸之路"（简称"一带一路"）的重大倡议。"一带一路"旨在借用古代丝绸之路的历史符号，高举和平发展的旗帜，积极发展与沿线国家的经济合作伙伴关系，共同打造政治互信、经济融合、文化包容的利益共同体、命运共同体和责任共同体。可以说，"一带一路"倡议是人类命运共同体和平发展的伟大创新之举。截止到2017年，全球已经有100多个国家和国际组织积极支持和参与"一带一路"建设，联合国大会、联合国安理会等重要决议也纳入"一带一路"建设内容。"一带一路"建设逐渐从理念转化为行动，从愿景转变为现实，建设成果丰硕。

2017年5月14日，习近平主席在"一带一路"国际合作高峰论坛开幕式上指出，"古丝绸之路绵亘万里，延续千年，积淀了以和平合作、开放包容、互学互鉴、互利共赢为核心的丝路精神。这是人类文明的宝贵遗产。""一带一路"示意图如图1.1.1所示。

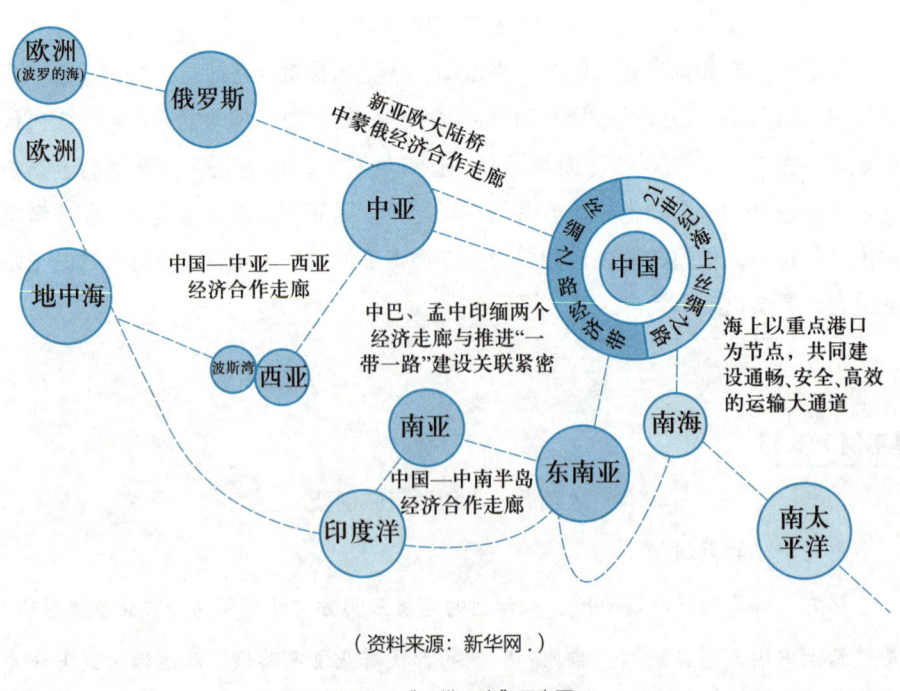

（资料来源：新华网．）

图1.1.1 "一带一路"示意图

"一带一路"建设植根于丝绸之路的历史土壤，重点面向亚欧非大陆，同时向所有朋友开放。以"共商、共建、共享"为原则，旨在欧亚非沿线65个国家、44亿人口建立由铁路、公路、航空、航海、油气管道、输电线路和通信网络组成的综合性立体互联互通的交通网络，并通过产业集聚和辐射效应形成建筑、冶金、能源、金融、通信、物流、旅游等综合发展的经济走廊，通过政策沟通、设施联通、贸易畅通、资金融通、民心相通等"五通"来推进贸易投资便利化，深化经济技术合作，建立自由贸易区，最终形成欧亚大市场。

奈斯比特夫妇与全球社会、经济、政治趋势观察家龙安志合作的新书《世界新趋势》对"一带一路"的历史渊源、当下进展和未来趋势进行了较为全面的分析研究，从而描绘出令人兴奋和鼓舞的前景。奈斯比特夫妇认为，中国推进"一带一路"建设，从经济合作出发，行之有效，受到了普遍欢迎。他们认为，按照发展规律来看，经济发展也会促进教育发展，从而促使人们释放更多的创造力，在帮助个人获得更美好生活的同时也促进各国更为全面的发展。通过更深入地思考和理论归纳，奈斯比特夫妇认为"一带一路"建设还具有对全球化进行重塑的重要意义。他们在《世界新趋势》一书中明确指出："'一带一路'重塑全球化新格局。"

改变世界的小创新

英国《独立报》评选了101项改变世界的小发明，居第一位的是中国算盘。算盘被称为"世界上最古老的计算机"（图1.1.2），有着近两千年的历史。以算盘为工具进行数字计算的方法称为珠算，是中国文化的重要标志之一。

中国珠算协会提供的资料介绍：16世纪，珠算已经成为中国最主要的计算方法，无论是小规模的商铺，还是国家掌控的建筑、天文、金融、运输、海外贸易，珠算都是不可或缺的。1281年，中国开始使用一种新的历法，测定地球公转周期为365.242 5天，距近代观测值365.242 2天仅差26秒；现在音乐中使用的十二平均律，早在16世纪中期的中国就已有记载，这是一项等比数列，要开12次方根获得，中国古代科学家能够完成这些精确计算，都得益于珠算。

20世纪50年代至70年代，珠算协助计算机完成了中国当时许多重大科研课题的精确计算。20世纪60年代，我国研发第一颗原子弹，由于只有一台计算机，为了应付庞大的计算工作，出现了许多算盘高手在原子弹基地的食堂大厅演算原子弹数据的场面，最后的计算结果准确无误。

英国科学史家李·约瑟在他的著作《中国科学技术史》中给予珠算很高的评价。他认为，珠算蕴含坐标几何学的原理，是人类最早利用工具代替大脑进行复杂计算的例证，它的运算过程蕴含着数学发展的机械化思想。中国珠算协会的学术理论研究，也深刻揭示了珠算与计算机的一致性。

图 1.1.2　世界上最古老的计算机——算盘

动画：神奇的算盘

改变生活的微创新

多年致力于创造力研究的创新领域专家德鲁·博迪和雅各布·戈登堡，通过对强生、通用电气、宝洁、SAP、飞利浦等全球顶尖公司的上百种畅销产品的分析发现，创新并非来自天马行空、惊世骇俗的发明，而多是通过在现有框架内进行微小改进，结果却非同凡响、创意无限。这就是"微创新"。在《微创新》一书中，他们将这些方法归结为5大策略：减法、除法、乘法、任务统筹和属性依存。

运用减法策略，把一些原本被认为必不可少的成分删减掉。如传统耳机演变为耳塞，是研发者应用减法策略摘除了上面的耳罩。运用除法策略，在创新过程中，以一种看起来并不可行的方式把产品或服务中的某项功能去除，使该产品或服务发挥其他作用。如把控制功能从电视机上"除去"，而转移到遥控器上，操控电视更加便捷。运用乘法策略，人们可以在沿用产品的某项功能时做些微小改变，这些改变刚开始也许会显得有些多余甚至奇怪。如儿童自行车之所以在常规的前后轮以外，还在后轮两侧安有辅助轮，是为了帮助初学者骑行。运用任务统筹策略，在进行产品或服务的创新时，为了达成目标，某些任务会被整合在一起（通常情况下，任务和目标之间看起来会缺乏相关性）。如广告商们除了在报纸、电视上宣传他们的产品，还将广告登在了所有移动物体上，比如出租车、地铁列车，甚至校车上。许多产品或服务都具备两种以上属性，这些属性看似不相关，可一旦发生关联，就会引发创新的奇迹。如智能手机之所以能为使用者提供饭店的信息和附近朋友的位置，并按照使用者所处方位推荐购物地点，皆依赖于其地理定位技术。

在互联网应用领域，技术已经日趋成熟，发展不再是技术作主导，而是用户体验作主导。因此,用户体验的"微创新"成为新的趋势和浪潮。互联网上的"微创新"规律有两点很关键:①从小处着眼,贴近用户需求心理;②快速出击,不断试错。如:当年所有播放器都没有歌词功能,千千静听做了这一件事儿就成功了;另外,暴风影音就是把国外很多解码器打包在一起,让各种常见格式都能播放,靠这一创新就火起来了。

2. 创新思维

创新思维是指不受现成的常规思路的约束,以新颖、独创的方法解决问题的思维过程。通过这种思维能突破常规思维的界限,以超常规甚至反常规的方法、视角去思考问题,提出与众不同的解决方案,从而产生新颖的、独到的、有社会意义的思维成果。我们常说"思路决定出路,格局决定结局",创新思维是实现创新的重要前提。创新思维具有如下五个特点:

(1) 发散性。发散性思维是一种开放性思维,其过程是从某一点出发,任意发散,既无一定方向,也无一定范围。它主张打开大门,张开思维之网,冲破一切禁锢,尽力接受更多的信息。可以海阔天空地想,甚至可以想入非非。人的行动自由可能会受到各种条件的限制,而人的思维活动却有无限广阔的天地,是任何外界因素难以限制的。

发散性思维是创新思维的核心。发散性思维能够产生众多的可供选择的方案、办法及建议,能提出一些独出心裁、出乎意料的见解,使一些似乎无法解决的问题迎刃而解。

(2) 联想性。联想是将表面看来互不相干的事物联系起来,从而达到创新的界域。联想性思维可以利用已有的经验创新,如我们常说的由此及彼、举一反三、触类旁通,也可以利用别人的发明或创造进行创新。联想是创新者在创新思考时经常使用的方法,也比较容易见到成效。

能否主动地、有效地运用联想,与一个人的联想能力有关,然而在创新思考中若能有意识地运用这种方式则是有效利用联想的重要前提。任何事物之间都存在一定的联系,这是人们能够采用联想的客观基础,因此联想的最主要方法是积极寻找事物之间的一一对应关系。

(3) 求异性。创新思维在创新活动中,尤其在创新初期阶段,求异性特别明显。它要求关注客观事物的不同性与特殊性,关注现象与本质、形式与内容的不一致性。

一般来说,人们对司空见惯的现象和已有的权威结论怀有盲从和迷信的心理,这种心理使人很难有所发现、有所创新。而求异性思维则不拘泥于常规,不

轻信权威，以怀疑和批判的态度对待一切事物和现象。

（4）逆向性。逆向性思维就是有意识地从常规思维的反方向去思考问题的思维方法。如果把传统观念、常规经验、权威言论当作金科玉律，则常常会阻碍我们创新思维活动的展开。因此，面对新的问题或长期解决不了的问题，不要习惯于沿着前辈或自己长期形成的、固有的思路去思考问题，而应从相反的方向寻找解决问题的办法。

（5）综合性。综合性思维是把对事物各个侧面、部分和属性的认识统一为一个整体，从而把握事物的本质和规律的一种思维方法。综合性思维不是把事物各个部分、侧面和属性的认识，随意地、主观地拼凑在一起，也不是机械地相加，而是按它们内在的、必然的、本质的联系把整个事物在思维中再现出来的思维方法。

3. 创新思维要素

美国明尼苏达大学教育心理学系主任托伦斯在长期的研究中总结出以下18个创新思维要素：

（1）问题意识。理解所处状况界定问题，识别核心难点，定义可以解决的子问题。

（2）发现问题。需要独特的角色意识与敏感性，以及一定的前瞻与预见能力。

（3）原创性。避免理解浅薄，突破惯性思维，产生不寻常的回应，选择新颖的视角。

（4）保持开放。避免方案没有酝酿成熟就提前关闭，克服用最简易方法快速完成任务的倾向。

（5）组织与整合。将感知体系中的要素进行新的组合，将不相关的要素组合在一起，将熟悉的变为陌生的，将陌生的变为熟悉的。

（6）关注触觉与听觉。在意肌肉运动的知觉，在意听觉、视觉上的反应。

（7）突破边界。在规则之外思考，改变问题所在的范式或系统，考虑各种替代方案。

（8）突出本质。确定什么是最重要的和绝对必要的，撤除错误的或相关的信息，放弃没有前途的信息，以单一观念或创意为核心，同时整合其他创意。

（9）了解情绪。识别言语和非言语线索，对情绪做出反应，理解情绪并利用情绪更好地了解人物和现状。

（10）通过视觉化来促进想象。用生动、令人激动的图像，产生令五官愉悦的、多彩的、令人兴奋的想象。

（11）换个角度看问题。能够从不同的视觉角度、心理角度和心态来观察事情。

（12）培育与使用幽默。对认知上的不协调做出令人惊喜的反应，对知觉与概念之间的差异进行识别与回顾。

（13）灵活多样。从不同的内容、类别、心智模式和角度来看问题。

（14）适当的情节。添加细节或想法并开发它们，补充可执行的细节。

（15）把创意放置于特定的场景。把经验放在一个更大的框架里，进行有意义的组合，在事物之间建立联系，将情境和创意放在历史背景中加以考虑。

（16）享受和使用幻想。想象与把握那些抽象的不存在的事情。

（17）想象事物的内部状况。注重事物的内在动态变化，描绘事物的内部状况。

（18）未来导向。预测、想象和探索尚不存在的东西，想象事情的可能性，对事件保持开放心态。

（二）创新思维与创新方法

人类最早应用的创新方法是试错法。在得到满意的答案之前，人往往要扑空多次，试错多次。试错的次数，取决于设计者的知识水平和经验。所谓创新是少数天才的工作，正是试错法的经验之谈。选择的有效性取决于任务的复杂性，可以用试验的数量确定其难易程度，为了获得保证的结果——解决问题，必须做这些试验。发明史表明，这个数字的浮动范围非常大，最简单的任务可能需要几十次试验，复杂的任务则可能需要几十万次。试错法在尝试10种、20种方案时是非常有效的，而在解决较复杂任务时，则会浪费大量的精力和时间。

动画：TRIZ

为了解决复杂问题，人们在长期的创新实践中，发明了许多方法，如头脑风暴法、提问法、问题列举法、组合法、信息交合法、形态分析法、联想法、移植法、逆向法、提升与降低价值法、焦点客体法、六顶思考帽、六西格玛（6σ）、功能质量展开（QFD）、发明问题解决理论（TRIZ）等。这些方法有的是直接引导思维的，有的是基于质量管理的，有的是基于需求转化的，有的是应用于技术发明的。那么，这些创新方法与创新思维之间存在什么样的关系呢？

1. 用创新方法引导创新思维

思维需要有科学的方法，方法可以决定思维的方式，提供思维的路线，提高思维的效率和质量。例如，六顶思考帽提供了平行思考的方法，在团队创新过程中可以约束参与者在同一时间内以相同思维方式进行思考，从而有效避免争论，提高思维效率；TRIZ基于进化论和辩证法提供了一系列解决技术问题的工具和方法，在解决问题之初，就应用理想化的方法确定最终理想解，使解决方法朝着正确的目标方向前进以避免盲目性，而后通过矛盾分析找到通向理想解的障碍，确定原理解，最后通过资源分析找到解决问题的最佳方法。

2. 用创新思维驾驭创新方法

在整个创新过程中，思维占主导地位，而创新方法、工具起着辅助思维的作用。例如，头脑风暴法可以辅助使用者进行集体的"胡思乱想"以充分激发想象力和思路，而思考的方向、想法的产生还是依靠参与者的思维；九屏幕法（来源于TRIZ）可以帮助使用者在时间维度和空间维度上建立对事物的全面认识，但如果没有进化的、动态的、形象的创新思维驾驭其应用过程和路线，则很难达到预期效果。

二、我的能量超乎我想象

我会创新吗？我能创新吗？创新是不是很难？创新是不是需要很高深的知识、很聪明的头脑？……很多人都会有这样的疑问。其实，创新是人类与生俱来的属性。虽然每个人的知识水平、思维能力有所不同，但通过正确的引导和训练，掌握创新思维的方法，形成积极思维的习惯，则会挖掘出意想不到的创新思维能力。

（一）创新思维与生俱来

首先看一道智力题：图中有辆公共汽车，A和B两个汽车站。请问，公共汽车现在是要驶向A车站呢，还是驶向B车站？这是美国智力趣题专家米奇尔出的一道观察测试题。实验表明，许多成年人觉得无从下手，而很多儿童少年却轻而易举地解开了难题（图1.1.3）。

图1.1.3　车往哪儿开

为什么儿童少年比成年人更容易解开这样的难题？是他们比成年人更聪明吗？当然不是，而是因为儿童少年没有成年人那么多思维"经验"的束缚。小学时期的儿童形象思维占主导地位，而初中阶段的少年虽然逻辑思维开始占优势，但在很大程度上还属于经验型的，他们的逻辑思维需要更多的感性经验的支持。换句话说，儿童少年的思维更多是直观的、感性的、发散的、形象的，在思考上述问题时，儿童少年不会像成年人那样去试图辨别车头车尾，去观察A站、B站，试图找到应该开往某站的逻辑关系，可能更容易想到上车去看一看。怎么上车呢？车门在哪里？问题其实也就解决了。

一个简单的问题：天上有几个太阳？中国古代神话《后羿射日》中传说有十个太阳，后来被后羿射落九个，只剩下现在的一个。没有人会质疑这个"十日说"，因为它是神话传说。但是，如果一个幼儿园的孩子问老师："天上会有两个太阳吗？"相信绝大多数老师都会回答："天上只有一个太阳，怎么会有两个呢？"

（二）尚未开启的智慧

"我的学习成绩没有别人好"，"我的反应能力没有别人快"，"我很笨"……但是，我真的很笨吗？不！其实我只是没有真正认识和积极挖掘自身的潜力——我们每个正常人都拥有一部宇宙间最复杂最高级的智慧机器：大脑！

人脑分为大脑、小脑、脑干。脑干的功能主要是维持个体生命，心跳、呼吸、消化、体温、睡眠等重要生理功能，均与脑干的功能有关；小脑由左右两个半球构成，小脑和大脑皮层共同控制肌肉的运动，借以调节姿势与身体的平衡；大脑是中枢神经系统的最高级部分，分为左右两个大脑半球，二者由约2.5亿条神经纤维构成的胼胝体相连。大脑半球表面有许多弯弯曲曲的沟裂，称为脑沟，其间凸出的部分称为脑回。研究发现大脑两半球有各自独立的功能。它们分别是：左大脑半球有语言、阅读、书写及逻辑、推理、计算的能力；右大脑半球则有图形、空间结构的构思能力，有音乐欣赏能力，及形成非言语性概念的能力。

正常人的脑细胞约140亿～150亿个，每一个神经细胞可生长出多达2万个树突存储信息，每一个细胞拥有细长的轴突可用来传递信息。若把所有轴突、树突连接起来，其长度相当于地球到月亮距离的4倍。大脑理论上的信息储存量相当于藏书1 000万册的美国国会图书馆的50倍，高达5亿本。但人脑只有不足10%被开发利用，其余大部分在休眠状态，更有研究统计认为有98.5%的脑细胞是处于休眠状态，甚至有专家认为只有1%参与大脑的功能活动。我们的大脑约有95%的潜能尚待开发与利用，即使像爱因斯坦这些科学精英的大脑的开发程度也只达到13%左右。按照这样的理解，开发大脑潜能，让自己变得更加聪明起来并非什么天方夜谭。

（三）我们是否已经错过

美国著名的心理学家布卢姆曾对近千名婴幼儿进行跟踪观察，一直到他们成年。他得到一个引起教育界轰动的结论：5岁以前是儿童智力发展最迅速的时期。他说，如果把17岁时人所达到的智力水平定为100%，那么出生后的前4年即可获得50%，到8岁已获得80%，从8岁到17岁获得20%。

也有些研究认为，2岁到3岁是学习口头言语的最佳年龄，狼孩就是过了这个最佳期，返回社会后就很难学会言语；4岁到5岁是学习书面语言的最佳年龄；学习外语应从10岁以前就开始，否则达到纯熟就很困难；而弹钢琴必须从5岁开始，学习提琴必须从3岁开始，否则难以得到精髓。6岁到10岁左右，儿童的记忆力、模仿力比较强，理解力和逻辑思维能力相对弱，此时以加强语文和外语的学习为宜。9岁到11岁对外界知识的兴趣越来越浓，12岁到14岁达到了高潮。

妙思偶得

想一想
我小时候有过哪些天真的想法？现在转换一下思路试试，它能够成为现实吗？

妙思偶得

那么，是不是错过了儿童少年时期，我们就没办法使自己更聪明了呢？事实并非如此。成年后大脑仍具备发展潜力，并且能够越用越好。通常人们会认为人成年后大脑的发育就停滞，甚至开始退化。但是一项新的研究发现：成年人的大脑仍在无休止地产生新的神经细胞，直至我们死亡。成年人通过智力锻炼，大脑会越用越好。正常人通过不断学习和锻炼，可以持续地刺激脑细胞，维持脑细胞活力，同时健全大脑的连接回路，让大脑工作得更好，而且体育锻炼能激发大脑的创造力。

所以，我们也许错过了昨天，但只要我们抓住每一个今天，就绝不会错过明天！

三、我的思维我做主

我们的大脑拥有无穷的潜力，但正确地"使用"是发挥这种潜力的前提。保持健康、自信的心态，感悟创新思维的真谛，掌握正确的思维方法，用满满的"正能量"舒张敏锐思维的触觉，灵感就会源源而至，天赋就会从沉睡中醒来。

微课：人人都可以创新

（一）做乐观自信的我

相信自己行，是一种信念。有信心的人，可以化渺小为伟大，化平庸为神奇。自信不等于骄傲，不等于狂妄，它来源于正确的自我认知，来源于积极乐观的心态，来源于善用自己长处而弥补自己的短处，来源于不畏失败取得成功的经验……

1. 正确认识自己的不足

每个人都有自己的不足，在自我认知上也或多或少地存在误区。要客观地分析、看待自己的不足，正确地认识自我，避免产生不自信的自卑心理。

【案例1.1.2】

从口吃到雄辩家

德摩斯梯尼（前384—前322年）是古雅典雄辩家、民主派政治家。德摩斯梯尼天生口吃，嗓音微弱，还有耸肩的坏习惯。在常人看来，他似乎没有一点当演说家的天赋，因为在当时的雅典，一名出色的演说家必须声音洪亮，发音清晰、姿势优美，富有辩才。为了成为卓越的政治演说家，德摩斯梯尼做了超过常人几倍的努力，进行了异常刻苦的学习和训练。他最初的政治演说是很不成功的，由于发音不清，论证无力，多次被轰下讲坛。为此，他刻苦读书学习。据说，他抄写了《伯罗奔尼撒战争史》8遍；他虚心向著名的演员请教发音的方法；为了改进发音，他把小石子含在嘴里朗读，迎着大风和波涛讲话；为了去掉气短的毛病，他一边在陡峭的山路上攀登，一边不停地吟诗；他在家里装了一面大镜子，每天起早贪黑地对着镜子练习演说；为了改掉说话耸肩的坏习惯，他在左右肩上各悬挂一柄剑，或各悬挂一把铁锹；他把自己剃成阴阳头，以便能安心躲起来练习演说。

据说德摩斯梯尼以口含小石子等方法一直刻苦练习演说近50年。通过多年的刻苦努力，他最终成了雅典最具雄辩之才的演说家。他刻苦努力练习演说的故事也成了激励后人奋进的例子。

2. 发现自己的长处和优点

每个人都有自己的长处和优点。记住，这是我们自己优于别人的地方，为自己拥有的特长和优点感到自豪，这是自信的源泉。

【案例1.1.3】

只看所有不看没有

黄美廉1964年出生于台南，出生时由于医生的疏失，造成她脑部神经受到严重的伤害，以致面部、四肢肌肉都失去正常功能。当时她的爸爸、妈妈抱着身体软软的她，四处寻访名医，结果得到的都是无情的答案。她不能说话，嘴还向一边扭曲，口水止不住地流。14岁时，她随全家移民到美国，进入洛杉矶市立大学就读，之后转至加州州立大学艺术学院，获艺术学博士学位，成了画家和作家（图1.1.4）。

以黄美廉的成就，就是一般正常人都很难达到，更何况她是一位重度的脑性麻痹患者呢？到底她有什么"得胜"秘诀呢？

由于不能通过语言正确地表达自己的意思，每一次演讲，黄美廉女士总是以笔代嘴，以写代讲，所以，人们又亲昵地称她为"写讲家"。就是这位"写讲家"，在台南市的一次演讲中，向人们讲出了经典的语言：我只看我所有的，不看我所没有的……

当时，一位学生问黄美廉女士说：黄博士，您从小就长成这个样子，您会认为老天不公吗？在人生的旅途上，您有没有怨恨？

对一位身有残疾的女士来说，这个问题是那样尖锐而苛刻，大家唯恐黄美廉因此感到难堪，因为，这个问题会刺伤她的心。但是，黄美廉没有这样做，而是

微微一笑，转过身来，用粉笔在黑板上写道：我怎么看自己？

而后，黄美廉给出了这样的答案：

一、我很可爱！

二、我的腿很长很美！

三、我的爸爸妈妈很爱我！

四、上帝会公平地对待每一个人！

五、我会画画，我会写稿子！

六、还有很多的生活方式让我热爱。

……

图1.1.4 残疾博士黄美廉

黄美廉一下子写出了几十条让她热爱生活的理由，并且，是热爱得那样理直气壮。看着黑板上写下的理由，整个"写讲会"上鸦雀无声，大家都感动得热泪盈眶，再也没有人多说话了！

黄美廉转过身来看了大家一眼，再次转过身去，在黑板上重重写下了她的那句名言：我只看我所有的，不看我所没有的……

在场的所有人，无不感动，无不佩服。

3. 保持乐观自信的心态

自信是对自身力量的确信，深信自己一定能做成某件事，实现所追求的目标。把许多"我能行"的经历归结起来就是自信。一个没有自信的人，会目光呆滞，愁眉苦脸，而充满自信的人，则总是目光炯炯、满面春风。所以，要学会微笑，学会直面挫折和压力，学会自我激励，乐观自信地对待工作和生活。

【案例1.1.4】

小鞋匠的启示

瑞士的埃尔德集团，是目前全球最大的收银机销售公司。但在公司成立的最初几年，因业务代表的消极心态，曾让公司面临全盘溃败的窘境。总裁查菲尔亲自来到业务代表中间探访。他深知业务代表是公司最重要的资产，而保护这些资产的最好办法，就是要激发他们的活力。

有位销售代表说："我的销售成绩下降，是因为我负责的那个区域正遭逢干早,大家的生意都受到影响,没有人愿意购买收银机。还有,今年是总统大选年,每个人都在关心选举结果,大家的注意力都在总统身上,没有人有兴趣购买收银机……"

话音未落,第二位业务代表就站了起来,他的理由甚至比第一位更消极,言词中充满了茫然和颓废:"我感觉公司快要完蛋了,就像一座岌岌可危的大厦,我承认我正准备跳槽。"此时,业务代表中的一半人都坦诚自己确实在另谋出路。

查菲尔镇定地说:"现在休会5分钟,让我来擦擦鞋子,但请大家仍各就其位,后面将有精彩的内容。"

一分钟后,公司门口那个每天替员工们擦鞋的小鞋匠被人叫来了。查菲尔毫无顾忌地把脚伸了过去,并在大庭广众之下,与小鞋匠聊了起来。

"你几岁了?在我们公司门口,擦鞋有多久了?"查菲尔问他。

"我9岁,来了6个月了。"小男孩回答。

"很好。你擦鞋一次赚多少钱?"

"擦一次5分钱。"男孩回答,"但有的时候,我会得到一些小费。"

"在你来之前是谁在这里擦鞋?他为什么离开?"

"是一位叫比尔斯的男孩,他已经17岁了。我听说,他觉得擦鞋无法维持生活而离开了。"

"那你擦鞋一次只赚5分钱,有办法维持生活吗?"

业务代表们都惊异地听着男孩下面的回答。

"可以的,先生。我每个星期五给我的妈妈10元钱,存5元到银行,再留下2元零花钱。我想我再干一年,就可以用银行里的钱买辆脚踏车了,但妈妈并不知道这件事,我要给她一个惊喜。"小男孩一边卖力地擦着鞋子,一边微笑着回答问题。

看着油光锃亮的皮鞋,查菲尔掏出5分钱给了小鞋匠,男孩高兴地说:"谢谢您,先生。"查菲尔又掏出1元小费递给男孩,男孩面露迷人的微笑,还是那样欢快地说:"谢谢您,先生。"

查菲尔感慨地摸着男孩的头,说:"小家伙,谢谢你,你给我们做了一次很好的演讲。"接着,查菲尔转向业务代表们说:"这位男孩现在做的工作过去是由一个比他大8岁的男孩负责的。他们的工作相同,索取的费用相同,服务的对象也相同。"

"但是,"查菲尔十分激动地说:"两个人的结局不一样!这个小鞋匠内心充满着对生活的希望,当他工作时,他脸上总是面带微笑。他期待成功,所以成功也就走向他。而原来那个男孩性情非常冷漠,悲观失望,心情不稳定。而且,当顾客给他5分钱时,他也不会说声'谢谢',因此,他的顾客也不会再给他小费,自然也就不愿再看到他冷淡的脸……所以,他的生意越来越惨淡,当然无法赖此为生。"

这时,小男孩抢着说:"我相信,我的努力会让很多人需要我……"这时,第一位演讲过的业务代表顿悟了,他说:"我明白了,我们之所以销售得不好,就是因为我们光接受了别人的困难,被对方的困难吓退了,而没有在销售收银机的时候,用我们的快乐和胜利的信念感染对方并消除他的恐惧心理。其实,不管对方有多少困难,当你把自己的乐观和自信带给他时,他自然就会接受你。"

当然,自信一定是建立在正确的自我认识基础上,不能过度,过度的自信就成了自负,不仅没有一点帮助而且会伤害自己。

4. 用正面信念引导潜意识

不仅要保持乐观自信,还要注意发挥心理暗示的强大力量,使积极的心态、正面的信念、正确的思维方式深入我们的潜意识之中。许多科学实验结果证明,正面暗示能够使我们成功,而负面的暗示则阻碍我们成功。

孔子说:"学而时习之,不亦说乎?"所以要学会重复,经常重复一种思想会产生信念,进而使你变得坚信不疑。重复使最难的事变得容易,重复使鉴别力更敏锐,使第六感觉更敏锐,使潜意识工作更精确。我们自然而然地更加成绩卓著。

科学研究发现,我们的潜意识只能在同一时间内主导一种感觉,用一个积极正面的思想反复地灌输给大脑中的潜意识,原来的思想就会慢慢地衰弱、萎缩,新的思想就会占上风。

(二) 唤醒沉睡的潜能

如何唤醒大脑沉睡的潜能?后面我们会陆续介绍一些具体方法。这里只重点强调一下与开发脑力相关的主要因素。

1. 重视非智力因素

非智力因素指人在智慧活动中,不直接参与认知过程的心理因素,包括需要、兴趣、动机、情感、意志、性格等方面。前面所述的乐观自信就是非智力因素。从整体看,非智力因素具有五大品质:自觉性、主动性、积极性、独立性与创造性。自觉性是意识的基本品质之一;主动性是以动机为心理机制的;积极性以兴趣、情感和意志为心理机制;独立性是性格的一项基本品质;创造性既是智力因素的品质，也是非智力因素的品质，只有当两者综合在一起，才会有真正的创造性。在开发智力、培养思维能力过程中，非智力因素往往会被忽视，这是不正确的。

坚持适宜的体育锻炼对于激发脑力也是很重要的。大脑重量只占体重的2%～3%，需氧量却是20%，用脑时高达32%。只有坚持适宜的体育锻炼，才能增强心肺功能，获得更多的氧。适度的运动对脑是有益的刺激。但注意运动贵在平衡，动静结合。

2．提升智力因素

智力可被看作个体的各种认知能力的综合，特别强调解决新问题的能力，抽象思维、学习能力，对环境的适应能力。智力因素通常包括记忆力、观察力、思维力、注意力、想象力等，即认知能力的总和。其中思维力是指人脑对客观事物间接的、概括的反映能力，主要指抽象思维能力，是智力的核心。

智力可以看作创新的基础和保障：记忆力是积累知识的基础；敏锐的观察力是发现问题、精确分析问题、正确提出问题的基础；注意力是持续关注问题的保障；创新思维是发散的、形象的、天马行空的，而思维的结果，或是创新方案的形成却是向抽象逻辑思维收敛的。

还要强调一下与发现问题相关的观察力的训练发掘，因为，发现问题是解决问题的前提。观察也是记忆的基石。

3．激发右脑功能

在大脑分工中，左脑长于抽象思维，右脑长于形象思维。右脑是创新能力的源泉，人脑的大部分记忆，是将情景以模糊的图像存入右脑，就如同录像带的工作原理一样。信息是以某种图画、形象，像电影胶片似地记入右脑的。所谓思考，就是左脑一边观察右脑所描绘的图像，一边把图像符号化、语言化的过程。所以左脑具有很强的工具性质，它负责把右脑的形象思维转换成语言。爱因斯坦曾经说过："我思考问题时，不是用语言进行思考，而是用活动的跳跃的形象进行思考。当这种思考完成以后，我要花很大力气把它们转换成语言。"可见，爱因斯坦是一个善于右脑思维的人。

任何人的右脑，无论什么时候都可以通过锻炼使其活化。方法多种多样，如经常活动手指、经常听音乐、坚持体育锻炼等。我们后面讲到的发散思维、联想思维、想象思维训练的方法实际都与激发右脑有关。

有一个公式可以教我们如何进入右脑意识状态和使用右脑，它就是① 冥想；② 呼吸；③ 想象。也就是说，进入右脑意识之前首先要闭上眼睛，平静心情，然后深呼吸三次，再进行必要的想象。如果一边听音乐一边想象，会更有效果。为什么呢？因为当你只是自己想象的时候，会不知不觉在冥想时用语言告诉自己

"放松、进入深层意识"等等，这样就动用了大脑的语言区，注意力容易分散。但是如果跟着暗示的诱导集中精神来听就可以了。这时语言区全部休息，听觉区开启，通往海马记忆的回路也被打通，这样就能够一直进入深层记忆。

4．使用全脑思维

我们已经了解了左、右大脑半球的功能分工。但是，大脑的功能绝不能简单地划分为左和右。如前所述，在两个大脑半球之间有着2.5亿条神经纤维组成的高速信息通道，时刻不断地相互传递着海量信息。尽管两个大脑半球各司其职，但它们在所有的领域都发挥功能，我们的每一项心智的神经活动都散布于整个大脑，并通过两个半球协同互补形成决策。相对于位置，区别两个半球更主要的是其工作方式的细微差别。之所以强调激发右脑，是因为在我们接受教育、发育成长的过程中，理性思维逐渐占据上风，思维经验形成的惯性也使我们学会墨守成规，慢慢侵蚀了我们想象的活力。这对于日常生活工作是有利的，但对于创新却是不利的。

心法训练

训练一：放松体验训练

1．训练目的
体验轻松愉快的感觉，促进大脑活化。

2．训练步骤
（1）自然放松：坐在椅子上，双手自然放置，双肩自然下垂，闭上眼睛，慢慢放松肌肉。

（2）深呼吸：运用胸腹式呼吸方式，均匀吸气至最大量，再均匀呼气。呼吸时要掌握好12秒的节奏，即用4秒吸气，然后用8秒将气息缓缓呼出。连续呼吸3分钟。

（3）呼吸过程中想象一些心情愉悦的情境，如：想象自己是一只小鸟，在蔚蓝的天空中自在翱翔，或是在无边无际的大海里与海豚一起漫游……

训练二："瞬间抓物"训练

1．训练目的
加强右脑图像再现能力。

2．训练步骤

（1）由老师出示一段文字或一幅图像，同学们用最快的速度看清楚，然后移开视线，努力回想刚刚看到的内容。

（2）同学之间进行上述训练。

（3）每人每天自我进行若干次"瞬间抓物"训练，坚持至少1周时间。

3．原则要求

要尽最大努力回想，这是训练的关键。若确实想不起来，看原图，并分析原因。

从简单到复杂，逐步建立信心。

心法延伸

延伸训练：创新语录卡

1．训练目的

用正向信念引导思维，体验"改变"的神奇。

2．内容来源

儿玉光雄在他的著作《激活右脑》中推荐大声诵读"成功语录卡"，并写道："如果你在心中想着'我一定会成功'，大脑就会为你成功制定出一套行动计划。相反，如果你整天抱怨'我做什么都不顺利'，大脑就会制定出一套让你无法成功的行动计划……请你把成功语录卡复印几份，贴到记事本里，一日几次地大声朗读它的内容，那么你的生活中一定会开始出现许多让你惊喜的事情。"

成功语录卡

- 我有伟大的理想。
- 我一定能够实现理想。
- 我能力出众。
- 无论做什么事，我都能全力以赴。
- 我会真诚地对待每一个人。
- 我能尽情享受每一天。
- 我充满活力。

3. 训练内容

相信自己的创新能力,创新就会时刻相伴。请设计一张自己的创新语录卡:

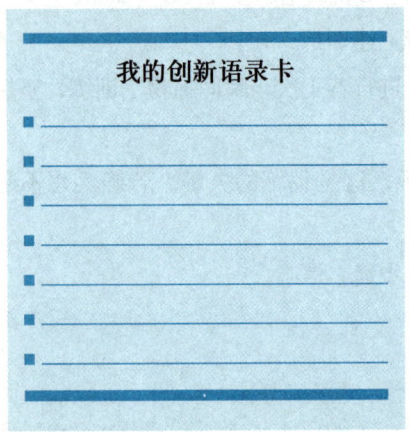

4. 训练方法

在学习本门课程期间,坚持每天数次大声朗读语录卡的内容。

心法二
打破思维的惯性

心法导图

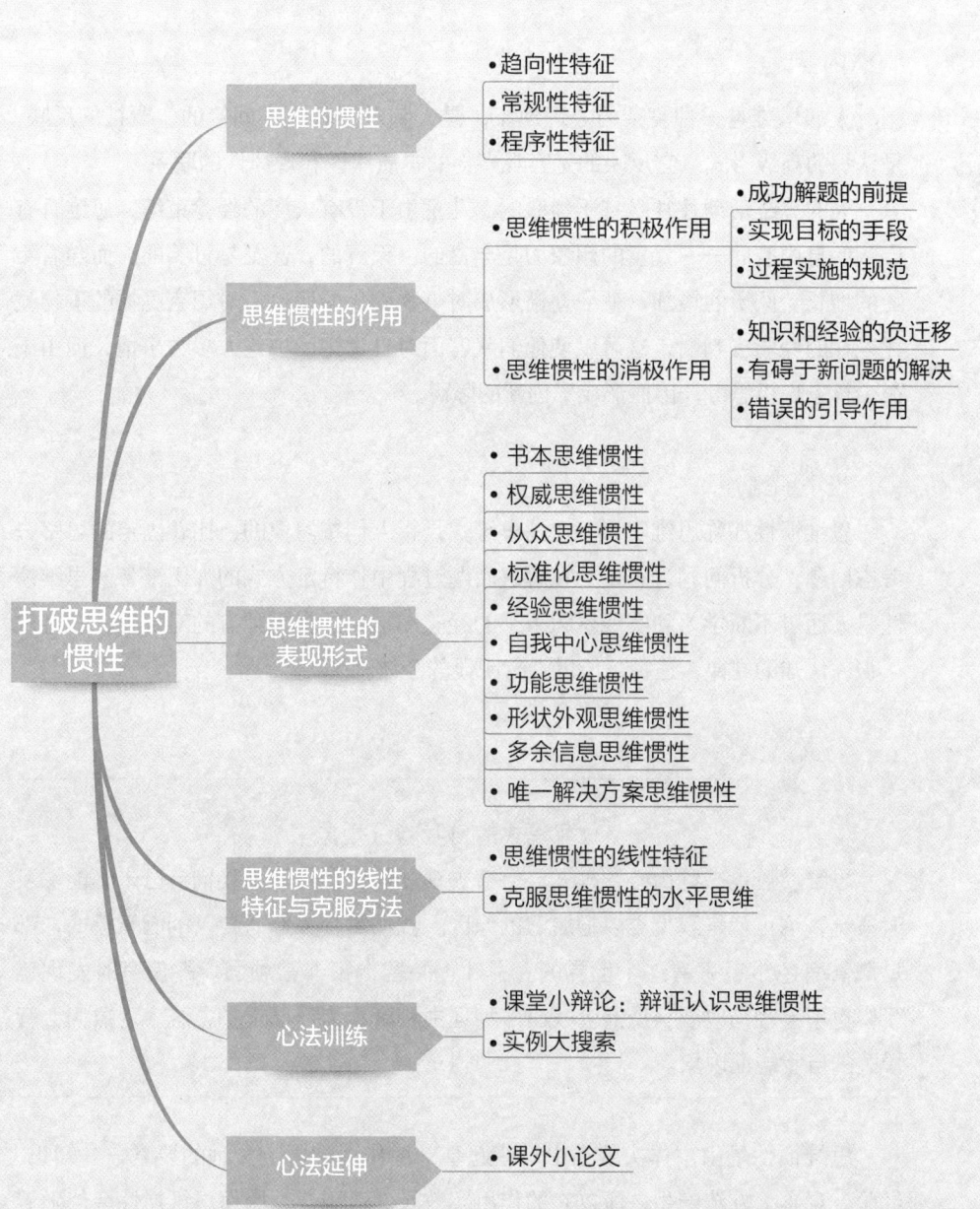

心法目标

1．知识目标：了解思维惯性及其优缺点，理解思维惯性的存在形式，掌握突破思维惯性的一般方法。

2．技能目标：掌握打破思维惯性的方法。

3．体验目标：感受思维惯性在日常生活中的重要作用，体验它在创新过程中带来的思维局限性。

心法内容

创新故事2：
司马光"智救"实验室

人的思维是一种复杂的心理现象，是人脑对客观现实间接的、概括的反映，是认识的高级形式。它反映的是客观事物的本质属性和规律性的联系。

人的思维活动往往是基于经验的。儿童由于没有太多的经验束缚，思维具有广阔的自由空间——儿童的想象力是丰富的、天真的，甚至是可笑的。而随着年龄的增长、阅历的增加，就会逐渐形成对事物固化的印象，对司空见惯的事物就凭以往的经验去判断，这可以使他们从容面对日常生活中绝大多数事情，但由于很少再去积极思考，因而形成了创新的障碍。

一、思维的惯性

思维惯性亦称思维定势、惯性思维，是指人们按习惯的、比较固定的思路去考虑问题、分析问题，表现为在解决问题过程中作特定方式的加工准备。思维惯性是人通过不断学习和实践累积下来的经验和形成的自己独有的对世界、对客观认识、认知的规律、途径，所以具有明显的个体性。

— 萃智贴士

心智模式的自我验证现象

思维惯性也被称为心智模式。心智枷锁往往比较隐蔽，我们自己未必能够及时察觉，这也就是我们难以摆脱它的原因。我们每个人都有自己的心智模式，都是戴着有色眼镜来看这个世界的。另外，心智枷锁非常顽固。即使有时发现错了，也不会轻易改变，反而会找出各种理由和证据为自己辩护，这个现象叫心智模式的自我验证现象。

思维惯性是由主体头脑当中一些起基础性作用的影响深远的要素——知识、经验、观念、方法产生，所以它的作用实效长、范围广，因而思维惯性会伴随着我们的学习和实践变化、发展，但是却不那么容易摆脱，甚至可以说，主体无法摆脱思维惯性，因为它与主体的知识、经验、观念、方法同在。

思维惯性具有如下特征：

（1）趋向性。思维者具有力求将各种各样问题情境归结为熟悉的问题情境的趋向，表现为思维空间的收缩。带有集中性思维的痕迹。

（2）常规性。思维惯性形成常规的思维方法，按照"常理"去思考，有效应对大多数情况下的一般性的、常规性的问题。

（3）程序性。思维惯性在主体头脑中形成了一定的观察事物、思考问题的套路。遇到不同问题时会不自觉地应用相应的套路，程序性地思考和解决问题。

二、思维惯性的作用

思维惯性是一种按常规处理问题的思维方式。在条件不变时，能迅速地感知现实环境中的事物并做出正确的反应，可促进人们更好地适应环境。但思维惯性不利于创新思考，不能适应变化的条件，不利于创造。

（一）思维惯性的积极作用

在问题解决活动中，思维惯性的作用是：根据面临的问题联想起已经解决的类似的问题，将新问题的特征与旧问题的特征进行比较，抓住新旧问题的共同特征，将已有的知识和经验与当前问题情境建立联系，利用处理过类似的旧问题的知识和经验处理新问题，或把新问题转化成一个已解决的熟悉的问题，从而为新问题的解决做好积极的心理准备。

微课：正确理解思维惯性

思维惯性可以省去许多摸索、试探的步骤，缩短思考时间，提高效率。在日常生活中，思维惯性可以帮助我们解决每天碰到的90%以上的问题。

具体地说，在问题解决中，思维惯性主要包括以下三方面内容：

（1）定向是成功解决问题的前提。定向解决问题总要有一个明确的方向和清晰的目标，否则，解题将会陷入盲目性。

（2）定向是实现目标的手段。广义的方法泛指一切用来解决问题的工具，也包括解题所用的知识。不同类型的问题总有相应的常规的或特殊的解决方法。定向方法能使我们对症下药，它是解题思维的核心。

（3）定向是过程实施的规范。定向解决问题是一个有目的、有计划的活动，必须有步骤地进行，并遵守规范化的要求。

（二）思维惯性的消极作用

思维惯性对问题解决既有积极的一面，也有消极的一面。它容易使我们产生思想上的惰性，养成一种呆板、机械、千篇一律的解题习惯。当新旧问题形似质异时，思维惯性往往会使解题者步入误区。

大量事例表明，思维惯性确实对问题解决具有较大的负面影响。当一个问题的条件发生质的变化时，思维惯性会使解题者墨守成规，难以涌出新思维，做出新决策，造成知识和经验的负迁移。

根据唯物辩证法观点，不同的事物之间既有相似性，又有差异性。思维惯性所强调的是事物间的相似性和不变性。在问题解决过程中，它是一种以不变应万变的思维策略。所以，当新问题相对于旧问题，相似性占主导地位时，由旧问题的求解所形成的思维惯性往往有助于新问题的解决。而当新问题相对于旧问题，差异性占主导地位时，由旧问题的求解所形成的思维惯性则往往有碍于新问题的解决。

从思维过程的大脑皮层活动情况看，惯性的影响是一种习惯性的神经联系，即前次的思维活动对后次的思维活动有指引性的影响。所以，当两次思维活动属于同类性质时，前次思维活动会对后次思维活动起正确的引导作用；当两次思维活动属于异类性质时，前次思维活动会对后次思维活动产生错误的引导作用。

三、思维惯性的表现形式

思维惯性表现为多种多样的形式。我们之所以将其归纳为不同的类型，并不是为了对思维惯性进行准确的分类描述，而是为了让大家了解在哪些方面容易产生定式的思维，以便更好地克服它。

（一）书本思维惯性

书本思维惯性指人对书本知识的完全认同与盲从。当然，书本对人类所起的积极作用是显而易见的，但是，书本知识往往受作者的知识、经验、观点的局限。许多书本知识是有时效性的。所有的书本知识都是"过去时"，事物却在不断发展，人类的认知也在不断进步。书本知识还需要与实际应用的具体情况相结合，因势利导，具体问题具体分析。

【案例 1.2.1】

"纸上谈兵"的赵括

赵括是赵国名将赵奢的儿子。赵括从小爱学兵法，谈起用兵的道理来头头是道，自以为天下无敌，连他父亲也不放在眼里。公元前 260 年，赵孝成王拜赵括为大将，去接替廉颇与秦国交战。蔺相如对赵王说："赵括只懂得读父亲的兵书，不会临阵应变，不能派他做大将。"赵括的母亲也向赵王上了一道奏章说："他父亲临终的时候再三嘱咐我说，'赵括这孩子把用兵打仗看作儿戏似的，谈起兵法来，就眼空四海，目中无人。将来大王不用他还好，如果用他为大将的话，只怕赵军断送在他手里。'所以我请求大王千万别让他当大将。"可是赵王听不进去。秦、赵交战于长平，由于赵括只知兵书，不知变通，致使四十万赵军全军覆没，这位"纸上谈兵"的主帅赵括也被乱箭射死了（图1.2.1）。

图1.2.1 纸上谈兵

【案例1.2.2】

无辜的石头

被载入小学课本的曹冲称象的故事在中国家喻户晓：曹冲自幼聪慧，五六岁的时候，智力就和成人相仿。有一次，东吴的孙权送给曹操一头大象，曹操带领文武百官和小儿子曹冲一同去看。曹操说："这头大象真是大，可是到底有多重呢？你们哪个有办法把它称一称？"大臣们想了许多办法，没有一个行得通。这时，曹冲对曹操说："父亲，我有办法可以称大象。"曹冲叫人把象牵到河边的一条大船上，等船身稳定了，在船舷上齐水面的地方，刻了一条痕迹。再叫人把象牵到岸上来，把大大小小的石头，一块一块地往船上装，船身就一点儿一点儿往下沉。等船身沉到刚才刻的那条刻痕与水面一样齐了，曹冲就叫人停止装石头。大家起先还摸不清是怎么回事，看到这里不由得连声称赞："好办法！好办法！"现在谁都明白，只要把船里的石头都称一下，把重量加起来，就知道象有多重了（图1.2.2）。

这确实是聪明的小曹冲打破思维惯性的好办法。不过，有人提出可以先称石头，边称边装到船上，到刻度后，船上的石头可以直接扔到河里而不必在搬到岸上，岂不省事一些？还有一本书上，某少年干脆批评曹冲还不够聪明，因为称象的时候，有很多士兵在场，让士兵们代替石头上船就行了，何必来回搬运那些笨重的石头？

这个少年批评得对，因为看起来用士兵确实比用石头省事。不过，曹冲当年真的说用石头了吗？

图1.2.2 曹冲称象

《三国志》的记载是这样的：（曹冲）少聪察岐嶷，生五六岁，智意所及，有若成人之智。时孙权尝致巨象，太祖欲知其斤重，访之群下，咸莫能出其理。冲曰："置象大船之上，而刻其水痕所至，称物以载之，则校可知矣。"太祖大悦，即施行焉。

可见，曹冲的办法是"称物以载之"，是用可以称重的东西载到船上，也就是指当时可以称量重量的任何东西，而不是特指石头。而且，曹冲说的是先"称物"而后"载之"。看来，关于石头的争论根本不应存在，是现在书本上的白话故事误导了我们！

（二）权威思维惯性

相信权威观点是绝对正确的，在遇到问题时不假思索地以权威的是非为是非，一旦发现与权威相违背的观点，就认为是错的，这就是权威思维惯性。事实上，权威的观点也会受到人类对自然规律认识的局限性的影响，也是会犯错误的，如大发明家爱迪生曾极力反对用交流电，许多大科学家都曾预言飞机是不能上天的。所以，英国皇家学会的会徽上有一句话："不迷信权威。"

【案例 1.2.3】

伽利略斜塔实验

伽利略·伽利莱（Galileo Galilei，1564—1642），意大利物理学家、数学家、天文学家及哲学家，科学革命中的重要人物。其成就包括改进望远镜和其所带来的天文观测，以及支持哥白尼的日心说。那时亚里士多德的物理学占支配地位，是不容置疑的。亚里士多德认为：不同重量的物体，从高处下降的速度与重量成正比，重的一定较轻的先落地。这个结论到伽利略时差不多近 2 000 年了，还未有人公开怀疑过。伽利略提出了崭新的观点：轻重不同的物体，如果受空气的阻力相同，从同一高处下落，应该同时落地。他的创见遭到了比萨大学许多教授们的强烈反对，他们讥笑着说："除了傻瓜外，没有人相信一根羽毛同一颗炮弹能以同样的速度通过空间下降。"他们准备教训伽利略，迫使他在全体教授和学生们面前承认他的观点是荒唐的，让他当众出丑。

面对亚里士多德的信徒们的挑战，性格倔强的伽利略毫不畏惧，为了判明科学的真伪，他欣然地接受了这个挑战，决定当众实验，让事实来说话。

公开的"表演"地点在比萨斜塔。1590年的一天清晨,比萨大学的教授们穿着紫色丝绒长袍,整队走到塔前,洋洋得意地准备看伽利略出丑;学生们和镇上的市民们,也聚集在比萨斜塔下面,想看个究竟。伽利略和他的助手不慌不忙,神色自若,在众人一阵阵嘘声中,登上了比萨斜塔。伽利略一只手拿着一个10磅重的铅球,另一只手拿着一个1磅重的铅球。他大声说道:"下面的人看清,铅球下来了!"说完,两手同时松开,两只铅球同时从塔上落下。围观的群众先是一阵嘲弄的哄笑,

图1.2.3 伽利略斜塔实验

但是奇迹出现了:由塔上同时自然下落不同重量的两只铅球,同时落在了地上。众人吃惊地窃窃私语:"这难道是真的吗?"顽固的亚里士多德的信徒们,仍不愿相信亚里士多德会有错误,愚蠢地认为伽利略在铅球里施了魔术。为了使所有的人信服,伽利略又重复了一次实验,结果相同。伽利略以雄辩的事实证明"物体下落的速度与物体的重量无关",从而击败了亚里士多德的信徒们。

正是这次闻名史册的比萨斜塔实验,第一次动摇了亚里士多德在物理学中长期占统治地位的偏见,打破了亚里士多德的神话(图1.2.3)。

【案例1.2.4】

1和100

爱因斯坦创建相对论后,1930年德国出版了一本批判相对论的书《100位教授出面证明爱因斯坦错了》。爱因斯坦知道后,禁不住大笑,他说:"100位,为什么要这么多人?只要能证明我真的错了,哪怕一个人出面也足够了。"

(三)从众思维惯性

人不假思索地盲从众人的认知与行为。从众思维惯性产生的原因,或是屈服于群体的压力,或是认为随波逐流没错。从众思维惯性会使人的思维缺乏独立

性,难以产生出创造性思维。

【案例 1.2.5】

"剧毒"的西红柿

番茄(西红柿)是一种广为人知的蔬菜。1983年,中国考古工作者在成都凤凰山的一座汉代古墓中发现了番茄种子,这说明中国在2 000多年以前已栽培番茄。但在18世纪以前,人们一直把它当作有毒的果子,称之为"狼桃",只用来观赏,无人敢食。直到18世纪,一位法国画家冒险吃了番茄,才知道了它的食用价值。相传,当时这位法国画家看到番茄如此诱人,便萌生了尝尝它到底是什么滋味的念头。于是他冒着中毒致死的危险,壮着胆子吃下了一个,并穿好衣躺在床上等待死神的降临,然而过了老半天也未感到身体有什么不适,便索性接着再吃,只觉得有一种酸甜的味道,身体依旧安然无恙。当时番茄无毒的新闻震动了西方,并迅速传遍了世界。番茄含有丰富的胡萝卜素、维生素C和B族维生素,尤其是维生素C含量居蔬菜之冠,而且,番茄还是防癌食品。现在它已是人们餐桌上的美味。

【案例 1.2.6】

毛毛虫实验

法国心理学专家约翰·法伯曾经做过一个著名的"毛毛虫实验":把许多毛毛虫放在一个花盆的边缘上,首尾相连,围成一圈,并在花盆周围不远处撒了一些毛毛虫比较爱吃的食物。毛毛虫开始一个跟着一个,绕着花盆的边缘一圈一圈地走,一小时过去了,一天过去了,又一天过去了,这些毛毛虫还是夜以继日地绕着花盆的边缘在转圈,一连走了七天七夜,它们最终因为饥饿和精疲力竭而相继死去。

从众思维惯性的一种典型表现是群体思维。群体思维是群体决策中的一种现象,是群体决策研究文献中一个非常普遍的概念,是指这样一些情况:群体出于从众的压力使群体对不寻常的、少数人的或不受欢迎的观点得不出客观的评价,即当人们对于寻求一致的需要超过了合理评价备选方案需要时所表现出来的思维模式。群体思维理论的创始人詹尼斯是这样对其进行界定的:群体思维是这么一种思维方式,当人们深涉于一个内聚的小团体中,而且其成员为追求达成一致而不再尝试现实地评估其他可以替换的行动方案时，他们就坠入这一思维方式。

群体思维是伤害许多群体的一种疾病，它会严重损害群体绩效。早在1895年，法国著名社会心理学家古斯塔夫·勒庞就在他的经典之作《乌合之众——大众心理的研究》中指出，现代生活逐渐以群体的聚合为特征，个人融入集体后个性便容易湮灭，群体的思想将占据统治地位。在群体就某一问题或事宜的提议发表意见时，有时会长时间处于集体沉默状态，没有人发表见解，而后人们又会一致通过。通常是组织内那些拥有权威、说话自信、喜欢发表意见的主要成员的想法更容易被接受，但其实大多数人并不赞成这一提议。之所以会这样，是因为群体成员感受到群体规范要求共识的压力，不愿表达不同见解。这时个体的思辨力及道德判断力都会受到影响而下降。这种情形下做出的群体决策往往都是不合理的失败的决策。当一个组织过分注重整体性，而不能持一种批评的态度来评价其决策及假设时，这种情况就会发生。

【案例 1.2.7】

沙漠求生

有这样一个实验：一架飞机在沙漠中坠毁，六名幸存者需要决定哪些物品能够帮助他们生存。是手枪还是食盐？是厚大衣还是化妆镜？他们必须在很短的时间内从15件物品中进行选择，迅速排出优先顺序。

你也许会认为，如果大家的意见最初呈现一致，就说明他们选择了"正确的物品"，即专家认为能够帮助他们存活下来的物品。毕竟如果六个人中的五个人都作出了同样的选择，在某种程度上就意味着这种选择更加理性。

但实验的结果却让人大吃一惊：那些意见最初很难统一的小组最终选择正确求生物品的概率比其他小组几乎高出一倍。理查德·拉里克得出结论说，如果团队中很少存在异议，就没有人会质疑"我们有没有可能在哪儿做错了"。

还有一种现象是群体转移：在讨论可选择的方案、进行决策的过程中，群体成员倾向于夸大自己最初的立场或观点。在某些情况下，谨慎态度占上风，形成保守转移。但是，在大多数情况下，群体容易向冒险转移。

群体思维现象有多种症状表现：

（1）群体成员把他们所作出假设的任何反对意见合理化。不管事实与他们的基本假设的冲突多么强烈，成员的行为都是继续强化这种假设。

(2) 对于那些时不时怀疑群体共同观点的人，或怀疑大家信奉的论据的人，群体成员对他们施加直接压力。

(3) 那些持有怀疑或不同看法的人，往往通过保持沉默，甚至降低自己看法的重要性，来尽力避免与群体观点不一致。

(4) 好像存在一种无异议错觉，如果某个人保持沉默，大家往往认为他表示赞成。换句话说，缺席者就被看作赞成者。

(四) 标准化思维惯性

标准化思维惯性就是思维标准化、公式化：按照某种标准的思维方式去思考已经变化的问题。知识传授的僵化是思维标准化的罪魁祸首。应试教育环境下，在老师教学和学生学习中，只在乎"什么是标准答案"，不在乎"知识是怎样获取的"。其结果，学生的思维越来越趋同，想象力越来越枯萎，满脑子装的尽是标准答案。

【案例 1.2.8】

惊人的雷同

1998年高考的语文作文题是《坚韧——追求的品格》。对此，某省上万名家庭健全的考生竟都以"我自幼父母双亡，独自一人承担家庭重任成长至今……"这样的公式化的虚假构思开题，令阅卷老师们震惊不已！

(五) 经验思维惯性

通过长时间的实践活动所取得和积累的经验，是值得重视和借鉴的。但是，经验只是人们在实践活动中取得的感性认识，并未充分反映事物发展的本质和规律。人们受经验思维惯性的束缚，就会墨守成规，失去创新能力。

【案例 1.2.9】

守 株 待 兔

《韩非子·五蠹》有这样一个故事：宋国有一个农民，每天在田地里劳动。有一天，这个农夫正在地里干活，突然一只野兔从草丛中窜出来。野兔因见到有人而受了惊吓。它拼命地奔跑，不料一下子撞到农夫地头的一截树根上，折断脖子死了。农夫便放下手中的农活，走过去捡起死兔子。他非常庆幸自己的好运气。晚上回到家，农夫把这只死兔交给妻子。妻子做了香喷喷的炖兔肉，两口子美美地吃了一顿。

第二天，农夫照旧到地里干活，可是他再不像以往那么专心了。他干一会儿就朝草丛里瞄一瞄、听一听，希望再有一只兔子窜出来撞在树桩上。就这样，他心不在焉地干了一天活，该锄的地也没锄完。直到天黑也没见到有兔子出来，他很不甘心地回家了。

第三天，农夫来到地边，已完全无心锄地。他把农具放在一边，自己则坐在树桩旁边的田埂上，专门等待野兔子窜出来。可是又白白地等了一天。

后来，农夫每天就这样守在树桩边，希望再捡到兔子，然而他始终没有再得到，但农田里的苗却枯萎了。农夫因此成了宋国人的笑柄（图1.2.4）。

无独有偶，某地一女子曾买彩票中了二等奖，获得了100万元奖金。中奖之后，她好像着魔一样疯狂购买彩票，幻想能中500万元的一等奖。女子曾经在一天之内花费10多万元购买彩票，最后女子挪用公款350多万元购买彩票，落得个"家破人亡"的下场。

图1.2.4 守株待兔

【案例1.2.10】

可口的海水

有一次，一艘远洋海轮不幸触礁沉没，幸存下来的七位船员拼命挣扎才登上了一座不知名的孤岛。但接下来的情形非常糟糕，他们迷失了方向，身边没有任何通信设备向外求援。岛上除了石头还是石头，找不到任何可以用来充饥的东西。更要命的是，在烈日的暴晒下，他们又饿又渴，嗓子渴得直冒烟。四周除了海水还是海水，可谁都知道，海水又苦又涩又咸，根本不能用来解渴。他们唯一的希望是早点下雨，或过往船只经过时发现他们。

等啊等，既没有等到雨，也没有等到经过这里的任何一只船。渐渐地，他们终因支撑不住纷纷渴死在孤岛上。

当最后一位船员渴得实在受不了将要死的时候，心想：与其这样干渴而死，不如喝点海水再死，反正是死。于是他扑进海里，咕噜咕噜地喝了个够，感觉非常舒服，便静静地躺在岛上。他一觉醒来，却发现自己还活着，很奇怪，难道海水也能喝？于是他每天靠喝岛边的海水度日，终于等来了救援的船只。后来，人

们化验这水才发现，这里由于有地下泉水不断翻涌，所以靠近岛边的海水实际上都是可口的泉水。

海水是咸的，不能喝，这是一条基本常识，也是所有人在认识问题上固有的经验。文中的六名船员渴死了，不是环境害死了他们而是经验害死了他们！

（六）自我中心思维惯性

人想问题、做事情完全从自己的利益与好恶出发，主观武断，不顾他人的存在和感觉。

【案例 1.2.11】

翡 翠 戒 指

一对颇有名望的外商夫妇，在我国某商店选购首饰时，对一只标价 8 万元的翡翠戒指很感兴趣，却因价格昂贵而犹豫不决。一个善于察言观色、揣摩顾客心理的营业员便故意介绍说，某国总统夫人曾来看过这只戒指，而且非常喜欢，由于价格太贵，终于没有买成。这对外商夫妇听后，为了证实他们比总统夫人更富有、更阔绰，当即买走了这只价值 8 万元的翡翠戒指。

（七）功能思维惯性

功能思维惯性即功能固着，是指人们把某种功能赋予某种物体的倾向，认定原有的功能就不会再去考虑其他方面的作用。功能固着的产生原因包括心理因素和行为习惯两个方面。功能固着对于我们创造性地解决问题有消极影响，因此应该采用各种方法消除其影响。

【案例 1.2.12】

东科尔盒子问题实验

让被试者把三支点燃的蜡烛，沿着与木板墙平行的方向，固定在木板墙上。发给被试者的材料是三支蜡烛、三个纸盒、几根火柴、几个图钉。把发给第一组的所有材料分别装进三个纸盒里，而发给第二组的所有材料放在三个纸盒之外。结果是：第二组有 86% 的被试者按时解决了问题；第一组只有 41% 的被试者按时解决了问题。为什么第一组被试者的成绩不如第二组被试者呢？原因在于第一组被试者一开始就把纸盒的功能固定地看成装东西的容器，而没有看到纸盒还有当烛台用的功能，所以没能顺利解决问题。第二组被试者一开始就没有把纸盒仅仅看成装东西的容器，在解决实际问题中想到了当烛台用，所以顺利地解决了问题。

【案例 1.2.13】

逃出圣赫勒拿岛

拿破仑被流放到圣赫勒拿岛后，他的一位善于谋略的密友通过秘密方式给他捎来一副用象牙和软玉制成的国际象棋。拿破仑爱不释手，从此一个人默默下起了象棋，打发着寂寞痛苦的时光。象棋被摸光滑了，他的生命也走到了尽头。拿破仑死后，这副象棋经过多次转手拍卖。后来一个拥有者偶然发现，有一枚棋子的底部居然可以打开，里面塞有一张如何逃出圣赫勒拿岛的详细计划！

【案例 1.2.14】

果蔬总动员

水果和蔬菜是用来吃的，这是常识（图1.2.5）。但是，还可以用来作其他事情吗？

图1.2.5　果蔬总动员

（八）物体形状外观思维惯性

在人们的印象中，每一物体都有着相对固定的形状和外观，这符合人们对该物体的习惯认识，很难加以改变。我们把对物体形状外观上的习惯认识称为物体形状外观思维惯性。突破这种思维惯性的束缚，就可能获得意想不到的创意。

【案例 1.2.15】

高高在上的驾驶员

1885年德国工程师卡尔·奔驰在曼海姆制成一辆装有 0.85 马力汽油机的三轮车。德国另一位工程师戈特利布·戴姆勒也同时造出了一辆用 1.1 马力汽油发动机作动力的四轮汽车，车身和底盘是在马车的基础上改造的，这便是现代意义上的汽车。早期投放市场的汽车（图 1.2.6）都模仿当时的马车样式以便消费者接受——因为消费者已经习惯了马车的形状了。在以后的很长一段时间里，汽车驾驶员的座位仍然"高高在上"，这是因为在马车时代，驾驶员必须坐得高于拉车的马以便看清前面的路。

图 1.2.6 最早的汽车

【案例 1.2.16】

百变水果

打破了水果形状外观思维惯性，《西游记》中的"人参果"也变成了现实（图 1.2.7）。

图 1.2.7 百变水果

（九）多余信息思维惯性

在分析和解决问题时常常会受到一些与要解决问题关系不大，但看似对解决问题有帮助，使问题解决者难以看清问题本质的因素的干扰。

【案例 1.2.17】

阿西莫夫的思维惯性

美籍俄人阿西莫夫是著名的科普作家，属于天赋极高的人。他曾经讲过这样一个关于自己的故事：一次，老熟人汽车修理工考他：一个聋哑人要买钉子，到五金店用手比划，左手食指立起，右手握拳作敲击状。店员给他拿了一把锤子，他摇头，于是店员就知道他

图 1.2.8　阿西莫夫的思维惯性

是要买钉子。过一会儿又来了一个盲人要买剪刀，你说，这盲人该怎么做？阿西莫夫不假思索地马上伸出食指和中指成剪刀状，并说盲人肯定是这样做。修理工捧腹大笑说："盲人只要说买剪刀就行了。"在这里，前面聋哑人买钉子的信息就是多余的，让阿西莫夫形成了思维惯性（图 1.2.8）。

（十）唯一解决方案思维惯性

一个功能目标总是认为只有一种方法能够实现。其实，创新是不能局限在一种解决方案上的，每一种结构或工艺都可以继续完善。

【案例 1.2.18】

答案有多少

一个简单的问题：4+5=？从数学的角度，答案是唯一的：9。但是，一个善于运用启发式教学的教师会这样提出问题：9=？+？

【案例 1.2.19】

巧 取 皮 球

据史料记载：文彦博天资聪颖，幼年与小伙伴玩球时，一不小心，球掉进一棵大树的树洞里去了。小朋友尝试伸手进树洞取球，可是树洞太深，怎么也摸不到底，也想不出其他办法来。文彦博看着树洞想了一会儿，说："我有个办法，可以试一试！"随后他叫几个小朋友提来几桶水，把水一桶一桶往树洞里灌，不一会儿水就把树洞给灌满了，皮球也忽忽悠悠地自己浮了上来。

妙思偶得

有位叫小樱子的日本小姑娘听了这个故事后，突发奇想：应该会有更多的办法取出洞中的球。于是，她把小伙伴们召集起来，说道："我们来玩一个游戏。假设我们把一个皮球滚到洞里了，大家每人想一个办法，也可以否定别人的办法。现在抽签，抽到单数的想办法，抽到双数的否定前一个人的办法。凡说的有道理的均可奖励一个泡泡糖。"抽完签，她便叫开始。

第一号孩子说："我用手从洞里把皮球取出来。"

第二号否定道："如果洞再深些，手够不着呢？"

第三号接着说："那我回家拿火钳把它夹出来。"

第四号否定道："如果火钳太短怎么办？"

第五号接着说："那我用竹棍子将它拨出来。"

第六号否定道："如果那是个弯洞，又该怎么办？"

第七号接着说："我会灌水让球浮出来。"

第八号否定道："但如果那是个沙洞呢？"

第九号接着说："那我用锄头挖沙，把皮球挖出来。"

第十号否定道："如果那不是一个沙坑，而是一个石头洞，又弯、又漏水、又深，怎么办？"

第十一号笑着说："那我不要这个皮球了，让妈妈给我再买一个。"

小樱子设计的这个游戏方式后来被日本很多企业当作训练员工创新能力的方法（当然，第十一号最终也获了奖，因为当取球的代价超过皮球的价值时，就没有必要再去做得不偿失的事情了）。

> **想一想**
> 生活中有哪些思维惯性的案例？

四、思维惯性的线性特征与克服方法

（一）思维惯性的线性特征

通常情况下，人的思维是基于以往知识经验和理性判断的，常常受线性的逻辑思维的局限。这样，人们普遍关注"为什么"而不是关注"还有可能成为什么"。这种传统思维是按照一定的思考线路，在一个固定的范围内，自上而下进行垂直思考，始终逃脱不了原有的思维框架（思维惯性）的羁绊，因而无法做到创造性地思考，我们称之为"垂直思维"，也称之为"垂直思考法"。

垂直思维的特点是：根据前提一步步地推导，按照因果关系产生结论，也不允许出现步骤上的错误。它当然有合理之处，如归纳与演绎等，都是非常重要的思维方法，可以对事物做更深入的研究和表达，但如果一个人只会运用垂直思维这种方法，他就不可能具有创造性。

(二) 克服思维惯性的水平思维

克服思维惯性的方法有很多，例如，运用发散思维和想象思维、发展直觉思维、应用各种创新方法等，后面将陆续学习体验。事实上这些思维方式都是突破垂直思维，而向水平方向延伸的思维方式。

水平思维即水平思考法，就是换位思考、高位思考和换向思考（逆向思考与侧向思考），是设计式思维和创造性思维，是摆脱非此即彼思维方式的思考方法，也是摆脱逻辑思维和线性思维的思考方法，由创新思维之父爱德华·德·波诺提出。

水平思考法是指在思考问题时摆脱已有知识和旧的经验约束，打破常规，提出富有创造性的见解、观点和方案。区别于垂直思维，水平思维不是过多地考虑事物的确定性，而是考虑它多种选择的可能性；关心的不是完善旧观点，而是如何提出新观点；不是一味地追求正确性，而是追求丰富性。

爱德华·德·波诺博士将垂直思维和水平思维比喻为挖洞。他在《水平思考法》一书的"第三章跳过旧洞开凿新洞"中这样描述：

即使把一个洞挖得再深，也不可能挖出两个洞来。逻辑这一工具可以帮助我们把洞挖得越深、越大、越好。然而，一旦这个洞处在一个错误的位置，那么把它挖得再大、再深也无法使它移到正确的位置。对于每个挖洞者来说，这是再明显不过的事情了，但是，人们仍然觉得继续把洞挖深、挖大也比在另一个地方另起炉灶要容易得多。垂直思维就是把同一个洞越挖越深，水平思维则是在别的地方另挖一个洞（图1.2.9）。

图1.2.9 垂直思维与水平思维

爱德华·德·波诺博士指出："水平"意指进入旁边的路径，从而在不同的模式中进行转换，而不是像垂直思维那样沿着既定的路径一直走下去。具体来讲，水平思维与垂直思维的区别有以下几个方面（表1.2.1）。

表1.2.1 水平思维与垂直思维的区别

垂直思维	水平思维
关注"是什么"	关注"可能成为什么"
批判式思考	建设性思考
产生非此即彼的观点	相互冲突的观点被兼容
导致判断、质疑、争论	聆听、理解、设计和创造

心法训练

训练一：课堂小辩论：辩证认识思维惯性

1．训练目的

树立辩证认识思维惯性的正确观念。

2．训练内容

以辩论的形式探讨思维惯性在生活和工作中发挥的作用和产生的阻碍。一方论点为：我们需要思维惯性；另一方论点为：我们不需要思维惯性。

3．训练步骤

(1) 将全班的小组分为甲、乙两个辩论队，并抽签确定各自论点；

(2) 辩论准备，时间建议 10 分钟左右；

(3) 按辩论的一般流程进行辩论，时间根据具体情况设定。

附：辩论赛流程

1．立论阶段

(1) 正方一辩开篇立论，3 分钟。

(2) 反方一辩开篇立论，3 分钟。

2．驳立论阶段

(1) 反方二辩驳对方立论，2 分钟。

(2) 正方二辩驳对方立论，2 分钟。

3．质辩环节

(1) 正方三辩提问反方一、二、四辩各一个问题，反方辩手分别应答。每次提问时间不得超过 15 秒，三个问题累计回答时间为 1 分 30 秒。

(2) 反方三辩提问正方一、二、四辩各一个问题，正方辩手分别应答。每次提问时间不得超过 15 秒，三个问题累计回答时间为 1 分 30 秒。

(3) 正方三辩质辩小结，1 分 30 秒。

(4) 反方三辩质辩小结，1 分 30 秒。

4．自由辩论

5．总结陈词

(1) 反方四辩总结陈词，3 分钟。

(2) 正方四辩总结陈词，3 分钟。

训练二：实例大搜索

1．训练目的

理解思维惯性的常见表现形式。

2．内容步骤

以小组为单位，尽可能多地列举存在思维惯性的例子，并记录。

思维惯性的表现形式	实例
书本思维惯性	
权威思维惯性	
从众思维惯性	
标准化思维惯性	
经验思维惯性	
自我中心思维惯性	
功能思维惯性	
物体外观思维惯性	
多余信息思维惯性	
唯一解决方案思维惯性	

心法延伸

延伸训练：课外小论文

1983年高考作文题目是看图作文《毅力与恒心》。

这下面没有水，再换个地方挖！

请结合爱德华博士关于垂直思维和水平思维的"跳过旧洞开凿新洞"说法，从意志和思维两个层面写一篇1 000字的小论文，题目自拟。

心法三
突破思维的象限

心法导图

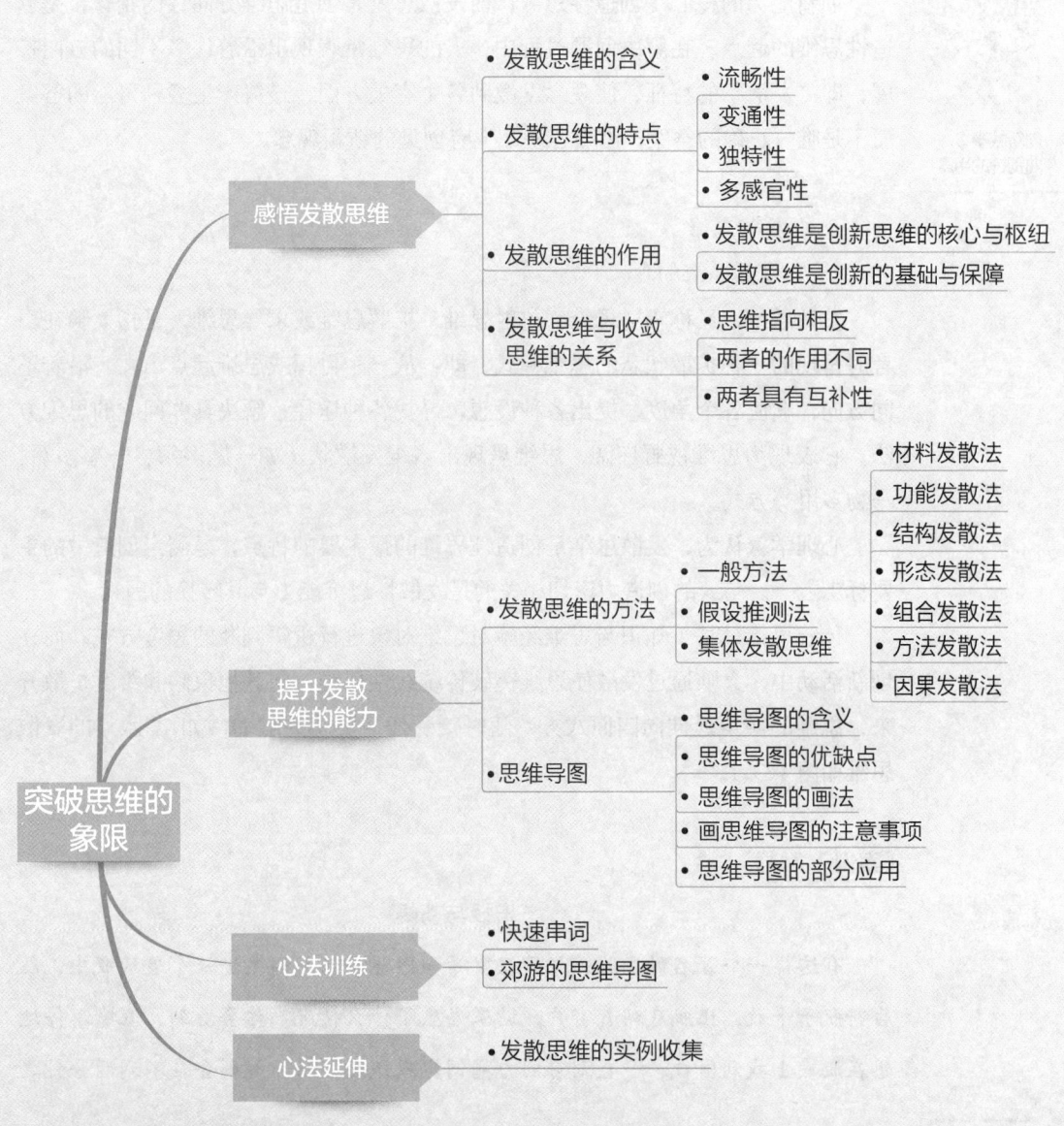

妙思偶得

心法目标

1. 知识目标：了解发散思维的内涵、特点、作用，掌握运用发散思维的途径，了解思维导图原理。
2. 技能目标：锻炼提升发散思维的方法；学会绘制思维导图的基本方法。
3. 体验目标：由不去想、不会想、想不到，到积极想、多维想、想得妙。

心法内容

创新能力的核心是创造性思维，而发散思维是创造思维方向性的指针，是创造性思维的起点。在解决问题过程中，人的思维常表现出沿着许多不同的方向扩展，即"发散"的特征，使观念发散到各个有关方面，最终产生多种可能的答案而不是唯一正确的答案，因而容易产生有创见的新颖观念。

创新故事3：曲别针的用途

一、感悟发散思维

（一）发散思维的含义

发散思维，又称辐射思维、放射思维、扩散思维或求异思维，是指大脑在思考时呈现的一种扩散状态的思维模式，即：从一个目标或思维起点出发，沿着不同方向，顺应各个角度，提出各种设想，寻找各种途径，解决具体问题的思维方法。它表现为思维视野广阔，思维呈现出多维发散状，如一题多解、一事多写、一物多用等方式。

心理学家认为，发散思维是创造性思维的最主要的特点，是测定创造力的主要标志之一。与人的创造力密切相关的是发散性思维能力与其转换的因素。

传统思维是基于知识与思维经验对思维对象进行逻辑判断的思考方式。而在创新活动中，人脑通过发散使思维突破传统线性思维，向其他象限和维度扩散开来，思维的触角延伸向四面八方，随时接受任何灵感的触动例如，"水"的发散思维如图1.3.1。

【案例1.3.1】

蜜蜂与苍蝇

有这样一个著名的实验：把六只蜜蜂和同样多只苍蝇装进一个玻璃瓶中，然后将瓶子平放，让瓶底朝着窗户。结果发生了什么情况？你会看到，蜜蜂不停地想在瓶底上找到出口，一直到它们力竭倒毙或饿死；而苍蝇则会在不到两分钟之

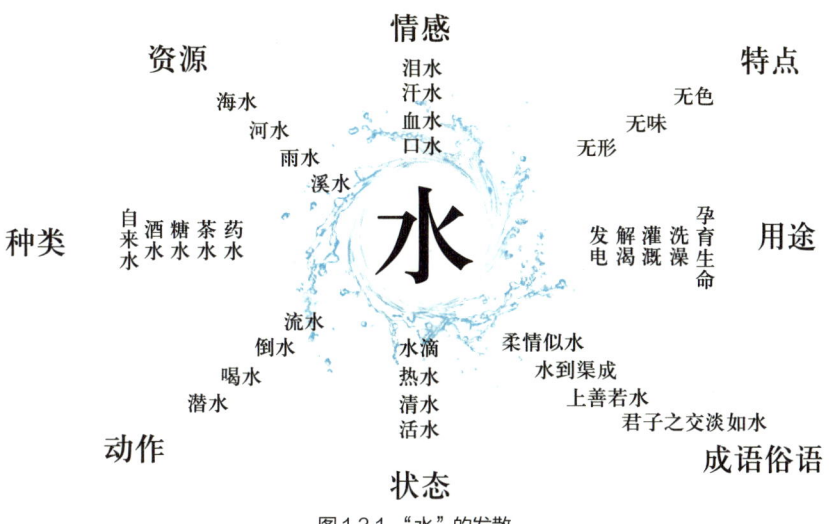

图1.3.1 "水"的发散

内,穿过另一端的瓶颈逃逸一空。由于蜜蜂对光亮的喜爱,它们以为,"囚室"的出口必然在光线最明亮的地方,它们不停地重复着这种合乎逻辑的行动。然而,正是由于它们的智力和经验,蜜蜂死亡了。那些"愚蠢"的苍蝇则对事物的逻辑毫不留意,全然不顾亮光的吸引,四下乱飞,结果误打误撞碰上了好"运气",这些头脑简单者在智者消亡的地方反而顺利地得救,获得了新生(图1.3.2)。

图1.3.2 蜜蜂与苍蝇实验

(二)发散思维的特点

发散思维具有流畅性、变通性、独特性、多感官性的特点。

1. 流畅性

流畅性就是观念的自由发挥。指在尽可能短的时间内生成并表达出尽可能多的思维观念以及较快地适应、消化新的思想观念。流畅性反映的是发散思维的速度和数量特征。

2. 变通性

变通性就是克服人们头脑中某种自己设置的僵化的思维框架,按照某一新的方向来思索问题的过程。变通性需要借助横向类比、跨域转化、触类旁通,使发散思维沿着不同的方面和方向扩散,表现出极其丰富的多样性和多面性。

妙思偶得

3. 独特性

独特性指人们在发散思维中做出不同寻常的异于他人的新奇反应的能力。独特性是发散思维的最高目标。

4. 多感官性

发散性思维不仅运用视觉思维和听觉思维,而且也充分利用其他感官接收信息并进行加工。发散思维还与情感有密切的关系,如果思维者能够想办法激发兴趣,产生激情,把信息感性化,赋予信息以感情色彩,会提高发散思维的速度与效果。

(三) 发散思维的作用

发散思维是创造性思维结构的一个组成要素,其作用只是为创造性思维活动指明方向,即要求朝着与传统的思想、观念、理论不同的另一个(或多个)方向去思维;发散思维的实质是要冲破传统思想、观念和理论的束缚。

1. 发散思维是创新思维的核心与枢纽

创新思维的技巧性方法中,有许多都是与发散思维有密切关系的。发散思维开辟了线性逻辑思维之外的思维通道,使思维的原点连接四面八方。在这些高度通畅的道路上,联想思维、想象思维、侧向思维、逆向思维等创新思维得以自由驰骋。

2. 发散思维是创新的基础与保障

发散思维的主要功能就是为随后的收敛思维提供尽可能多的解题方案。这些方案不可能每一个都十分正确、有价值,但是一定要在数量上有足够的保证。

(四) 发散思维与收敛思维的关系

发散思维可以开阔思路,获得灵感。这些思路、灵感还需要进一步遴选、加工、修改才可能形成最后方案。这就需要运用收敛思维。发散和收敛正是全脑思维的一种体现。

收敛思维也叫做聚合思维、求同思维、辐集思维或集中思维,是指在解决问题的过程中,尽可能利用已有的知识和经验,把众多的信息和解题的可能性逐步引导到条理化的逻辑序列中去,最终得出一个合乎逻辑规范的结论。这就好比凸透镜的聚焦作用,它可以使不同方向的光线集中到一点,从而引起燃烧一样。

发散思维与收敛思维既有不同又相互联系:

1. 两者的思维指向相反

发散思维是由问题的中心指向四面八方,是为了解决某个问题,从这一问题出发,想的办法、途径越多越好,总是追求还有没有更多的办法。收敛思维是由四面八方指向问题的中心,是为了解决某一问题,在众多的现象、线索、信息中,向着问题的一个方向思考,根据已有的经验、知识或发散思维中针对问题的最好办法去得出最好的结论和最好的解决办法。

> **想一想**
> 中国有句古话叫"多谋善断",其中"多谋"指的是哪种思维,"善断"又指什么呢?

2．两者的作用不同

发散思维是一种求异思维，要尽可能地在更广泛的范围内搜索，把各种不同的可能性都设想到。收敛思维是一种求同思维，要集中各种想法的精华，达到对问题的系统、全面的考察，为寻求一种最有实际应用价值的结果，而把多种想法理顺、筛选、综合、统一。

3．两者具有互补性

发散思维与收敛思维又是相互联系的，是一种对立统一的辩证关系。没有发散思维的广泛收集，多方搜索，收敛思维就没有了加工对象，就无从进行；反过来，没有收敛思维的认真整理，精心加工，发散思维的结果再多，也不能形成有意义的创新结果，也就成了废料。只有两者协同动作，交替运用，一个创新过程才能圆满完成。

发散性思维与收敛性思维不仅在思维方向上互补，而且在思维操作的性质上也互补。发散性思维与收敛性思维必须在时间上分开，即分阶段。如果它们混在一起，将会大大降低思维的效率。

二、提升发散思维的能力

（一）发散思维的方法

1．一般方法

（1）材料发散法。以某个物品为"材料"，以其为发散点，尽可能多地设想它的用途。本篇创新故事"曲别针的故事"就是采用了材料发散法。

（2）功能发散法。从某事物的功能出发，构想出获得该功能的各种可能性。

有一次，在某地举行了一场别开生面的时装表演，一些平常被人们遗弃的垃圾，成了这次时装表演的主要原材料：用旧报纸、画报做的衣衫；用易拉罐做的衣裙的饰物；用旧光碟做的头饰等应有尽有，让人深切地感受到了什么才是真正的变废为宝。从发散思维的角度出发，没有废料一说。因为借助于功能发散，可以变废为宝，使一切废物得到利用。图1.3.3就是关于纸张用途的发散思维。

图1.3.3　纸张的用途发散

（3）结构发散法。以某事物的结构为发散点，设想出利用该结构的各种可能性。在北戴河孟姜女庙前檐柱上有一副对联，原文如下：

上联：海水朝朝朝朝朝朝朝落

下联：浮云长长长长长长长消

根据"朝"有两个读法：表示早晨的"朝"和表示潮水的"潮"，"长"也有两个读法：表示长短的"长"和表示涨潮的"涨"，三个游客议论开了：

游客甲说，这对联可读成：

海水潮，朝朝潮，朝潮朝落；

浮云涨，长长涨，长涨长消。

游客乙说，这对联可读成：

海水朝潮，朝朝潮，朝朝落；

浮云长涨，长长涨，长长消。

游客丙说，这对联可读成：

海水朝朝潮，朝潮，朝朝落；

浮云长长涨，长涨，长长消。

这三个游客的读法都没有错，不过是他们以对联的结构为发散点，做出了不同的处理而已。

（4）形态发散法。以事物的形态为发散点，设想出利用某种形态的各种可能性。图1.3.4是以圆形为发散点的示意图。

动画：结构发散之四巧板

图1.3.4　以圆形为发散点

（5）组合发散法。以某一事物为发散点，尽可能多地把它与别的事物进行组合，以形成新事物。

【案例1.3.2】

多变的瓶起子

瓶起子是大家最熟悉不过的起瓶工具。将它与其他物品组合会怎么样呢？有人将它与打火机组合在一起，于是出现了带打火机的起子。有人将它与戒指组合在一起，于是出现了便于携带和使用的戒指形起子。有人将它与磁铁组合在一起，于是开启的瓶盖会自动吸附到带磁铁的地方便于收集……当然最绝妙的瓶盖与起子的组合是易拉罐！

【案例1.3.3】

实名矿泉水

在2018年全国两会的会场及代表团驻地，代表们有一个惊喜的小发现：矿泉水瓶上多了一个小标签！在这个绿色标签上，印有中英文的"给水瓶做记号，并请喝完"（图1.3.5），喝不完的鼓励带走。这个小标签上可以轻松写字，网友纷纷点赞："好创意，再也不怕拿错水了！"

图1.3.5　实名矿泉水

(6) 方法发散法。以某种方法为发散点，设想出利用方法的各种可能性。

【案例1.3.4】

气泡混凝土

在合成树脂（塑料）中加入发泡剂，使合成树脂中布满无数微小的孔洞，这样的泡沫塑料用料省、重量轻，又有良好的隔热和隔音性能。

日本的一个名叫铃木的人联想到在水泥中加入一种发泡剂，使水泥也变得既轻又具有隔热和隔音的性能，结果发明了一种气泡混凝土。

(7) 因果发散法。以某个事物发展的结果为发散点，推测出造成该结果的各

种原因，或者由原因推测出可能产生的各种结果。

【案例1.3.5】

持续20年的爆炸案

1940年，纽约爱迪生公司大楼发现一箱炸药并留有一张纸条："爱迪生公司的骗子们，这是给你们的炸弹。"署名F.P。炸弹没有爆炸，但罪犯也没有留下指纹。1950年的一天，署名F.P的这个人在报纸上宣称："我是个病人，而且正在为这个病而怨恨爱迪生公司，不久，我还要把炸弹放出来。"之后的几年中警方束手无策，最后求助于刑事犯罪的心理分析专家。专家应用发散思维的方法，寻找因果联系，总结出15点可能性并在1956年刊登在各大报纸上。F.P看到后从韦斯特切斯特给某报纸寄出答复信："请别侮辱我的智慧，奉劝你们还是把爱迪生公司叫到法庭上为好。"依循有关线索，警方在爱迪生公司的人事档案中查到有一个电工因公烧伤，要求领取终身养费津贴，但被公司拒绝。至此，长达近20年的爆炸案终于告破。

2. 假设推测法

假设的问题不论是任意选取的，还是有所限定的，所涉及的都应当是与事实相反的情况，是暂时不可能的或是现实不存在的事物对象和状态。

由假设推测法得出的观念可能大多是不切实际的、荒谬的、不可行的，这并不重要，重要的是有些观念在经过转换后，可以成为合理的、有用的思想。

3. 集体发散思维

发散思维不仅需要用上我们自己的全部大脑，有时候还需要用上我们身边的无限资源，集思广益。集体发散思维可以采取不同的形式，如我们常常戏称的"诸葛亮会"。技法篇中我们将详细学习应用集体发散思维的方法——头脑风暴法。

（二）思维导图

1. 思维导图的含义

思维导图，又叫心智图，是表达发散性思维的有效图形思维工具。它简单却又极其有效，是一种革命性的思维工具。思维导图就像神经细胞一样由一个点散发出多条线。思维导图运用图文并重的技巧，把各级主题的关系用相互隶属与相关的层级图表现出来，把主题关键词与图像、颜色等建立记忆链接。思维导图充分运用左右脑的机能，利用记忆、阅读、思维的规律，协助人们在科学与艺术、逻辑与想象之间平衡发展，从而开启人类大脑的无限潜能。思维导图因此具有人类思维的强大功能。

思维导图是一种将放射性思考具体化的方法。我们知道放射性思考是人类大脑的自然思考方式，每一种进入大脑的资料，不论是感觉、记忆或是想法（包括文字、数字、符码、食物、香气、线条、颜色、意象、节奏、音符等），都可以成为一个思考中心，并由此中心向外发散出成千上万的关节点，每一个关节点代表与中心主题的一个联结，而每一个联结又可以成为另一个中心主题，再向外发散出成千上万的关节点，呈现出放射性立体结构，而这些关节的联结可以视为一个人的记忆，也就是个人数据库。

思维导图工具

目前主要有两类思维导图工具，一类如 FreeMind、XMind、MindManager 等思维导图软件，另一类如 https://mind42.com/、http://go.gliffy.com 等在线思维导图网站。使用这些思维导图工具能够绘制出漂亮的思维导图。其中在线思维导图网站具有更多的特色，提供了很多模板，且可以直接分享到网络上。

人类从一出生即开始累积这些庞大且复杂的数据库，大脑惊人的储存能力使我们累积了大量的资料。经由思维导图的放射性思考方法，除了加速资料的累积量外，更多的是将数据依据彼此间的关联性分层分类管理，使资料的储存、管理及应用因更加系统化而增加大脑运作的效率。同时，思维导图最能善用左右脑的功能，借由颜色、图像、符码的使用，协助我们记忆，增进我们的创造力。

思维导图以放射性思考模式为基础，除了提供一个正确而快速的学习方法与工具外，在创意的联想与收敛、项目企划、问题解决与分析、会议管理等方面，往往产生令人惊喜的效果。它是一种展现个人智力潜能极致的方法，将可提升思考技巧，大幅增强组织能力与创造能力。它与传统笔记法和学习法有量子跳跃式的差异，主要是因为它源自脑神经生理的学习互动模式，而且利用了人们生而具有的放射性思考能力和多感官学习特性。

近年来，思维导图完整的逻辑架构及全脑思考的方法在中国乃至世界都被广泛应用在学习及工作方面（图1.3.6），大大节省了时间和物质资源，对于每个人或公司绩效的大幅提升，必然产生令人无法忽视的巨大功效。

2017年4月13日上午，由大脑派主办，英国思维导图总部 Open Genius、国际记忆科学院（美国）等多家教育平台与机构协办的中国思维导图普及工程新闻发布会在北京召开。中国思维导图普及工程发起人姬广亮先生现场提出，该普及工程旨在让思维导图走进校园及千家万户，让更多中国青少年了解和掌握思维导图，实现"快乐学习，健康成长"。图1.3.7为手绘思维导图实例。

2. 思维导图的优缺点

(1) 优点。

① 思维导图使用关键字作为单元，而不是使用句子，这可以更原始地表达意

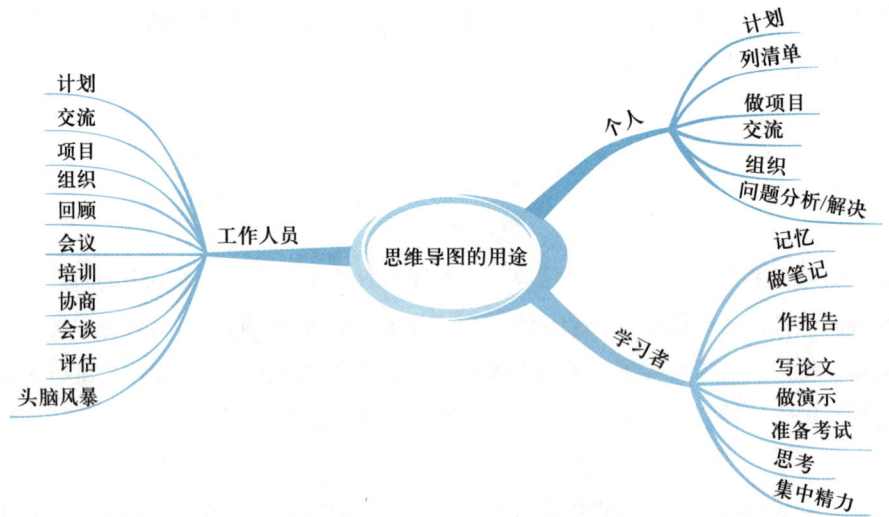

图 1.3.6　思维导图的用途

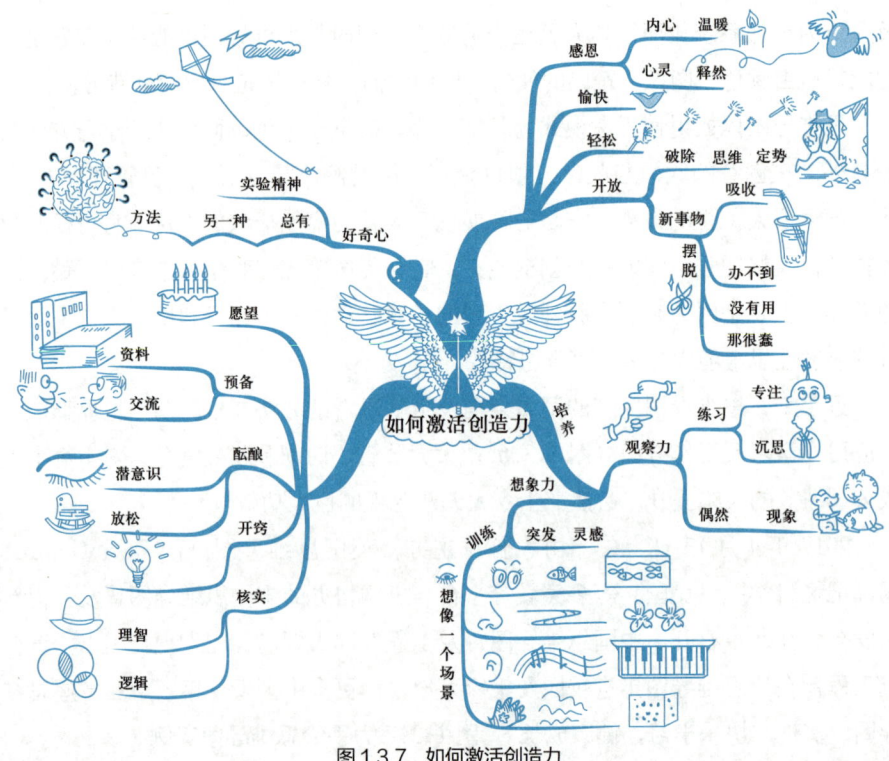

图 1.3.7　如何激活创造力

思，并留出了足够的扩展性，可以有力地激发你的联想。它的发散结构本身有助于推动发散性思维，比如留空的线可以促进你满足那种完成它的欲望。

② 思维导图引入了图形来表达思维，图形本身涉及解读，而语词本身的含义较固定，所以促进了发散思维。通过一个关键词激发出更多的关键词，然后再衍生出更多的……同时丰富的色彩、形象的图示等，也能起到激发思维的作用。

③ 思维导图的另一个优点是思维暂存的作用。当人在思考一个复杂事物的时候，会冒出很多很多想法，但是人的工作记忆能力又十分有限，所以如果你没有很好的方式把灵感都记录下来的话，它们就很可能马上溜走，无影无踪。而思维导图鼓励你用一种灵活的方式，把想到的东西都记录下来，所以一般人做完一张思维导图，往往会惊讶于自己竟能收获这么多样和丰富的想法。

(2) 缺点。

① 从系统思维的要求来看，思维导图并不是一个很理想的工具。主要原因是：思维导图表面上看是一张放射性的大网，但是如果把枝叶都垂下来，就会发现这只不过是一个树形结构。而现实中的系统绝不会都只是树形结构这么简单，系统的结构是非常多样的，并且有的复杂系统很可能是多种基本结构的组合，会非常复杂。所以，如果凡事都用思维导图，那么我们有可能是曲解和简化了原本的系统。

② 思维导图的流行使很多人误以为系统分析就是一个简单、可控的过程，似乎只要不费吹灰之力就能把一个复杂的问题给剖析清楚。它使人们忽视了系统的复杂性，低估了系统思维的艰巨程度，从而逐渐形成一种浅尝辄止的思维习惯。

3．思维导图的画法

那么，如何来画思维导图呢？

(1) 从白纸的中心开始画（白纸可以是 A3、A4，根据你要呈现的内容而定）。

(2) 用一幅图像或图画表达你的中心思想。

(3) 第一个分支画到右上角，之后的分支按照顺时针方向延续。

(4) 用一根曲线（曲线不但要平滑，还要从粗到细：中心一侧更粗些，分支侧更细些，以此类推）连接中心图像和主要分支，然后再连接主要分支和二级分支，以此类推。

(5) 绘图时尽可能地使用多种颜色（至少每个分支一种颜色）。

(6) 每条曲线上注明一个简明扼要的关键词。

(7) 自始至终尽可能多地使用图形（但图形的使用一定要恰当）。

4．画思维导图的注意事项

在画思维导图的时候需要注意些什么呢？

(1) 一定要用中央图，次主题 3～7 个；

(2) 尽可能用色彩丰富的图形；

(3) 中央图形上要用三种或者更多的颜色；

(4) 图形要有层次感，可以用 3D 图；

(5) 字体、线条和图形尽量多一些变化。

5. 思维导图的部分应用（图 1.3.8～图 1.3.12）

图 1.3.8　思维导图的部分应用——如何策划演讲

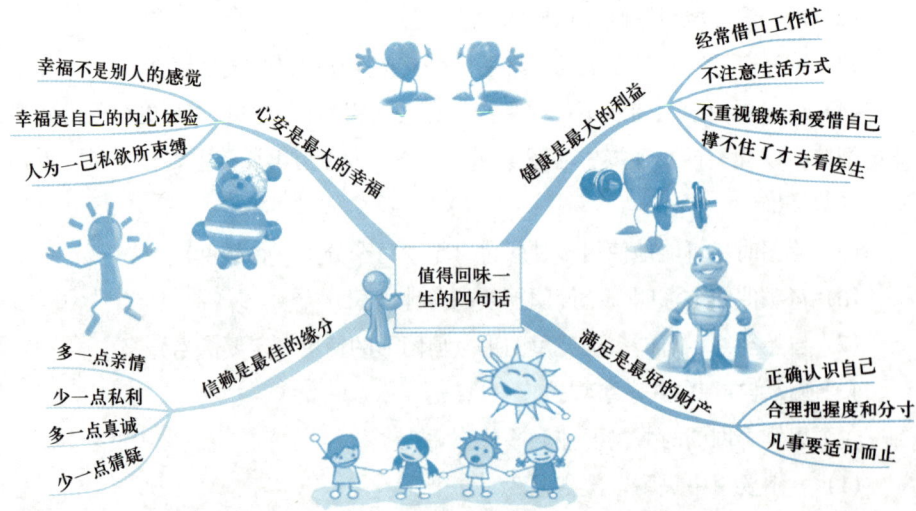

图 1.3.9　思维导图的部分应用——人生哲理

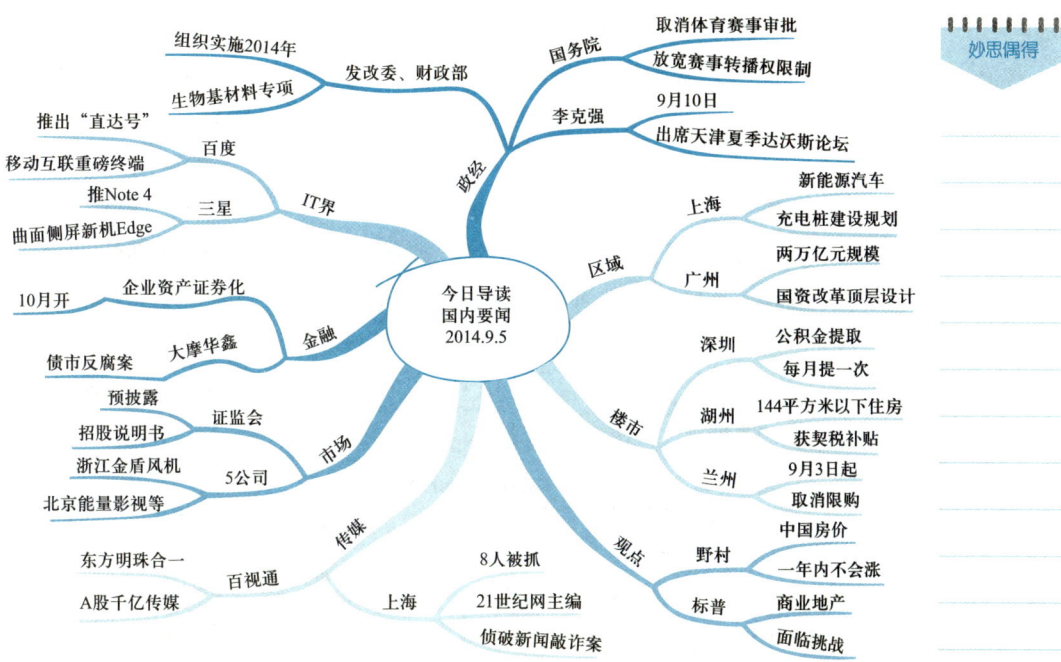

图 1.3.10 思维导图的部分应用——国内新闻

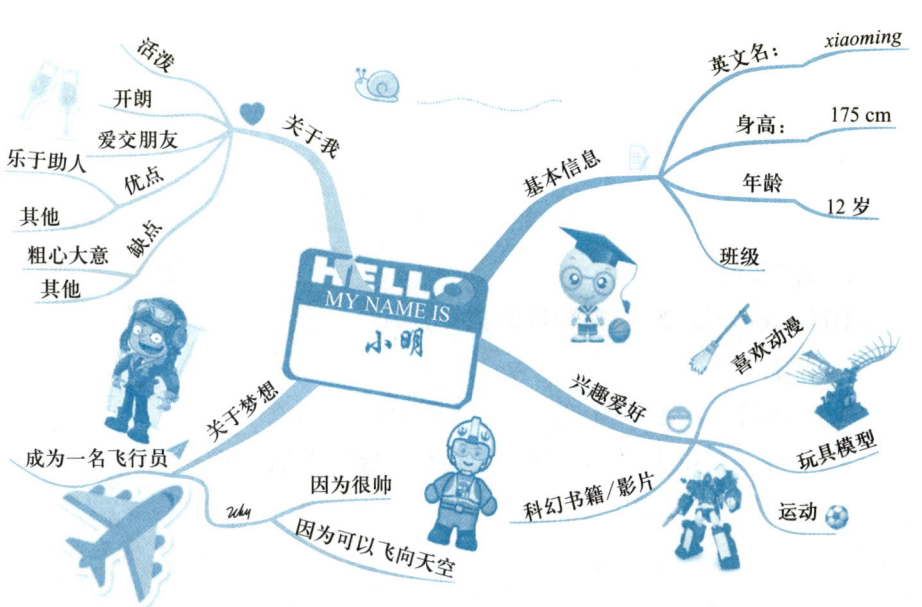

图 1.3.11 思维导图的部分应用——个人简介

图 1.3.12 思维导图的部分应用——西游记人物性格特点

心法训练

训练一：快速串词

1．训练目的

通过快速串词训练，培养发散思维能力。

2．训练内容

对下列词组作快速串词训练（串词数量 20 个以上）：

兰草、书法、耳目、作家、钢琴、茶叶、民族、唱歌、军队、电工。

训练二：郊游的思维导图

1．训练目的

学习面向任务的思维导图的绘制。

2．训练内容

本周末，同学们要集体去郊游，请大家共同用思维导图来安排一下周末出游的前期准备工作和现场的所有事项（可以派出一名美术功底较好的同学来画，大家一起讨论。记得用彩笔哦！）

心法延伸

延伸训练：课 后 作 业

尽可能多地搜集运用发散思维的实例，按类别填入下表。

发散方法	实例
材料发散	
功能发散	
结构发散	
形态发散	
组合发散	
方法发散	
因果发散	

心法三　突破思维的象限

心法四

架起思维的桥梁

心法导图

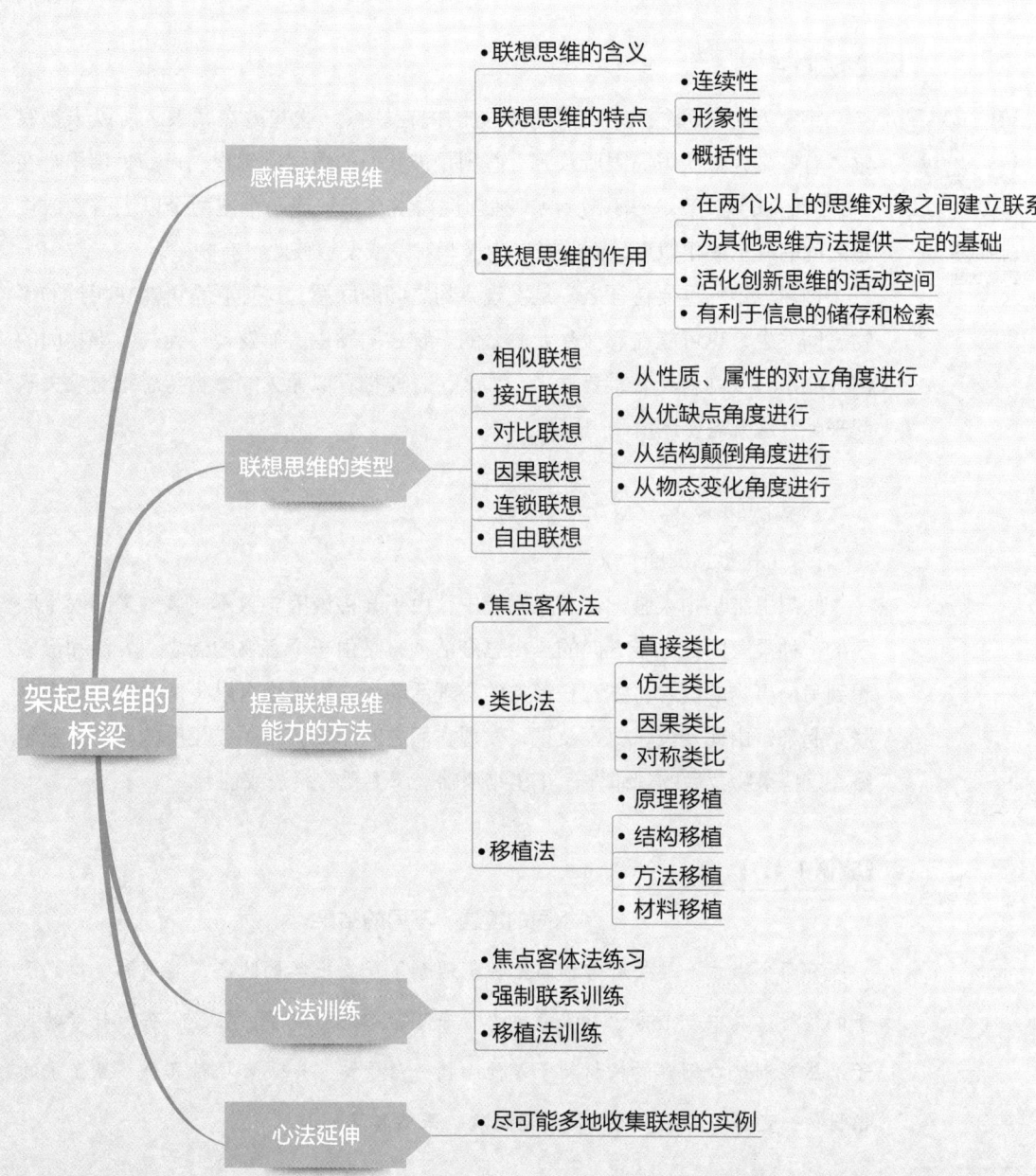

心法目标

1．知识目标：了解联想思维的含义、特点、作用及类型，掌握产生联想思维的途径和方法。

2．技能目标：学会利用焦点客体进行联想思维的方法，提高思维的联想能力。

3．体验目标：培养联想思维的意识；体会万物皆有联系。

心法内容

创新故事4：
巧移大钟

宇宙万物之间往往存在不被察觉的内在联系。这些内在联系之所以未被察觉，有些是人类认识局限所致，有些则是被我们的思维所忽视。正如贝佛里奇在《科学研究的艺术》一书中所说，独创性常常在于发现两个或两个以上对象或设想之间的联系或相似点，而原来以为这些对象或设想彼此没有联系。

创新思维的重要特征之一是发现事物之间的联系。这种联系可能在相近的事物之间发生，也可能在看似毫无关系的事物之间发生。而发现"无关"事物间的内在联系对于创新具有重要意义。那么，怎样将看似无关的事物与思维对象关联起来呢？这就需要运用联想思维。

一、感悟联想思维

（一）联想思维的含义

联想思维是指人脑记忆表象系统中，由于某种诱因导致不同表象之间发生联系的一种没有固定思维方向的自由思维活动，是由一个事物的概念、方法和形象想到另一事物的概念、方法和形象的心理活动。联想思维可以将两个或多个事物联系起来，由此及彼，由表及里，发现它们之间相似、相关或相反的属性，或隐藏在这些事物背后的规律性，并在此基础上产生新的想法或创意。

【案例1.4.1】

相同的境遇　不同的结果

有两个秀才一起去赶考，路上他们遇到了一支出殡的队伍，看到那一口黑乎乎的棺材。其中一个秀才心里立即咯噔一下，心想：完了，触了霉头，赶考的日子居然碰到这口倒霉的棺材。于是他心情一落千丈，走进考场时那个"黑乎乎的棺材"一直挥之不去，结果他文思枯竭，果然名落孙山。

另一个秀才也同时看到了棺材，一开始心里也咯噔了一下，但转念一想：棺材，棺材，噢！那不就是有"官"又有"财"吗？好，好兆头，看来今天我要鸿运当头了，一定中榜。于是心里十分兴奋，情绪高涨，他走进考场时文思泉涌，果然一举高中。

回到家里，两人都对家人说：那"棺材"真的好灵。

第一个秀才之所以名落孙山，是因为他考场上文思枯竭，而文思枯竭是因为情绪不好，情绪不好又是因为他看到令他感到"触了霉头"的棺材。

另一个秀才之所以金榜题名，是因为他考场上文思泉涌，而文思泉涌是因为情绪高涨，情绪高涨又是因为看到令他感到"好兆头"的棺材。

【案例1.4.2】

钢盔的发明

1914年第一次世界大战期间，法国有一位叫亚得里安的将军去医院看望伤员，一个被德军炮弹炸伤的士兵向他讲述了自己受伤的经过。原来，德军炮弹打来时，这个士兵正在厨房值日，在弹片横飞中他急中生智，把铁锅倒扣在头上，保住了头部，很多人被炸死了，他只受了轻伤。亚得里安将军听后非常高兴，由此联想到在战场上如果每个人都戴上一顶铁帽子，不就可以减少伤亡了吗？于是，他立即指定一个小组进行研究，制成了世界上第一代钢盔，这钢盔装备部队后，使伤亡率下降了2%～5%。

据统计，在第二次世界大战中，世界各国的军队由于装备了钢盔，使几十万士兵免于死亡。

（二）联想思维的特点

联想思维具有连续性、形象性、概括性的特点。

1. 连续性

联想思维的主要特征是由此及彼，连绵不断地进行，可以是直接的，也可以是迂回曲折的，形成闪电般的联想链，而链的首尾两端往往是风马牛不相及的。

2. 形象性

由于联想思维是形象思维的具体化，其基本的思维操作单元是记忆表象，是一幅幅画面。所以，联想思维和想象思维一样十分生动，具有鲜明的形象。

二 元 联 想

创新思维很多时候就是二元联想,就是将两件或者多件看上去风马牛不相及的事物或元素想方设法加在一起,结合在一起。还记得西游记里的人物吗?孙悟空就是人与猴子的结合,猪八戒是人与猪的结合,白龙马是人与马的结合。

3．概括性

联想思维可以很快把联想到的思维结果呈现在联想者的眼前,而不顾及其细节如何,是一种整体把握的思维操作活动,因此可以说有很强的概括性。

(三) 联想思维的作用

1．在两个以上的思维对象之间建立联系

通过联想,可以在较短时间内在问题对象和某些思维对象间建立起联系来,这种联系,就会帮助人们找到解决问题的答案。

2．为其他思维方法提供一定的基础

联想思维一般不能直接产生有创新价值的新的形象,但是,它往往能为产生新形象的想象思维提供一定的基础。

3．活化创新思维的活动空间

联想,就像风一样,扰动了人脑的活动空间。由于联想思维有由此及彼、触类旁通的特性,常常把思维引向深处或更加广阔的天地,导致想象思维的形成,甚至灵感、直觉、顿悟的产生。

4．有利于信息的储存和检索

思维操作系统的重要功能之一,就是把知识信息按一定的规则存储在信息存储系统,并在需要的时候再把其中有用的信息检索出来。联想思维就是思维操作系统的一种重要操作方式。

二、联想思维的类型

(一) 相似联想

相似联想就是由某一事物或现象想到与之存在形式、性质或意义上相似的其他事物或现象,进而产生某种新设想。

【案例 1.4.3】

过家家和印刷术

我国古代印书最早是将字刻在一块整板上印的,不仅费时,而且更费力,许多人因为长期伏案刻字积劳成疾。毕昇的师傅和同事中的一些人因为长时间劳累过度,已未老先衰,背驼眼花,令人心酸。为此,毕昇苦苦思索通过提高工作效率来减轻劳动强度的办法。

有一年清明节,毕昇带着家人回老家扫墓祭祖,在空闲时,就利用难得的轻松机会与小孩子们一起嬉闹玩耍。一次,他看见两个儿子在玩"过家家",用泥做成了锅、碗、桌、椅、猪、牛、人等不同的形状,按一定的规则不断地排来排去玩,变化多样。这一情境使毕昇突发联想:如果用一个泥块刻成一个字,按文章的要求进行排列,然后用来印书,不就可以大大减轻刻字印刷的劳动强度了吗?

毕昇立即进行试验。经过多次尝试后,他选择了细腻的胶泥作材料,制成一个个的小方块,上面刻上凸面反手字,用火焙硬,然后按韵母顺序依次摆放在木格子内,做成了最早的活字。在需要印书时,他在一块铁板上铺上松香、蜡和纸灰等作为黏合物,按照书中的文字内容选择相应的活字排放好,再在四周围上铁框。等到黏合物稍稍冷却后再用平板把版面压平,待完全冷却后便可进行印刷了。印刷完毕后,用火烘一烘,印版底部的黏合物慢慢熔化,就可以将那些活字再拆下来,下次印刷时还可重复使用(图 1.4.1)。

图 1.4.1 毕昇发明活字印刷

【案例 1.4.4】

壁纸刀片的发明

一名记者去拜访一个朋友,朋友正在为打扫新近装修的房屋忙得不亦乐乎。记者到访时他正蹲在窗台上,不时用手中玻璃片的断口清理滴落在玻璃上的油漆点,清理几下后断口就不锋利了,于是他在窗台上把玻璃再磕掉一块,使它露出新碴,然后继续工作。就是这个不起眼的动作让来访者受到了启发,他马上联想到经常使用的刀子,刀子用钝了以后是不是也可以"磕"出新刃?由此,他发明

了壁纸刀,刀片上每隔 5~10 毫米就有一道浅浅的斜印,根据金属应力集中的特性,当你在掰刀片时,它首先会从有斜印处折断,这样壁纸刀又变得锋利了。

(二)接近联想

接近联想是在时间上和(或)空间上相互接近的事物之间进行联想,进而产生某种新设想的思维方式。例如,放在一张桌子上的手机和笔,二者表面上并无联系,但在空间上彼此接近,它们之间发生的联想即为空间接近联想。由此可能会产生:可操作手机电容屏的笔、可给手机充电的笔、可作为手机无线 U 盘的笔、笔形的手机……

【案例 1.4.5】

巧妙的推销

国外有家公司既经营鲜牛奶,又经营面包、蛋糕等食品。这家公司出售的牛奶质优价廉,每天都能在天亮以前将牛奶送到订户门前的小木箱内。牛奶的订户不断增多,公司获利越来越大,可是这家公司经营的面包、蛋糕等食品,虽然也质优价廉,但由于门市部所在的地段较偏僻,来往的行人不多,所以营业额一直不大。

公司很多人建议通过电视台和报纸做广告来扩大影响,可老板却想出这样一个办法:设计、印刷一种精美的小卡片,正面印各种面包、蛋糕的名称和价格,卡片的背面是订单,可填写需要的品种、数量和送货时间以及顾客的签名。每天把它挂在牛奶瓶上送给订户,第二天再由送奶人收走,第三天便能将所订的面包、蛋糕等食品,随同牛奶一起送到订户家中。结果,该公司的面包、蛋糕等食品销路大增。

(三)对比联想

对比联想即相反联想,是根据事物之间存在的互不相同或彼此相反的情况进行联想,从而引发出某种新设想的思维方式。人们往往习惯于看到正面而忽视反面,因而相反的联想又使人的联想更加丰富多彩,更加富于创新性。

1. 从性质、属性的对立角度进行对比联想

从大想到小,从长想到短,从冷想到暖,等等。

【案例 1.4.6】

"偷工减料"的创新

圆珠笔之所以能够写字，是因为笔头里的钢珠在滚动时，能将速干油墨带出来转写到纸上。1 支圆珠笔至少可以书写 2 万个字。但是，书写的字数多了以后，钢珠与钢圆管之间的空隙会渐渐变大，这样油墨就会从缝隙中漏出来，常常会玷污衣物等。

为了解决漏油的问题，专家们没少动脑筋。有的研究油墨配方的改进，有的研究钢珠与钢圆管的硬度。可是都没能收到效果。

正当这项研究毫无进展的时候，日本的一个小企业主中田藤三郎从属性对立的角度进行思考，想出了一个绝招：不是因为装的干油墨足够书写 2 万个字吗？不是因为写到那时就会漏油了吗？那我就少装一些干油墨，让笔芯里的油墨只能书写 1.5 万字时就用完了，这样圆珠笔芯漏油的问题不就解决了。于是，他就申请了专利，专门生产一种短支的圆珠笔芯和圆珠笔，受到了广大顾客的欢迎，很快他就成了一个大的企业家。

这种解决问题的方法，看起来如同一种偷工减料，但实质上是一种创新，是解决当时人们所不能解决的问题的思路上、方法上的创新。

2．从优缺点角度进行对比联想

既看到优点，看到长处，又要想到缺点，想到短处；反之亦然。

【案例 1.4.7】

不干胶的发明

最早的不干胶于 1964 年诞生自美国 3M 公司的一位化学家。据说当时这位化学家想发明一种新的强力胶，他研究各种胶黏剂配方时，配制出了一种具有较大黏性，但却不易固化的新品类黏胶。用它来粘贴东西，即使过了很长时间也能轻易地揭剥下来。当时，人们认为这种黏胶不会有很大作用，所以没有重视。

到了 1973 年，3M 公司的一个胶布新品开发小组，把这种胶涂在常用商标的背面，再在胶液上粘上一张涂了微量蜡的纸片。这样，全球第一张商标纸就诞生了。于是，不干胶的作用被人们陆续发现，不干胶的使用人群也越来越多。

3. 从结构颠倒角度进行对比联想

从空间考虑，前后、左右、上下、大小的结构，颠倒着进行联想。

【案例 1.4.8】

胶囊旅馆

胶囊旅馆又称太空舱旅馆，是一种空间对比联想而产生简单、便捷的"微型"旅馆。这种旅馆是几十个整齐摞起来的"胶囊"。每个"胶囊"住一个顾客。胶囊旅馆可谓"麻雀虽小，五脏俱全"，床、桌、灯、电视、音响等必要设施都有，当然，卫生间、洗浴室等被设置在公共区域（图1.4.2）。

胶囊旅馆的最初设计者是建筑家黑川纪章。1979年，新日本观光株式会社在大阪梅田开办了首家胶囊旅馆。1985年，随着国际科学技术博览会的举行，为容纳大量观光客而紧急修建的胶囊旅馆，经电视台报道之后开始为社会所知。

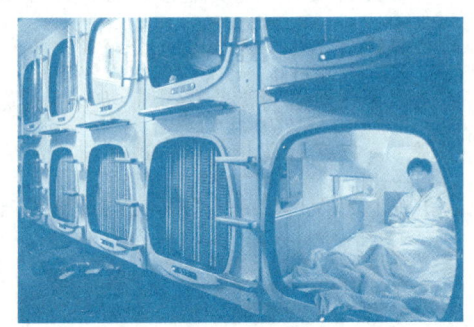

图1.4.2 胶囊旅馆

胶囊旅馆近年来被东南亚、欧洲各国效仿，就连发达的英国、法国、德国、立陶宛都相继建成了类似的胶囊旅馆。由于它的低碳环保、低廉价格和便捷服务，深受差旅一族和年轻游客的欢迎。中国商家也不失时机地结合国情，在北京、上海、西安、南京、广州、深圳等地陆续建成了这样的旅馆、客栈。

4. 从物态变化角度进行对比联想

从物态变化角度进行对比联想即看到从一种状态变为另一种状态时，联想与之相反的变化。

【案例 1.4.9】

石墨变金刚石

18世纪，拉瓦把金刚石煅烧成CO_2的实验，证明了金刚石的成分是碳。1799年，摩尔沃成功地把金刚石转化为石墨。金刚石既然能够转变为石墨，用对比联想来考虑，那么反过来石墨能不能转变成金刚石呢？后来终于用石墨制成了金刚石。

【案例 1.4.10】

丑陋的玩具

在美国，一个人发现有几个孩子在玩一只昆虫，这只昆虫不但满身污泥污垢而且长得十分难看，他就想市场上的玩具都是形象优美的，假如生产一些丑陋的玩具投入市场会如何呢（图 1.4.3）？结果这些玩具带来了丰厚的利润。

图 1.4.3　丑陋的玩具

（四）因果联想

由两个事物间的因果关系所形成的联想。

【案例 1.4.11】

劳力士手表广告

劳力士手表是瑞士生产的一种高档名表，专供上层人士佩戴。厂家选择了全世界公认的最优秀的登山健将莱因霍尔德·梅斯纳（图 1.4.4）做广告。1978 年，梅斯纳不用氧气瓶登上了世界最高峰珠穆朗玛峰，令人难以置信。莱

图 1.4.4　意大利登山家莱因霍尔德·梅斯纳

因霍尔德·梅斯纳在广告中向世界宣称：我可以不带氧气筒，但我决不会不戴我的劳力士去登山。登山者不带上一块可以信赖的、走时准确的表，简直是不可思议的。莱因霍尔德·梅斯纳曾成功地登上 6 座海拔 8 000 米以上的山峰，选用他佩带劳力士手表做广告，可以展示劳力士手表令人信赖的优良性能。

（五）连锁联想

连锁联想是根据事物之间这样或那样的联系，一环紧扣一环地进行联想，从而引发出新的设想的思维方式。

【案例 1.4.12】

布扎拉与康熙铁箱钥匙

当年康熙皇帝为了分门别类地将珍宝装起来，曾命人打造了 10 个大铁箱。每只铁箱各配了一把不同型号的锁，每把锁各有两把相同的钥匙。康熙挑选了 10 个

可靠的大臣，一人发给一把钥匙，要他们各自保管一个铁箱。另外那10把钥匙则由康熙亲自保管。没过多久，康熙就感到这样很不方便。因为这10个大臣并不是天天都同时在他身边，当他需要取出某件珍宝时，负责保管那个铁箱的大臣可能偏偏不在。有一天，康熙要求众大臣在不另配钥匙的前提下，想出一个好办法：无论什么时候，叫到任何一个保管钥匙的大臣，都能很快、很方便地取出任何一件珍宝。大臣们个个皱着眉头想了很久，谁也没能想出好办法来。这时，一个叫布扎拉的小太监跪在地上向康熙禀告说，他想出了一个办法。

布扎拉想出的合乎康熙皇帝要求的办法是，将康熙皇帝掌握的那10把钥匙，同10个大铁箱上的那10把锁，一一对应地分别编为1至10号。然后把第1号钥匙放在第2号铁箱里，第2号钥匙放在第3号铁箱里……以此类推（第10号钥匙则放在第1号铁箱里）。这样，负责保管铁箱的任何一个大臣，用自己掌握的那一钥匙，都能很快、很方便地打开与其相应的铁箱，然后，再用打开铁箱中的钥匙，去依次逐一打开其他的铁箱，直到最后取出所需要的珍宝为止。布扎拉思考这个问题运用连锁联想创新思维方法，将这10把锁作为依次环环紧扣的一个整体来思考。

（六）自由联想

自由联想就是在看去没有任何联系相距甚远的事物之间形成联想，以引发出某种新设想的思维方式。

【案例1.4.13】

冰做的输油管道

一支科学考察队来到南极，准备用铁管铺设一条输油管道，把船上的汽油输送到基地。眼看管道就要铺设完毕，输油管却用完了。如果从国内运送，需要两个月的时间，怎么办？他们就地取材，以剩下的输油管作轴，用医务室的绷带缠绕在上面，用雪水浇透，等雪水凝固成冰后把金属管抽出来，就制成了冰管。如此反复，他们所需的输油管便制作成功。

三、提高联想思维能力的方法

（一）焦点客体法

焦点客体法是美国人温丁格特于1953年提出的，目的在于创造具有新本质特征的客体。主要做法是：将研究客体与偶然客体建立联想关系。

焦点客体法的工作程序：

（1）确定我们要研究的焦点客体；

（2）随机选取几个物体作为偶然客体；

（3）分别写出这几个偶然客体的明显特征；

（4）将以上写出的每个特征分别与焦点客体结合，得到新的焦点客体；

（5）分别根据每个新的焦点客体得到新的想法；

（6）将以上新的想法进行合理的汇总得到新的焦点客体。

用此方法解决问题，使用表格形式比较方便。

【案例 1.4.14】

锅 的 创 新

以前的锅功能单一。要想开发一款新型的锅，应用焦点客体的方法该怎么办呢？

首先，我们选择焦点客体为锅，然后随机选取几个物体作为偶然客体进行联想。这里我们选择树、灯和香烟为偶然客体。如表 1.4.1 和图 1.4.5 所示。

焦点客体

偶然客体

图 1.4.5 锅的创新

微课：焦点客体法

表 1.4.1 焦点客体法分析表

焦点客体——锅		完善的目的——增加品种	
偶然客体	偶然客体特征	焦点客体及特征	得到的想法
树木	高、裸露、软木、带根	高壁锅、软木锅、带根的锅	底部有支架、有高保温壁的锅
灯	有电、有裂痕、发光	电锅、有裂痕的锅、发光的锅	电热锅、有辅助照明分成几部分的锅
香烟	冒烟、带过滤嘴、放盒里	冒烟锅、带过滤网锅、双壁锅	有气味显示器、内有筑篱、有绝缘盖

根据对所获得想法的分析结果，可以建议生产带电子加热、有支架、有高绝缘壁、内分几部分且每一部分可放筷篦、外有保温层内胆式的锅。

（二）类比法

类比法是把陌生的对象与熟悉的对象、把未知的东西与已知的东西进行比较，从中获得启发而解决问题的方法。

【案例 1.4.15】

蛋卷为什么会碎

浙江省某食品机械厂的技术人员一次去贵阳某糕点厂安装蛋卷机，在本厂测试很满意的蛋卷机，在贵阳却不听使唤了，蛋卷坯子出来后都在卷制过程中碎掉了。他们在原料、配方、卷制尺度等很多方面花了许多精力也解决不了问题。后来，他们看到贵阳即便是阴天，晾在外面的湿衣服半天也能干，便想起丝绸厂空气湿度不当会造成断丝，蛋卷在卷制过程中碎掉可能也与空气干燥有关。于是，他们采取了在本车间及机器内保湿加湿的措施，漂亮的蛋卷终于做出来了。

类比法的实施可分为直接类比、仿生类比、因果类比、对称类比等方法。

1. 直接类比

直接类比，是从自然界或者已有的成果中寻找与研究对象相类似的东西而解决问题的方法。

【案例 1.4.16】

巧送月饼

某公司中秋节福利一直是向员工发放月饼。近几年发现，员工对这项福利开始视而不见。今年中秋节，人力资源经理面对已经准备好的月饼开始发愁。突然他想到在今年自己生日的当天，妻子给他的母亲买了一份礼物，不仅自己的母亲很开心，自己得知后感觉比自己收到礼物更开心。最后他决定，在中秋节时公司将月饼寄给员工父母，并附上一封感谢信。

2. 仿生类比

将动物或植物的一些特性与被研究对象的特性进行类比的思维方法。

【案例 1.4.17】

相似的发明

相传，鲁班在看到人们大汗淋漓地砍树时，觉得他们十分辛苦。他想是否能造出一种可以轻易把树截断的工具呢？一天，他上山找木材，走一段陡峭的山路时，脚下突然一滑，他眼疾手快地抓住路旁的一丛茅草，没有滑落下去，手却被草划破，渗出了鲜血。"草怎么会割破手？"鲁班很

图 1.4.6 相似的发明

好奇，于是他仔细地观察茅草，发现草叶上长着许多锋利的小齿。他想既然草都能将皮肤割破，那么用铁代替小草制作一种类似的工具，威力岂不更大？根据这一想法，鲁班制成了人类历史上第一根锯条。

无独有偶，美国有个叫杰福斯的牧童，他的工作是每天把羊群赶到牧场，并监视羊群不越过牧场的铁丝到相邻的菜园里吃菜。

有一天，小杰福斯在牧场不知不觉地睡着了。不知过了多久，他被一阵怒骂声惊醒了。只见老板怒目圆睁，大声吼道："你这个没用的东西，菜园被羊群搅得一塌糊涂，你还在这里睡大觉！"小杰福斯吓得面如土色，不敢回话。

这件事发生后，机灵的小杰福斯就想，怎么才能使羊群不再越过铁丝栅栏呢？他发现，那片有玫瑰花的地方，并没有更牢固的栅栏，但羊群从不过去，因为羊怕玫瑰花的刺。"有了，"小杰福斯高兴地跳了起来，"如果在铁丝上加上一些刺，就可以挡住羊群了。"

于是，他先将铁丝截成了 5 厘米左右的小段，然后把它绑在铁丝上当刺。绑好之后，他再放羊的时候，发现羊群起初也试图越过铁丝网去菜园，但被多次刺疼之后，羊群再也不敢越过栅栏了。半年后，他申请了这项专利，并获批准。后来这种带刺的铁丝网便风行全世界。也许小杰福斯的创意最初只是为了弥补过失或偷懒——不用老盯着羊群，也能看好羊群（图 1.4.6）。

动画：相似的发明

3. 因果类比

因果类比，是根据已有事物的因果关系与研究事物的因果关系之间的相同或类似之处，去寻求创新思路的一种方法。

【案例 1.4.18】

失踪的扣子

1867年，俄国彼得堡军需部发放冬装。奇怪的是，这次发放的军大衣全都没有扣子，官兵们对此十分不满。此事一直闹到沙皇那里。沙皇大发雷霆，要严厉处罚负责监制军装的官吏。军需大臣恳求宽限几天，以便对此事进行调查。

这位大臣到军需仓库查看，他翻遍了整个仓库，竟没有一件大衣上有扣子。负责仓库保管的军官和士兵们都说，这些军装入库时，都钉有扣子，扣子是不可能丢的。那么，这数以万的计扣子究竟哪里去了？

军需大臣委托一位科学家来破这个案。当科学家得知这些军装上的扣子全是用金属锡制造的时候，沉思了一会儿说："扣子失踪的原因是由于天气奇冷，锡扣子变成粉末脱掉了。"但在现场的军官都不相信科学家的解释。于是，科学家拿了一个锡壶放在花园一个石凳子上。几天后，科学家请大臣一起到花园去看，"锡壶"仍放在原处，看上去和原来没有什么两样，科学家走到锡壶跟前，轻轻地用手指一捅，锡壶就像沙子堆似的塌了下来，变成一堆粉末。

原来，锡具有与其他金属不同的物理性质。当环境温度极低时，其晶体结构会发生改变，体积增加20%左右，变成一种灰色粉末。到了-33℃时，这种变化的速度就会大大加快。人们称这种现象为"锡疫"（图1.4.7）。那年冬天，俄国彼得堡地区的气温下降到-33℃以下，所以银光闪闪的锡扣子都不见了，只有钉纽扣的地方留下一小撮灰色的粉末。

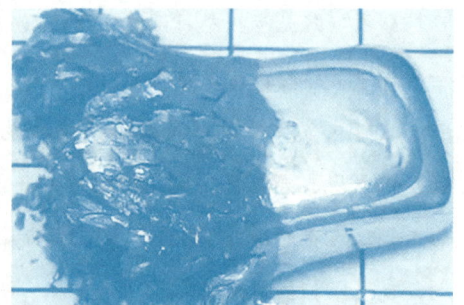

图1.4.7 锡疫

4. 对称类比

这种对比方法是利用对称关系进行类比而产生新成果的思维方法。

【案例 1.4.19】

男用化妆品

原来化妆品都是女人的专用，根据对称类比，男士化妆品应运而生了。

（三）移植法

移植法是指把某一事物的原理、结构、方法、材料等转移到当前的研究对象中，从而产生新成果的思维方法。

移植法的实施可分为原理移植、结构移植、方法移植、材料移植等几种方法。

1. 原理移植

原理移植就是将某种科学技术原理转用到新的研究领域。

【案例 1.4.20】

倒 车 提 示

根据音乐贺卡打开自动发声的原理，台湾一位业余发明家将其移植到汽车倒车提示器上，"倒车请注意"。

2. 结构移植

结构移植就是将某事物的结构形式和结构特征转用到另一个事物上，以产生新的事物。

【案例 1.4.21】

拉链功能移植

某公司为有口蹄疫地区的动物做了数双短筒拉链靴；而美国将拉链移植到外科手术的缝合中。

3. 方法移植

方法移植就是将新的方法转用到新的情景中，以产生新的成果。

【案例 1.4.22】

锦绣中华园

美国拉斯维加斯有很多世界名胜的微缩景观。荷兰人也把本国的风景名胜微缩成"小人国"。

1989年正式开园的中国第一家主题公园——深圳锦绣中华（图1.4.8），就是借鉴了上述方法，微缩了中国著名景观。它坐落在风光绮丽的深圳湾畔，至今仍是世界上面积最大、内容最丰富的实景微缩景区，占地450亩，分为主点区和综

合服务区两部分。82个景点均按中国版图位置分布,比例大部分按1∶15复制。

"锦绣中华"的景点均是按它在中国版图上的位置摆布的,全园结构犹如一幅巨大的中国地图。这些景点可以分为三大类:古建筑类、山水名胜类、民居民俗类。安置在各景点上的陶艺小人达五万多人。

图1.4.8　锦绣中华园

园内有名列世界八大奇迹的万里长城、秦陵兵马俑;有众多世界之最:最古老的石拱桥、天文台、木塔(赵州桥、古观星台、应县木塔),最大的宫殿故宫,中国最大瀑布黄果树瀑布;有肃穆庄严的黄帝陵、成吉思汗陵、明十三陵、中山陵,金碧辉煌的孔庙、天坛,雄伟壮观的泰山,险峻挺拔的长江三峡,如诗似画的漓江山水,杭州西湖、苏州园等江南胜景,各具特色的名塔、名寺、名楼、名石窟以及具有民族风情的地方民居。此外,皇帝祭天、光绪大婚、孔庙祭典的场面与民间的婚丧嫁娶风俗尽呈眼前。在编钟馆,还能欣赏到古装乐队演奏千古绝响——楚乐编钟。在那里可以在一天之内领略中华五千年历史风云,畅游大江南北的锦绣河山。

4．材料移植

材料移植就是将材料的特性移植到新的事物上。

【案例1.4.23】

自 我 发 光

漆黑的夜晚,如何能快速找到电灯的开关呢?如果它能自己发光就好了。现在有人利用亚硫酸锌白天吸收光线、夜间发光的特性,将它制成电器开关、夜光工艺品、夜光门牌等,使人们在夜晚也能轻松地看到它们了。

心法训练

训练一：焦点客体法练习

1. 训练目的

通过焦点客体法的应用，培养联想思维能力。

2. 训练方法

根据上课学生人数，选择字数相当的古诗词或成语接龙，将它们拆成一个个单字，写在一张张卡片上。每一张卡片上写一个字，卡片背面画上一种物品。各小组抽取一张卡片，然后运用焦点客体法步骤进行创新思维训练。

焦点客体——（　）		完善的目的——（　）	
偶然客体	偶然客体特征	焦点客体及特征	得到的想法

训练二：强制联系训练

1. 训练目的

提高联想速度。

2. 训练方法

给定两个词或两个物，然后通过联想在最短的时间里由一个词或物想到另一个词或物，如天空、鱼。那么，其间的联想途径可以是：天空（对比联想）地面（接近联想）湖、海（接近联想）鱼。当然也可以是其他的联想途径。

（1）猫—玻璃杯；

妙思偶得

(2) 大树—手表；

(3) 茅草—显示器；

(4) 西瓜—铅笔；

(5) 算盘—窗帘；

(6) 地球—手机。

训练三：移植法训练

1. 训练目的

培养移植思维能力。

2. 训练方法

以小刀为例，我们根据小刀的特点、功能、结构看看能不能发明一件新的东西呢？

心法延伸 ....

延伸训练：课 后 作 业

按类别尽可能多地搜集运用联想思维的实例，填入下表。

联想方法	实例
相似联想	
接近联想	
对比联想	
因果联想	
连锁联想	
自由联想	

心法五
展开思维的翅膀

心法导图

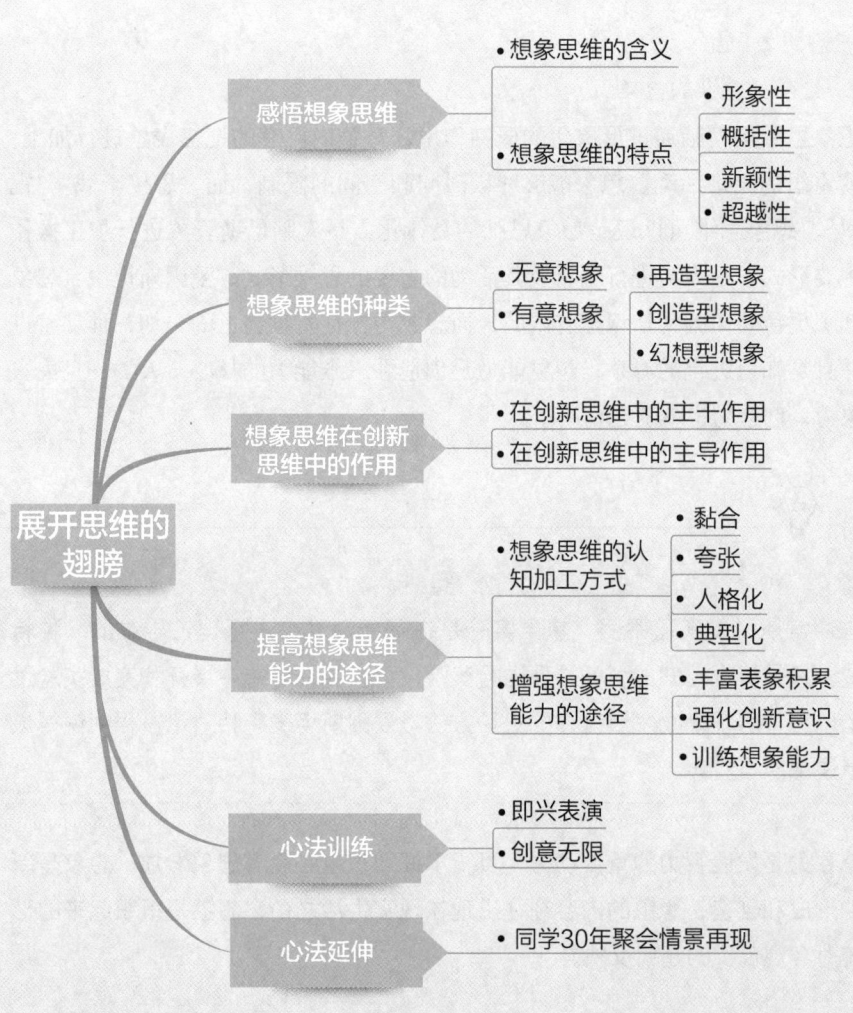

心法目标

1. 知识目标：了解想象思维的含义、特点及作用；理解无意想象与有意想象；掌握想象思维的认知加工方式。
2. 技能目标：掌握想象的基本方法，提高思维的想象能力。
3. 体验目标：培养想象思维的意识；从不善想象、不常想象到善于想象、经常想象。

心法内容

创新的本质是"无中生有"，"以有创无"。创新的过程除运用联想思维发现看似无关事物间或多或少内在联系外，更需要将思维从相关延伸到无关的能力——想象力。

创新故事5："梦"里"梦"外大观园

一、感悟想象思维

（一）想象思维的含义

想象思维是大脑通过形象化的概括作用，对脑内已有的记忆表象进行加工、改造或重组的思维活动。想象能够冲破时间和空间的限制，而"思接千载""视通万里"。想象思维可以说是形象思维的具体化，是人脑借助表象进行加工操作的最主要形式，是人类进行创新及其活动的重要的思维形式。爱因斯坦说：想象力比知识更重要，因为知识是有限的，而想象力概括着世界上的一切，推动着进步，并且是知识进化的源泉。想象能力是创造性思维能力的核心，人类一旦失去了想象力，创造力也就随之枯竭了。

萃智贴士

想 象 实 验

与通常所说的实验不同，想象实验是在创新活动中进行理性思维的一种特殊形式，它是根据已知的科学原理进行实验设计，并在思想中展开和完成实验过程，借以探索客观事物发展规律的一种方法。爱因斯坦发现相对论过程中做得最多的就是想象实验。

想象力是发展智力的重要动力，真正掌握知识也必须有想象参加。想象是新形象的形成和创造，想象的内容往往出现在现实生活之前，想象是组织起来的形象系统对客观现实的超前反映。

【案例 1.5.1】

人类的飞天梦想

自古以来，人类就梦想着飞上蓝天。无论是中国古代神话嫦娥奔月，还是《天方夜谭》中的飞毯，都展现了古人丰富的想象力。敦煌莫高窟 492 个洞窟中，几乎窟窟画有飞天；西方神话中的天使们都长有一双翅膀，在天上自由飞翔。

为实现飞天之梦，人类做了不懈的尝试和努力，其中人类制造的最早的飞行器是中国的风筝和火箭。《墨子》记载："公输子削竹木以为鹊，成而飞之，三日不下。"是说鲁班制作的木鸟能乘风力飞上高空，三天不降落。14 世纪末期，明朝的士大夫万户把 47 个自制的火箭绑在椅子上，自己坐在椅子上，双手举着大风筝，设想利用火箭的推力，飞上天空，然后利用风筝平稳着陆（图 1.5.1）。不幸火箭爆炸，万户也为此献出了生命。西方学者考证，万户是"世界上第一个想利用火箭飞行的人"。

15 世纪 70 年代，意大利天才莱昂纳多·达芬奇画出一种由飞行员自己提供动力的飞行器，并称之为"扑翼飞机"。它模仿鸟儿、蝙蝠和恐龙时代的翼龙，具有多个膜状翅膀。后来，有许多人模仿达·芬奇的设计制造飞机，结果都失败了。1873 年 10 月 6 日，美国人多纳德逊乘坐载人氢气球飞越大西洋成功。1891 年，滑翔机之父奥托·李林塔尔制成一架蝙蝠状的弓形翼飞行器，成功进行了滑翔飞行。1903 年，莱特兄弟制作的以内燃机为动力的飞机上天了，自此人类的飞天梦终于实现了。

图 1.5.1 万户飞天

（二）想象思维的特点

想象思维具有形象性、概括性、新颖性和超越性等特点。

1. 形象性

想象是通过对已有记忆表象进行加工而再造或创造新形象的过程，它加工的对象是形象信息，而不是语言或符号。例如，我们读文学作品中对人物或事物的描写，头脑中就会出现这个人物或事物的形象；听到天气预报就会想象得到相应的天气状况。想象思维的形象性，使它不同于逻辑思维，想象思维的过程和结果丰富多彩、生动活泼、直观亲切。

2．概括性

想象思维是以形象的形式进行的，因而具有概括性。例如，把地球想象成鸡蛋，蛋壳是地壳，蛋白是地幔，蛋黄是地核，非常概括。科学家把原子结构想象成太阳系，太阳是原子核，核外电子是行星，围绕原子核高速旋转。

3．新颖性

想象思维中出现的形象是新的，它不是表象的简单再现，而是在已有表象的基础上加工改造的结果。

4．超越性

想象思维中的形象源于现实但又不同于现实，他是对现实形象的超越，正是借助这种对现实的超越，我们才产生了无数发明创造。

二、想象思维的种类

（一）无意想象

无意想象是事先没有预定的目的，不受主体意识支配的想象。无意想象是在外界刺激的作用下，不由自主地产生的。例如，人们观察天上的白云时，有时把它想象成棉花，有时想象成仙女，有时又想象成野兽等；还有，人们在睡觉时做的梦，精神病患者在头脑中产生的幻觉等，这些都是无意想象。无意想象可以导致灵感的产生，但无意想象不能直接创造出新东西，必须借助有意想象。

（二）有意想象

有意想象是事先有预定的目的，受主体意识支配的想象。它是人们根据一定的目的，为塑造某种事物形象而进行的想象活动。这种想象活动具有一定的预见性、方向性。

有意想象又可分为再造型想象、创造型想象和幻想型想象。

1．再造型想象——情境再现

再造型想象是根据他人的言语叙述、文字描述或图形示意，形成相应形象的过程。如读小说、诗歌想象出人物的形象和场面；建筑工人根据建筑蓝图想象出建筑物的形象；看舞蹈、听音乐想象出的画面。

再造型想象是理解和掌握知识必不可少的条件。再造型想象有一定的创造性，但其创造水平较低。

【案例1.5.2】

巧 传 家 书

有个商人在外做生意，他的同乡要回家，于是他就托同乡带100两银子和一封家书给妻子。同乡在路上打开信一看，原来只是一幅画，上面画着一棵大树，树上有8只八哥，4只斑鸠。同乡大喜：信上没写多少银子，我留下50两，她也不知。同乡将书信和银子交给商人妻子以后，说："你丈夫捎给你50两银子和一封家书，你收下吧！"商人妻子拆信看过后说："我丈夫让你捎带100两银子，怎么成了50两？"那同乡见被识破，忙道："我是想试试弟媳聪明不聪明。"忙把那50两银子还给了商人的妻子。

商人妻子是怎么知道是100两银子的呢？原来那幅画上写的意思是：8只八哥是八八六十四，四只斑鸠是四九三十六，合起来就是100，所以商人妻子知道是100两银子。商人写信不用文字而用图画，商人妻子读信不是认字而是解画，他们两人使用的思维方法就是再造型想象思维。

再造型想象的结果与想象者知觉经验积累、认识事物水平、看问题的角度等息息相关。我们常说的"仁者见仁，智者见智""有一千个读者就有一千个哈姆雷特"，都是这个道理。

2．创造型想象——推陈出新

创造型想象是根据一定的目的、任务，在脑海中创造出新形象的心理过程。它是用已经积累的知觉材料（记忆表象）作为基础进行加工，创造出新形象的过程。

【案例1.5.3】

谁继承家业

有一个富翁已经病入膏肓。他把三个儿子叫到床前，对他们说："我年龄大了，希望把家业交给你们中的一个人经营，但我不知道谁更聪明？"

接着，富翁分别给三个儿子发了10元钱，然后对三个儿子说："你们各自去买一件东西，所买的东西价格不能超过10元钱，而且要把我们住的整间大房子装满。谁装得最满，谁就可以继承家业。"

三个儿子各自拿着钱走了。

半小时后，三个儿子都回来了。大儿子扛着一棵大树对父亲说：

"我买回一棵茂密的大树，可以装满房间。"

富翁听了，微笑着摇了摇头。

二儿子说："我花5元钱买了一车草回来，可以装满整个房间。"

富翁还是摇了摇头。

妙思偶得

唯独小儿子好像什么都没买。富翁问他买了什么，小儿子什么也没说。等到天黑时，大家都认为小儿子的东西确实装满了整间房间。而且，小儿子只花了2角5分钱！

富翁笑了，他把自己的家业传给聪明的小儿子。

你猜到小儿子买的是什么了吧？对，是蜡烛。蜡烛的光可以装满整个房间！故事中三个儿子都进行了创造想象，但显然，小儿子的想象思维更具创新性。

3．幻想型想象——无中生有

幻想型想象是与生活愿望相结合并指向未来的想象。巴尔扎克说过："想象是双脚站在大地上行进，他的脑袋却在腾云驾雾。"幻想型想象又可分为理想和空想：

理想是符合事物发展规律，有实现可能的积极的幻想。

空想是与客观现实相违背的消极的幻想。

【案例1.5.4】

科幻小说的启示

1861年，被人们称为科幻小说之父的法国著名作家儒勒·凡尔纳，曾在一部小说里描绘了以下景象：美国的佛罗里达州将设立一个火箭发射站，火箭从这里发射，飞往人们心仪已久的月球，他还具体描述了飞行员在宇宙飞船中失重的情景。天下之大，无奇不有。刚好过了100年，到1961年，美国真的在佛罗里达州发射了人类第一艘载人宇宙飞船。而且宇航员在太空的许多失重情景，竟和凡尔纳在想象中描写的一样。不仅如此，直升机、雷达、导弹、坦克、电视机等，也都在凡尔纳的小说中有了雏形。第二次世界大战初期，德国人制造的潜水艇，与凡尔纳小说中描绘的相差无几。第一个把宇宙飞船送上天空的俄国科学家齐奥尔科夫斯基，也是从凡尔纳的小说《从地球到月球》里得到启示的。凡尔纳所写的科幻小说，通过神奇无比的想象、无与伦比的精确预示，一百多年来给无数青少年和科学家以启迪。

想一想
我们曾看过哪些著名的幻想小说？这些小说是如何运用想象思维的？有哪些已经实现？

幻想型想象是创造型想象的特殊形式，二者的区别：一是幻想型想象所形成的形象，总是和个人的愿望相联系着，并体现个人所向往、所祈求的事物，而创造型想象所形成的形象则不一定是个人所向往的形象；二是幻想与当前的创造性活动没有直接联系，幻想无法创造出当前物质产品或精神产品，而是指向未来活动，但又常常是创造性活动的准备阶段。

三、想象思维在创新思维中的作用

（一）想象在创新思维中的主干作用

创新思维的本质是产生新形象，而新形象主要以记忆表象为基础，通过想象产生的。

【案例 1.5.5】

望 梅 止 渴

三国时期，有一次，曹操带着军队去打仗。当时，烈日炎炎，附近又没有水源，士兵们都口干难耐，浑身大汗，精疲力尽，人人都走不动了，行进的速度越来越慢。曹操见状，非常着急。忽然他想出了一个主意，举起马鞭，向前方一指，对士兵们说："看！前边不远

图 1.5.2　望梅止渴

有一片梅林，结的梅子个儿都挺大，赶到那里咱们好好休息吧。"（图 1.5.2）士兵们一听，想起那又甜又酸的梅子，口水直流，也不觉得口渴了，都来了精神，加快步伐，很快走到了有水的地方。

（二）想象在创新思维中的主导作用

想象力的发展是智力发展的十分重要的方面。想象力反映人们的一种向往渴求，这是借助创意性的思维达到内心渴望已久目标的一种快捷方法。想象力的实质，是沉积在大脑深处的信息被激活、被调动起来，重新进行编码组合，从而得到一种意想不到的超越现实的结果。能把现实中没有的事物和信号通过想象显示出来，帮助人类实现思维的极度跨越。

【案例 1.5.6】

韩 信 画 兵

韩信是我国历史上有名的将领。有一天，刘邦想试一试韩信的智谋。他拿出一块五寸见方的布帛，对韩信说："给你一天的时间，你在这上面尽量画上士兵。你能画多少，我就给你带多少兵。"站在一旁的萧何想："这一小块布帛，能画几个兵？"急得暗暗叫苦。不想韩信毫不迟疑地接过布帛就走。第二天，韩信按时

妙思偶得

交上布帛，上面虽然画了些东西，但一个士兵也没有。刘邦看了却大吃一惊，心想韩信的确是一个胸有兵马千万的人才，于是把兵权交给了他。那么，韩信在布帛上究竟画了些什么呢？原来，韩信在布帛上画了一座城楼，城门口战马露出头来，一面"帅"字旗斜出。虽没见一兵一卒，却可想象到千军万马。

四、提高想象思维能力的途径

（一）想象思维的认知加工方式

想象思维的认知加工方式有四种：黏合、夸张、人格化和典型化。

1. 黏合

黏合即组合，就是把不同记忆表象的一些组成部分或因素抽取出来，组合在一起，构成具有自己的结构、性质、功能与特征的能独立存在的特定事物新形象的思维加工方式。如《西游记》中猪八戒的形象。

【案例1.5.7】

旱冰鞋的产生

英国有个叫吉姆的小职员，整天坐在办公室里抄写东西，常常累得腰酸背痛。他消除疲劳的最好办法，就是在工作之余去滑冰。冬季很容易就能在室外找个滑冰的地方，而在其他季节，吉姆就没有机会滑冰了。怎样才能在其他季节也能像冬季那样滑冰呢？对滑冰情有独钟的吉姆一直在思考这个问题。想来想去，他想到了脚上穿的鞋和能滑行的轮子。吉姆在脑海里把这两样东西的形象组合在一起，想象出了一种"能滑行的鞋"。经过反复设计和试验，他终于制成了四季都能用的旱冰鞋。

微课：想象思维的认知加工方式

2. 夸张

夸张就是对客观事物形象中的某一部分进行改变，突出其特点，从而产生新形象。如漫画中的人物形象、神话中的千手观音形象、童话中大人国和小人国的形象等，都是使用了夸张而形成的。

【案例1.5.8】

苏东坡与苏小妹

苏东坡的妹妹苏小妹是一个虚构的人物。冯梦龙在《醒世恒言》第十一卷

"苏小妹三难新郎"中，运用夸张想象手法，生动描写了苏氏兄妹互相对诗嘲戏的故事，妙趣横生。苏东坡是个大胡子，苏小妹写诗嘲道：几回口角无觅处，忽听毛里有声传。相传苏小妹是门楼头，即前额突出。苏东坡就说：未出门前三五步，额头已至画堂前。苏东坡脸长的长，苏小妹就回敬道：去年一滴相思泪，至今流不到腮边。苏小妹眼窝微陷，苏东坡就抓住这一点，写诗道：几次拭泪深难到，留却汪汪两道泉。

3. 人格化

人格化就是对客观事物赋予人的形象和特征，从而产生的新形象。如《西游记》中孙悟空的形象，动画片中米老鼠、唐老鸭的形象等。

【案例1.5.9】

TRIZ中的小人法

TRIZ（发明问题解决理论）是当今最优秀的创新方法之一。为了克服思维惯性，寻找解决矛盾问题的思路，TRIZ提供了很多实用高效的分析问题工具，如金鱼法、STC算子法、九屏幕法等。小人法就是其中之一，是TRIZ运用人格化想象进行问题分析的富有特色的创新工具。

小人法名称来源于俄罗斯"聪明的小矮人"的童话故事。TRIZ将具有一定结构、完成一定功能的事物称为"系统"，当系统内的某些组件不能完成其必要的功能，并表现出相互矛盾时，用一组小人来代表这些不能完成特定功能的部件，通过聪明能动的小人，实现预期的功能。然后，根据小人模型对结构进行重新设计。

应用小人法，可以通过丰富的想象，将看似不能活动的部件活动起来，看似不能拆分的结构拆分开来，看似不能弥补的缺陷动态地弥补起来，从而创造性地获得解决问题的方案。

我们来看一个传统的实例。矿山作业时，曾经需要进行一系列的爆破工序，起初的2分钟内要完成10次爆破，矿工通常用传爆管手动接通电路。但之后需要40个接点并且接通的最小时间间隔为0.6～1秒，手工接通很难完成。

有人提议：将接点置于圆柱体内，用一个金属球依次接通接点。但是当球滑过或者球被卡住时，接点就不能正常接通。怎么办？

为了解决这个问题，运用小人法，将接点和金属球想象为两组能动的智能小

人,当金属球"小人"向下运动时,能自动紧密地与接点"小人"结合,由此经过一系列的转化和改进,最后将爆破装置制成接点自上而下逐渐收缩,而金属球改由一系列由大到小、能与接点一一对应的金属圆环形状,成功地解决了难题(图1.5.3)。

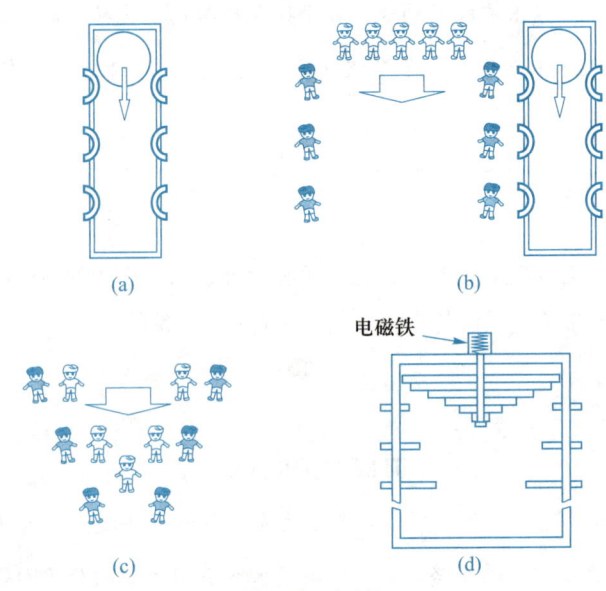

图1.5.3 小人法

动画:TRIZ中的小人法

4.典型化

典型化就是根据一类事物的共同特征来创造新形象。如小说中的人物形象,就是作家综合了许多人的特点后创作出来的。

【案例1.5.10】

祥 林 嫂

《祝福》是鲁迅先生写的反映旧中国劳动妇女的典型短篇小说。通过祥林嫂的悲剧,反映了地主阶级、封建礼教对劳动妇女的摧残和迫害。在祥林嫂身上充分体现当时旧中国农村中勤劳善良、安分耐劳、质朴、硕强、生活要求低的广大劳动妇女的典型形象。

(二)增强想象思维能力的途径

1.丰富表象积累

表象是再现于大脑中被感知的客观事物的形象,它是想象的现实依据。心理学研究表明:一个人记忆表象储备越多,他所展开的想象内容越丰富。想象无非是扩大和组合的记忆。扩大我们的视野正是丰富表象积累的重要途径，因为人对事物的认识是从感知事物开始的，只有开阔视野，才能接触鲜活的事实和知识，才能更多更好地感知多姿多彩的大千世界，储备丰富的记忆表象。

开阔视野有两种途径：一是开阔生活视野，留心观察和体验生活，留心各种各样的人和事，通过观察、调查、采访等方式采集大量的现象和事实，丰富作为想象原材料的表象。二是开阔阅读视野，多读各类书籍，积累生活的间接经验，丰富表象积累。

2．强化创新意识

人们的目的和需要决定了人们的思维积极性和活跃性，只有我们有较强的创新目的和创新需求，才能使我们的创新活动更有效率。

要想强化创新意识，就要鼓励求异，克服思维的惰性和惯性。

3．训练想象能力

（1）再造型想象训练。训练再现的想象能力。如：先给出基础材料，然后调动已有知识和表象积累，对所供材料进行想象，从而创造出一种源于材料又不同于材料的意象。

（2）创造型想象训练。训练解决现实问题的想象能力。如：给出某一具体目标或功能，想象如何实现这一目标或功能。

（3）幻想型想象训练。训练超现实的或面向未来的想象能力。如：想象一次火星旅行的经历。

培养正确幻想是青少年的一种宝贵品质。但一个人必须把幻想和现实结合起来，并且积极地投入实际行动，以免幻想变成永远脱离现实的空想。同时，一个人还应当把幻想和良好愿望、崇高理想结合起来，并及时纠正那些不切实际的幻想和不良愿望等。

心法训练

训练一：即兴表演

1．训练目的

训练再造想象思维能力。

2．训练步骤

准备一些"情境描写"的标签，然后以抽签形式表演抽到的情境内容。可以由老师准备标签同学们抽取，也可以在小组间进行。

标签示例：小小还不会说话，我们给他买了一串气球挂在屋里，气球不停地飘动，他就冲着气球"啊啊"地叫，还不时蹬动着两条粗粗的小腿。过了一会儿，只听"啪"的一声，气球爆了。小小吓了一跳。

训练二：创 意 无 限

1．训练目的

通过改变系统级别的参数值，创造疯狂、奇妙的想法和情景。

2．训练步骤

（1）选择需要创新的物品。

（2）为选定的物品列出参数清单。

（3）选择你喜欢的参数，以较大的幅度改变（增大或减小）其现有值，然后描述参数改变后的系统。这样就可以得到一个疯狂奇妙的新想法。

（4）将改变后的系统或物品放回原先的环境中，以创造一个有许多奇妙冲突和问题的奇妙新情景。

示例：缩短人类寿命。

选择系统：人。

选择你喜欢的参数，改变其值：人的寿命从80年缩短至8天。

请描述人体、人际关系、教育、建立家庭等人类生活各方面所产生的变化。

心法延伸

延伸训练：课 后 作 业

想象一下"我们同学毕业三十年在火星上聚会"的情景，写一段约800字的文章。

心法六
倒转思维的方向

心法导图

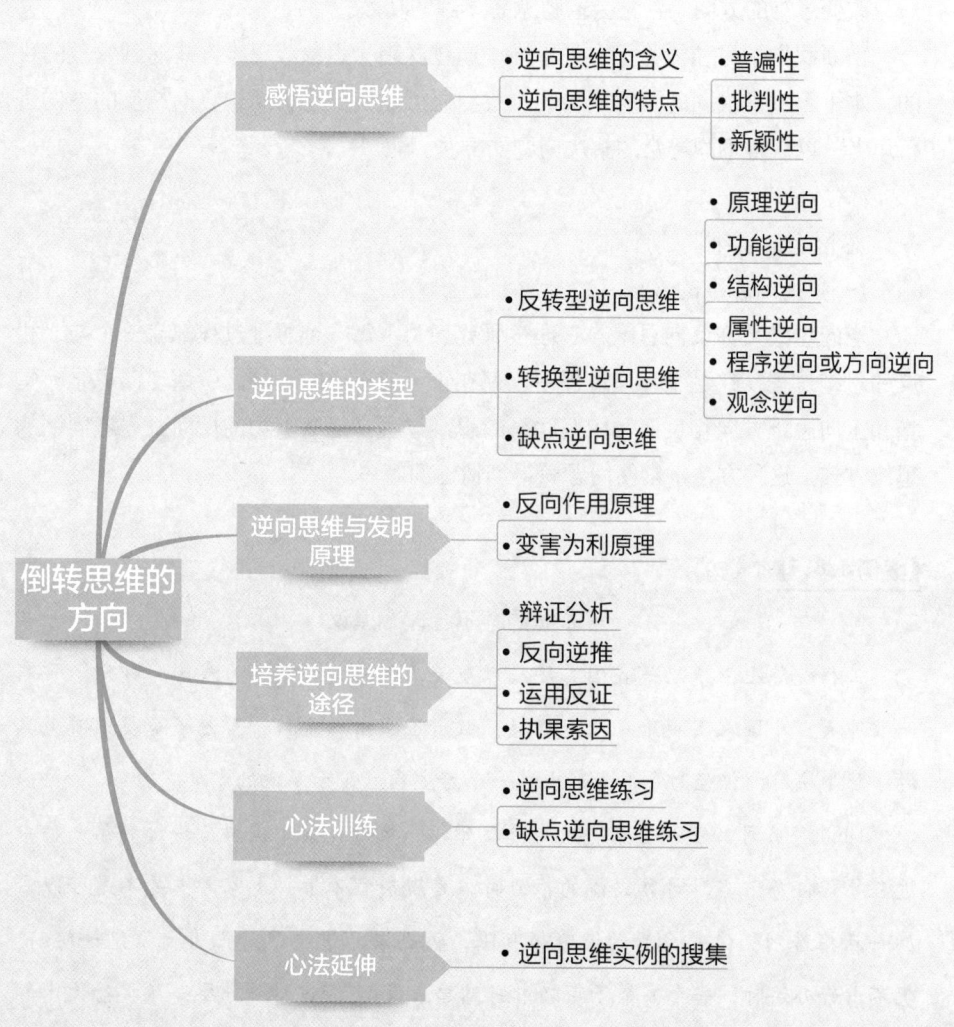

妙思偶得

心法目标

1．知识目标：了解逆向思维的含义、特点及表现形式；掌握变害为利方法的使用。

2．技能目标：培养逆向思维能力，学会运用逆向思维解决创新问题的技能。

3．体验目标：培养逆向思维意识，感受变害为利的积极意义。

心法内容

创新故事6：巧租房子

人们解决问题时，习惯于按照熟悉的常规的正向思维，即逻辑思维，沿着习惯性思考路线去思考，这样可以使我们从容面对变化不大的日常生活和工作。然而，对于具有创新需求的发展变化的事物，利用正向思维却不易找到正确答案，一旦改变思维的方向，常常会取得意想不到的功效。

前面我们学习和体验了水平思维，通过联想、想象等思维方式达到发散的目的。水平思维是横向的，非逻辑的。我们还可以从与逻辑思维方向相反的方向进行思考，以获得不同寻常的解决问题的方法。

一、感悟逆向思维

（一）逆向思维的含义

逆向思维又称反向思维。心理学研究表明：每一个思维过程都有一个与之相反的思维过程，在这个互逆过程中，存在正、逆思维的联结。所谓逆向思维，是指和正向思维方向相反而又相互联系的思维过程，是从事物的反面去思考问题的思维方式。这种方法常常使问题获得创造性的解决。

【案例1.6.1】

王永志的"不合理"建议

工程院院士王永志是我国首任载人航天工程总设计师，为我国"神州"飞船一飞冲天、中国人实现千年飞天梦想，做出了杰出的贡献。当他还是我国航天界的小萝卜头时，曾经为导弹发射出过一个好主意，显示了他的才华。

1964年6月，王永志第一次走进戈壁滩，执行发射中国自行设计的第一种中近程导弹任务。当时计算火箭的推力时，发现射程不够。大家考虑是不是可以多加一点推进剂？但是火箭的燃料箱有限，再也装不进去了。正当大家议论纷纷、想不出好办法时，一个高个子年轻中尉站起来说："经过计算，要是从火箭体内卸出 600 千克燃料，这枚导弹就会命中目标。"大家的目光一下子聚集到这个年轻的面孔上。在场的专家们几乎不敢相信自己的耳朵。

有人不客气地说："本来火箭能量就不够，你还要往外卸？"结果没有人理睬他的建议。但这个叫王永志的年轻人并不甘心。他想起了坐镇酒泉发射场的技术总指挥、大科学家钱学森。临发射前，他鼓起勇气走进了钱学森的住处。当时，钱学森还不太熟悉这个小字辈。

可听完了王永志的意见，钱学森眼睛一亮，高兴地喊道："马上把火箭的总设计师请来。"钱学森指着王永志对总设计师说："这个年轻人的意见对，就按他的办！"

果然，火箭卸出一些推进剂后，使导弹总重减轻，推力节省，原燃料够不着的射程反而够着了，连打 3 发导弹，发发命中目标。

从此，钱学森记住了王永志。中国开始研制新一代导弹时，钱学森建议：第二代战略导弹让第二代人挂帅，让王永志担任总设计师。几十年后，总装备部领导看望钱学森，钱学森还提起这件事说："我推荐王永志担任载人航天工程总设计师，没错，此人年轻时就崭露头角，他大胆进行逆向思维，和别人不一样。"

【案例 1.6.2】

巧治黑心摊主

有一个摆摊卖菜的摊主经常缺斤少两，糊弄人。有一天，一位老大爷来买西红柿，挑了 3 个到秤盘，摊主称了下："一斤半，3 元 7 角。"大爷说："做汤不用那么多。"去掉了最大的西红柿。摊主又称了一下说："一斤二两，3 元。"旁边有人看在眼里，正要提醒老大爷注意秤子时，只见老大爷从容地掏出了 7 角钱，拿起刚刚去掉的那个大的西红柿，说："那这个一定是 7 角了，我要这个了。"说完拿着西红柿扭头走了。

逆向思维和正向思维本质上是对立统一，不可截然分开的，所以以正向思维为参照、为坐标进行分辨，才能显示其突破性。

所谓逆向不是简单的、表面的逆向，必须深刻认识事物的本质，真正从逆向中做出独到的、科学的、令人耳目一新的超出正向效果的成果。

正反综合思维

正反综合思维即观察思考一种观念或做法,再对其反面进行思考和挖掘,然后将其反面容纳于原本的观念或做法之中,将两者融合成第三种观念,即变成一种新的独立的观念。这种思维进行的过程往往需要三个连续的步骤,即论题、反题以及合题。

(二)逆向思维的特点

逆向思维具有普遍性、批判性、新颖性的特点。

1. 普遍性

逆向思维在各种领域、各种活动中都有适用性,由于对立统一规律是普遍适用的,而对立统一的形式又是多种多样的,有一种对立统一的形式,相应地就有一种逆向思维的角度,所以,逆向思维也有无限多种形式。如性质上对立两极的转换(软与硬、高与低等);结构、位置上的互换、颠倒(上与下、左与右等);过程上的逆转(气态变液态或液态变气态、电转为磁或磁转为电等)。不论哪种方式,只要从一个方面想到与之对立的另一方面,都是逆向思维。

2. 批判性

逆向是与正向比较而言的,正向是指常规的、常识的、公认的或习惯的想法与做法。逆向思维则恰恰相反,是对传统、惯例、常识的反叛,是对常规的挑战。它能够克服思维惯性,破除由经验和习惯造成的僵化认识模式。

3. 新颖性

循规蹈矩的思维和按传统方式解决问题虽然简单,但容易使思路僵化、刻板,摆脱不掉习惯的束缚,得到的往往是一些司空见惯的答案。其实,任何事物都具有多方面属性。由于受过去经验的影响,人们容易看到熟悉的一面,而对另一面却视而不见。逆向思维能克服这一障碍,往往能出人意料,给人以耳目一新的感觉。

二、逆向思维的类型

(一)反转型逆向思维

反转型逆向思维是指从已知事物的相反方向进行思考,产生发明构思的途径。

反转型逆向思维常常从事物的功能、结构、因果关系等方面作反向思维。它打破了线性思维的指向性，将其思维方向进行逆转和颠覆，以创立一种新的思考方向和化解问题的途径。

1. 原理逆向

原理逆向就是从事物原理的相反方向进行的思考。

【案例1.6.3】

温度计的诞生

意大利物理学家伽利略曾应医生的请求设计温度计，但屡遭失败。有一次他在给学生上实验课时，注意到水的温度变化引起了水的体积的变化。这使他突然意识到：倒过来由水的体积的变化不也能看出水的温度的变化吗？循着这一思路他终于设计出了当时的温度计。

2. 功能逆向

功能逆向就是按事物或产品现有的功能进行相反的思考。

【案例1.6.4】

吸尘器的发明

1910年，伦敦举行了吹尘器的表演，它用强大的气流将灰尘吹走。吹尘器除尘后，地面是干净了，可吹起的灰尘却呛得人透不过气来。有一个年轻人由此联想如果反过来"吸尘"是否可行呢？不久，一个简易的吸尘器诞生了。

动画：吸尘器的发明

3. 结构逆向

就是从已有事物的结构方式出发所进行的反向思考。如结构位置的颠倒、置换等。

【案例1.6.5】

新型煎鱼锅

日本有一位家庭主妇，对煎鱼时鱼总是会粘到锅上感到很恼火。有一天，她在煎鱼时突然产生了一个念头：能不能不在锅的下面加热而在锅的上面加热呢？经过多次尝试，她想到了在锅盖里安装电炉丝这一从上面加热的方法，最终制成了令人满意的煎鱼不碎的新型锅。

4. 属性逆向

属性逆向就是从事物属性的相反方向所进行的思考。

【案例 1.6.6】

冰 火 锅

冰火锅是重庆火锅的创新，改进了夏天吃火锅存在烫和燥的缺点。

冰火锅的吃法是：将事先准备好的冰块加入煮沸的火锅底料中和着菜品烫着吃。一边吃，冰块一边融化，由于油和冰沸点不同，当食客将菜在煮沸的锅里烫着吃时，锅里还有大块晶莹的冰块。火锅中的冰降低了整体温度，使火锅吃起来不觉得烫嘴。

火锅里加的冰全部是事先用几十味消夏、防暑中药熬制的汤料冷却而成，消除了夏天吃火锅的后顾之忧，而且冰水烫出来的菜品吃起来非常爽口，不易上火。

5. 程序逆向或方向逆向

程序逆向或方向逆向就是颠倒已有事物的构成顺序、排列位置而进行的思考。

【案例 1.6.7】

变仰焊为俯焊

最初的船体装焊时都是在同一固定的状态进行的。这样有很多部位必须作仰焊。仰焊的工作强度大，质量不易保障。后来改变了焊接顺序，在船体分段结构装焊时将需仰焊的部分暂不施工，待其他部分焊好后，将船体分段翻个身，变仰焊为俯焊位置，这样装焊的质量与速度都有了保证。

6. 观念逆向

观念不同，行为不同，收获不同。观念相同，行为相似，收获相同。

【案例 1.6.8】

玩出来的翻译好手

2005 年 8 月，一个叫朱学恒的台湾年轻人，在北京、上海成为轰动一时的新闻人物，他向大陆推销他的"创作共享，天下为公" OOPS（开放式课程计划）翻译义工。在此之前，他因翻译《魔戒》得到 2 700 万新台币而成为富翁。他还依靠网络和社群的力量，引来全球 14 个国家超过 700 人次华人义工的响应，翻译美国麻省理工学院的开放式课程，因此获选第二届台湾 Keep Walking 梦想资助计划的 5 位得奖人之一。然而，让很多人诧异的是，朱学恒曾是游戏高手。他为了看懂游戏的英文而学习英语，最终，这个游戏高手"用英文演讲都不是问题"。而他为了在游戏中过关斩将拿高分，于是追本溯源翻阅各类型的魔幻小说英文原版书，抱着词典一本本"啃"下来，结果又成了一位翻译好手……无论是把游戏当作职业的张丹青、王蛟，还是已经开创自己事业的朱学恒；无论是新职业的出现，还是相关部门对待网游的态度的根本性改变，不可否认的是，这些行为，已经在无形地影响着人们对成才观念的思考。而这样的思考，无疑是社会的一种进步。

【案例 1.6.9】

凤尾裙与无跟袜

某时装店的经理不小心将一条高档呢裙烧了一个洞，致使其无法出售。如果用织补法补救，也只是蒙混过关，欺骗顾客。这位经理突发奇想，干脆在小洞的周围又挖了许多小洞，并精心修饰，将其命名为"凤尾裙"。一下子，"凤尾裙"销路顿开，该时装商店也出了名。逆向思维带来了可观的经济效益。无跟袜的诞生与"凤尾裙"异曲同工。因为袜跟容易破，一破就毁了一双袜子，商家运用逆向思维，试制成功无跟袜，创造了非常好的商机。

（二）转换型逆向思维

转换型逆向思维是指在研究问题时，由于解决这一问题的手段受阻，而转换成另一种手段，或转换思考角度思考，以使问题顺利解决的思维方法。它要求人们不拘泥于传统，从思维的教条中解放出来。这种"不合理中的合理因素"往往能成为出奇制胜的关键。

【案例 1.6.10】

畅销的手帕

某一家手帕厂生产的锦缎白手帕，一段时间以来销路很差，库存积压达 30 万条之多。销售部经理想：手帕除了实用功能外，还有美化功能，而市场上没有一家手帕厂是以美化功能定位的，我们为何不能来一个突破呢？于是，他让车间将

库存的 30 万条手帕进行再加工，在上面印上图案，配上说明书，然后投放市场，结果大受欢迎，这批滞销的手帕转而成了畅销品。

【案例 1.6.11】

甘罗拜相

秦王嬴政年幼时，虽称为王却无实权，国家的命运操纵在吕不韦的手上。甘罗的爷爷原本也是朝中丞相，因某事得罪了吕不韦而被刁难。吕不韦限他于八天之内送上公鸡蛋，否则将受罚遭杀。爷爷归家愁眉不展，小甘罗问明情况后说："爷爷不必忧愁，我自有妙计。"第八日，甘罗不惊不诧地替爷爷上朝去了。朝中众人见来了位乳臭未干的小童，甚觉怪异，互相议论嘲笑着。甘罗却处之泰然："我虽不是朝廷中人，但此次是专程来替爷爷请假的，因为我爷爷今天在家生小孩，故不能上朝。"众人一听不禁哈哈大笑："男人怎么能生孩子，简直是无稽之谈。"甘罗莞尔一笑："既然男人不能生孩子，那么公鸡又岂能生蛋？"王臣上下无不惊叹甘罗的聪明才智。吕不韦本欲置甘罗爷爷于死地，想不到其孙子更厉害，便假意赞叹，而于心中又思计谋。当时正好需要人才出使敌国谈判，否则将起战争。吕不韦就委派甘罗出使并许诺事成之后封他为上卿。甘罗以惊人的智慧圆满地完成了使命，令敌我双方握手言和。

（三）缺点逆向思维

缺点逆向思维是一种利用事物的缺点，将缺点变为可利用的东西，化被动为主动，化不利为有利的思维方法。它是利用事物的不同状态特点，甚至利用其缺陷和不利因素来寻求具体问题的解决方法。这是一种化腐朽为神奇的思维方式，它在最大利用有限资源的同时，提升了处理问题的水平和质量。它不仅是一种思维模式，更是一种独特的智慧。

这种方法并不以克服事物的缺点为目的；相反，它是将缺点化弊为利，找到解决方法。

【案例 1.6.12】

按摩背包

由于要随身携带教科书和笔记本电脑等物件，大学生的背包重量一般都不轻，所以经常会引起使用者背部和脖颈酸痛。在解决这一难题时，新秀丽公司的研发团队想方设法地使背包的重量转变为优势，而不是像其他公司那样给背包带增加衬垫。他们改变了背包带的形状，使之与人体肩部保持舒适的贴合状态，利用背包带上添加的"按压点"，让使用者产生一种类似于接受按摩的感觉。背包越重，按压感就越强烈，缓解肩颈酸痛的效果也就越明显。

想一想
你身边最讨厌的人的优点？

三、逆向思维与发明原理

逆向思维广泛应用于创新领域。在 TRIZ（发明问题解决理论）中我们可以找到很多应用逆向思维的方法和工具，例如，在 TRIZ 的基础创新工具集"40 个发明原理"中就有多个应用反转型、转换型、缺点逆向型思维的原理。下面列举两个典型的原理。

（一）反向作用原理

反向作用原理是 TRIZ 理论 40 个发明原理的第 13 号原理，属反转型逆向思维的方法。这一原理有 3 条注释：

（1）不用常规的解决方法，而是反其道而行之，逆向思维。

【案例 1.6.13】

巧克力酒糖的制作

酒糖是指把各种佳酿名酒融注于糖果之中，使糖的气质与酒的醇香浑然一体，相得益彰。酒糖的营养丰富，具有发热量高、易为人体吸收等特点，一直被人们视为糖果中的佳品，素有"糖中之王"美称。酒糖源自于欧洲，1918 年由哈尔滨进入中国。同时随着秋林公司的建立，中国人开始掌握制作酒糖的技术。

市场上常见的酒糖是以巧克力制作成酒瓶状糖衣，酒心从洋酒到传统白酒，兼容并包，受到广大消费者的喜爱。但是，如果按常规工艺，需先制作巧克力外壳，注入酒后再将注口封上，比较麻烦。运用逆向思维，不是先制作巧克力外壳，而是先冰冻酒心，后蘸巧克力，工艺得到了简化。

微课：反向作用原理

（2）使物体或外部介质的活动部分变成为不动的，而使不动的成为可动的。

【案例 1.6.14】

让路跑起来

跑步时路是不动的，人在路上跑动。跑步机（图 1.6.1）将其颠倒过来："路"

图1.6.1 跑步机

是动的,而跑步者相对不动。

(3) 使物体运动的部分颠倒。

【案例1.6.15】

上喷型自来水水龙头

我国发明了一种可以向上喷水的水龙头(图1.6.2),能够自由转换出水方式(下出水、上喷水),轻松调节喷水高度。当你洗脸时,喷泉般的水流喷洒在你的面部,轻柔地按摩、舒缓你的肌肤……刷牙、漱口可以不用口杯,水流直接入口,避免了细菌在口杯中滋生危害健康。在过去的面盆龙头下洗手,小孩够不到,大人要弯腰,上喷水龙头改变了这一切。这种水龙头最大的好处就是节水,比一般的下出水龙头要节水80%。节水的关键是它可以喷起来,

图1.6.2 上喷型水龙头

出水量很小。下出水龙头出水量按国家标准1分钟是12千克,上喷水龙头出水量每分钟只是3千克。用下出水龙头洗脸一般要用半分钟时间,这样耗水量是6千克,但是我们真正能捧起来洗脸的水还不到1千克,很多水其实是白白流掉了。而用上喷水龙头洗脸,水就直接冲到脸上,半分钟流量只有1千克。

（二）变害为利原理

变害为利原理是 TRIZ 理论 40 个发明原理的第 22 号原理。这一原理应用缺点逆向思维。TRIZ 对变害为利原理的解释是：

（1）利用有害的因素（特别是对环境的有害影响）来取得有益的效果。

【案例 1.6.16】

茭白的故事

茭白，又名茭瓜、菰笋、菰手、茭笋、高笋，是禾本科菰属多年生宿根草本植物。古人称茭白为"菰"。在唐代以前，茭白被当作粮食作物栽培，它的种子叫菰米或雕胡，是"六谷"（稌、黍、稷、粱、麦、菰）之一。有些菰因感染上黑粉菌而不抽穗结实，且植株毫无病象，其嫩茎部不断膨大，逐渐形成纺锤形的肉质茎。后来人们发现，这些粗大肥嫩的茎美味可食，于是人们就利用黑粉菌阻止茭白开花结果，繁殖这种有病在身的畸形植株作为蔬菜，这就是现在食用的茭白。茭白还可入药，自古流传至今。

练塘茭白是上海市青浦区特产，中国地理标志产品。主产于该区练塘镇、朱家角镇、金泽镇等淀泖地区。特别是练塘镇，是华东地区种植茭白面积最大、产量最多的乡镇，有着"华东茭白第一镇"的美誉。

上海练塘是一个十年九涝的地方，当地的农民苦不堪言。如何能变水害为水利呢？一位老支书发现，杭州的茭白在当地销路很好，很受欢迎。他想试一试种茭白。1958 年从苏州、无锡等地引进茭白、慈姑新品种，试栽成功。自从种茭白，农民再也不怕水灾了，因为茭白在水里生长。茭白让这里的农民们脱贫致富。周边的农民们效仿他们种茭白，也富裕起来了。这里的茭白种植成了规模，还成了国家地理标志产品。

【案例 1.6.17】

秸秆上长出幸福菇

秸秆处理是农民种地最头疼的事，回收费力价值又不高。最简单的办法就是焚烧，但焚烧会污染空气，产生大量温室气体，还极易引起火灾。

1959 年出生于安徽肥西县丰乐镇的丁伦保，1983 年 7 月从安徽农业大学园艺系毕业后，回到家乡租了几间空房种蘑菇，开始了艰难的创业路。众所周知，种

妙思偶得

植蘑菇等食用菌不但需要棚舍，还需要大量锯末或木屑，一是成本较高，二是浪费木材。

2007年，合肥市发布秸秆禁烧令。这给了丁伦保一个新的创意启发：如能尝试用秸秆种植蘑菇，带领农户进行秸秆产业化开发，岂不是一件惠及子孙的大好事？在安徽农业大学陶教授的帮助下，经过4年反复驯化试验，丁伦保发现有一种红褐色的食用菇在经过改良后，非常适应原始自然环境，直接在空地上长出来的菇子品相个头和大棚里的没啥区别，只是有阳光照晒颜色会淡一些。于是，像发现宝贝一样的丁伦保给自己的蘑菇取了个好听的名字——幸福菇。这个品种的蘑菇抗病能力强，栽培原料采用稻草（壳）、油菜秸、麦秸、亚麻秆、玉米秸、树枝等。可以直接使用秸秆种植，连粉碎、消毒的工序也省下了，不需要任何辅助设备。甚至只要在房前屋后随意开辟一块田地或在树林下，都可以套种幸福菇。农民种完水稻、油菜后，再也不用发愁秸秆怎么处理了，直接撒上菌种，就可以长出几季蘑菇。栽培后的下脚料还可以直接还田，转变为农作物的天然有机肥料。

权威机构检测表明：幸福菇蛋白质及钙、磷、铁含量丰富，并富含人体必需的8种氨基酸。因此，幸福菇属于营养型全面的菇类，长期食用会提高人体免疫力。同时该菇类含有较强的抗癌活性物质，是生物制药的最佳原料。幸福菇不仅可鲜食更能制干，加工成其他食品，市场潜力巨大。

微课：变害为利原理

（2）将一有害因素与另一有害因素结合，抵消有害因素。

这其实就是我们常说的以毒攻毒，一物降一物。如果系统有一个有害的因素我们无法避免，那么可以引入另外一个有害的因素来综合它，达到消除有害作用或者大大降低有害作用。

【案例1.6.18】

中医蜂疗

房柱是我国蜂疗发起人，开创中西医结合现代蜂疗研究和临床。蜂毒中含有多肽和酶类等有效成分，具有直接和间接抗炎止痛作用；调节免疫能力，加强免疫抑制作用；改善血液循环，增加末梢血液供应，增强心、脑、肝、肾生理功能及其局部经络和物理作用。其中主要是抗炎止痛和免疫调节两项。从中医角度看，蜂毒进入人体以后，能活血化瘀、消肿止痛、通经活络、祛风散寒。另外，蜂针刺入穴位，有针刺经穴的机械性刺激，又有蜂毒的药理作用。蜂蛰后局部的红肿反应，还有类似温灸的治疗效应（图1.6.3）。所以，蜂针治疗同时具备了针刺、温灸、药物治疗的多种功效，是其他方法无可比拟的。

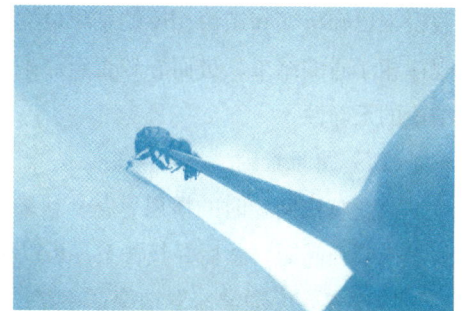

图1.6.3　蜂疗

（3）提高有害运作的程度以达到无害状态。

【案例1.6.19】

风力灭火器

扑灭火灾时消防队员使用的灭火器中有风力灭火器（图1.6.4）。一般情况下，风是助长火势的，特别是当火比较大的时候。但在一定情况下，风可以使小的火熄灭而且相当有效。风吹过去温度降低，空气稀薄，火就被吹灭了。其道理就像我们用嘴吹炉会吹旺，但吹蜡烛则会轻易吹灭烛火。

图1.6.4　风力灭火器

四、培养逆向思维的途径

（一）辩证分析

如前所述，正向思维和逆向思维反映了矛盾的对立统一规律。因此，我们可以从矛盾的对立面去思考问题。任何事物都是矛盾的统一体，如果我们从矛盾的不同方面去引导逆向思维，往往能认识事物更多的方面。

（二）反向逆推

探讨某些命题的逆命题的真假。

（三）运用反证

反证法是正向逻辑思维的逆过程，是一种典型的逆向思维。反证法是指首先

妙思偶得

假设与已知事实和结论相反的结果成立，然后推导出一系列和客观事实、原理和规律相矛盾的结果，进而导致否定原来的假设，从而更加有力地证明已知事实和结论的正确性。

（四）执果索因

改变解决问题时的惯用思路，从果到因，从答案到问题。多数人觉得，创新就是先明确问题，然后寻找答案。可以称为"形式为先，功能次之"。

1992年，心理学家罗纳德·芬克、托马斯·沃德和史蒂芬·史密斯首次提出了"形式为先，功能次之"这一概念。他们发现，人会沿着两个方向进行创造性思考：一是从问题到答案；二是从答案到问题。研究结果表明，人们更善于在一个已知的形式里寻找其功能（从答案出发），而不太善于从一个已知的功能中建立形式（从问题出发）。

假设你面前有个婴儿奶瓶，你被告知这个奶瓶会随牛奶的温度而改变颜色。如果问你这个功能的意义何在，你也许会和大多数人一样，很快回答说这可以避免牛奶温度过高而烫到婴儿。那么，请再设想一下相反的问法：你如何保证牛奶的温度不会过高？你得花多长时间才能回答这个问题，发明出随温度的改变而变色的奶瓶？

心法训练

训练一：逆向思维练习

1. 训练目的

通过反向作用原理的应用，培养逆向思维能力。

2. 训练内容

以小组为单位，随机选取身边的某项事物，有形的、无形的，学习中、生活中的均可，进行逆向思维练习，提出具体的设想或方案。

3. 训练步骤

（1）随机选取某项事物，提出问题；

（2）寻找解决这类问题的一般方法；

（3）将一般性方法进行逆向思考；

（4）提出具体的设想或方案。

训练二：缺点逆向思维练习

1．训练目的

克服事物的缺点，将缺点化弊为利，找到解决方法。

2．训练内容

按照训练一的方式进行缺点逆向思维练习。

3．训练步骤

(1) 随机选取某项事物；

(2) 运用发散思维尽可能地列举缺点；

(3) 进行缺点逆向思考；

(4) 提出具体的设想或方案。

心法延伸

延伸训练：课 后 作 业

按类别尽可能多地搜集运用逆向思维的实例，填入下表。

逆向方法	实例
原理逆向	
功能逆向	
结构逆向	
属性逆向	
方向逆向	
观念逆向	

心法七

捕捉思维的火花

心法导图

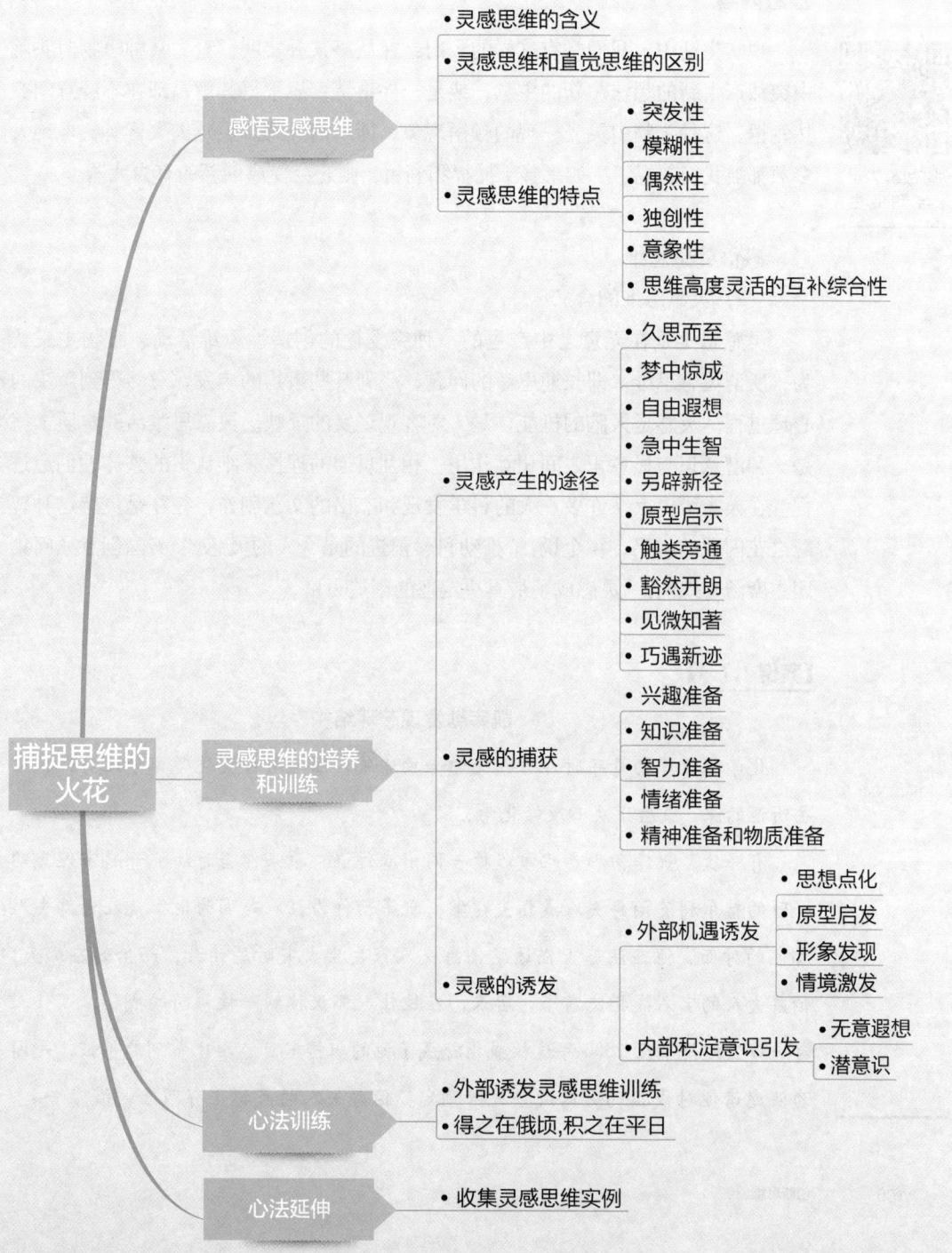

- 捕捉思维的火花
  - 感悟灵感思维
    - 灵感思维的含义
    - 灵感思维和直觉思维的区别
    - 灵感思维的特点
      - 突发性
      - 模糊性
      - 偶然性
      - 独创性
      - 意象性
      - 思维高度灵活的互补综合性
  - 灵感思维的培养和训练
    - 灵感产生的途径
      - 久思而至
      - 梦中惊成
      - 自由遐想
      - 急中生智
      - 另辟新径
      - 原型启示
      - 触类旁通
      - 豁然开朗
      - 见微知著
      - 巧遇新迹
    - 灵感的捕获
      - 兴趣准备
      - 知识准备
      - 智力准备
      - 情绪准备
      - 精神准备和物质准备
    - 灵感的诱发
      - 外部机遇诱发
        - 思想点化
        - 原型启发
        - 形象发现
        - 情境激发
      - 内部积淀意识引发
        - 无意遐想
        - 潜意识
  - 心法训练
    - 外部诱发灵感思维训练
    - 得之在俄顷,积之在平日
  - 心法延伸
    - 收集灵感思维实例

妙思偶得

心法目标

1. 知识目标：了解灵感思维的含义及其特点；掌握运用灵感思维方法。
2. 技能目标：锻炼诱发和捕捉灵感思维的方法。
3. 体验目标：领会"长期思维积累，偶然得之"的真正含义。

心法内容

创新故事 7：米老鼠的诞生

现实生活中，我们常有这样的经历：在从事某种实践、看到某种事物时头脑中突然产生新的想法、新的主意，或是一件事情百思不得其解，却在不经意间突然领悟。这种头脑中灵光一现的顿悟现象，即所谓灵感。灵感人人皆有，但绝大多数都被我们忽视了。如果善于捕捉和利用，则它会变成创新的有力武器。

一、感悟灵感思维

（一）灵感思维的含义

灵感思维是在无意之中产生的一种突发性的创造性思维活动。唯物主义认为，所谓灵感思维，即长期思考的问题，受到某些事物的启发，忽然得到解决的心理过程。灵感是人脑的机能，是人对客观现实的反映。灵感思维活动本质上就是一种潜意识与显意识之间相互作用、相互贯通的理性思维认识的整体性创造过程。在人类历史上，许多重大的科学发现和杰出的文艺创作，往往是灵感这种智慧之花闪现的结果。霍金说："推动科学前进的是个人的灵感。"美国创意顾问集团主席汤姆森说："灵感成了最具决定性的创造力量。"

【案例 1.7.1】

凯库勒发现苯环结构

化学家凯库勒青年时在吉森大学专攻建筑。因为敬仰大化学家李比希，就常去听他的课，最后下决心改修化学。

有一次，凯库勒和李比希教授一同出庭作证。原来，当时法院开庭审理轰动一时的赫尔利茨伯爵夫人戒指失窃案。凯库勒作为证人是因为他家就在伯爵夫人邸宅的对面。他在法庭上描述了伯爵夫人家发生火灾时的情景，而恰好在那天，伯爵夫人的宝石戒指失窃了。后来，在她仆人那里搜到一枚相同的戒指，可仆人却一口咬定说早在 1805 年这枚戒指就成了他的祖传宝贝。李比希到庭作证，是因为法庭请他对戒指的金属成分进行测定。伯爵夫人的戒指上有两条蛇缠在一起，一条是黄金做的,另一条是白金做的。而仆人却说他的戒指上的白蛇是白银做的。作为化学界权威,李比希在法庭上慎重宣布:"经过测定,白蛇是用白金制成的,而不是白银做的。而且,白金用于首饰业是从1819年才开始的,而仆人却称这只戒指早在1805年就到了他手中。"因此,仆人的谎言不攻自破。官司因为李比希的证词而得到了合理的判决。教授的渊博学识给凯库勒留下了深刻的印象。

从1850年秋天开始,凯库勒就在李比希主持的实验室中工作。那时,随着石油工业、炼焦工业的迅速发展,有机化学的研究也随之蓬勃发展。苯是一种重要的有机化学原料,是从煤焦油中提取的一种芳香的液体。当时,化学家们面临着一个难题,那就是如何理解苯的结构。苯的分子中含有6个碳原子和6个氢原子,碳的化合价是四价,氢的化合价是一价,那么,1个碳原子就要和4个氢原子化合,6个碳原子应和24个氢原子化合(因为碳原子和碳原子之间还要化合)。而苯怎么会是6个碳原子和6个氢原子化合呢?化学家们百思不得其解。

这时,凯库勒也着手探索这一难题。他的脑子里始终充满着苯的6个碳原子和6个氢原子。他经常每天只睡三四个小时,一干起来就不歇手。他在黑板上、地板上、笔记本上、墙壁上画着各种各样的化学结构式,设想过几十种可能的排法,但是,都经不起推敲,被自己否定了。

一天晚上,凯库勒坐马车回家。也许是由于近日来过度用脑,他在摇摇晃晃的马车上睡着了。在半梦半醒之间,凯库勒发现碳原子和氢原子在眼前飞动,变幻着各种各样的花样。忽然,原子变成了他和李比希教授出庭作证时伯爵夫人戒指上的那条白蛇,这条蛇扭动着、摇摆着,最后咬住了自己的尾巴,变成了一个环……

"先生,您到家了!"马车夫大声叫醒了睡眠中的凯库勒。他揉揉眼睛,白蛇不见了,环不见了,原子也不见了。原来是一个梦!清醒过来的凯库勒马上想到苯的结构:它一定像白蛇那样头尾相接,构成环状结构(图1.7.1)!

凯库勒立即奔向书房,迫不及待地抓起笔在纸上画了起来。一个首尾相接的环状分子结构出现了。经过进一步论证,凯库勒终于第一个提出了苯的环状结构式,解决了有机化学上长期悬而未决的一个难题。

图1.7.1 凯库勒发现苯环结构

灵感是显意识与潜意识相互通融、交互作用的结果。在人脑中有显意识、潜意识和下意识三种意识形态,当外界感受信息传入大脑后,这三种意识在同时工作着,彼此之间形成密切、频繁的反馈关系和转化关系。显意识的信息加工是主体可意识的,或者说是在自我意识的控制下自觉进行的;潜意识的信息加工则是主体无意识的,或者说是不在自我意识的控制下非自觉地进行的。潜意识是人脑不可缺少的潜在的反映形式,人的意识活动是显意识和潜意识的一种综合性的复杂的反映过程。知觉信息由显意识扩大到潜意识,潜意识经过加工形成新信息,再通向显意识而成为灵感。

灵感思维作为高级复杂的创造性思维理性活动形式,不是一种简单逻辑或非逻辑的单向思维运动,而是逻辑性与非逻辑性相统一的思维整体过程。钱学森认为,灵感思维是与抽象思维、形象思维并列的一种思维形式。它介于抽象思维与形象思维之间,是以一定的抽象思维、形象思维为基础,通过显意识和潜意识的自觉沟通而产生认识作用的一种突发性的思维方式。

【案例 1.7.2】

纳卡恰安智救女儿

西班牙富商纳卡恰安的 5 岁女儿梅洛迪,在上学途中被 3 名匪徒劫走。几小时后,匪徒向梅洛迪家里打来电话说,如要梅洛迪安全返家,必须交出 1 000 万美元赎金。纳卡迪安虽是富商,却一时凑不齐 1 000 万美元。焦急之下,他猛然想起了作歌星的妻子新录制的一张唱片的封套。封套上妻子照片的眼瞳中,可以看到映在其中的摄影师的头像。纳卡恰安头脑中突然闪过一个念头:可以利用这个现象作为追查匪徒的一个线索,于是在他再次接到匪徒的电话时,便向他们提出,必须立即给他寄来一张他女儿的大幅照片来,以证明她仍然活着。匪徒们照办了。收到女儿照片后,警方的摄影专家利用精密仪器将梅洛迪安眼睛部分图像放大,果然从中看出了负责摄影的匪徒的相貌,认出了这名匪徒是多次作案的惯犯。根据警方早已掌握的各种线索,几天的时间,便抓住了绑匪,救出了梅洛迪。

灵感与创新可以说是休戚相关的。灵感不是神秘莫测的,也不是心血来潮,而是人在思维过程中带有突发性的思维形式长期积累、艰苦探索的一种必然性和偶然性的统一。钱学森认为,灵感思维是人们在社会实践活动过程中,由于平时的悉心观察、深入探微而水到渠成的。

（二）灵感思维和直觉思维的区别

灵感思维和直觉思维是两个容易混淆的概念。它们都来自于潜意识，与抽象逻辑思维相比，都属于非逻辑思维，并都表现出跨越推理程序的不连续的跃迁性的特点。但它们之间有着很多不同：

（1）灵感在产生之前往往有一段时间对问题顽强探索；直觉思维则是在很短的时间内对问题的迅速而直接的判断。

（2）灵感的产生常常出现在思考对象不在眼前，或在思考别的对象的时候；直觉思维则是对出现于面前的事物或问题所给予的迅速理解和判断。

（3）灵感可能产生于主体意识清楚的时候，也可能出现在主体意识模糊的时候；直觉思维则是出现在主体神智清楚的状态。

（4）灵感往往是在某种偶然因素的启发下使问题得以顿悟；直觉思维产生的原因则是为了迅速解决当前的问题。

（5）灵感在出现方式上带有突发性，往往出人意料；直觉思维的产生则无所谓突然，是在人的意料之中。

（6）灵感的结果是与解决某一问题相联系；直觉思维的结果则是对该事物做出直接的判断和抉择。

微课：灵感与直觉

直 觉

直觉就是从一件事物联系到另外一件事物的感觉，这种感觉往往来得特别快。直觉也可以是一种领悟力，这种能力可以让人类在科学上飞速发展。直觉还可使你加深对某一事物的理解和认识，这是建立在你的阅历之上的，也许你没有办法用语言表达，但是你知道你的那些复杂的因素是如何影响你对某事物的抉择的。

（三）灵感思维的特点

灵感思维是在潜意识下产生的一种突发性的创造性思维活动。具有如下特点：

1. 突发性

灵感往往在出其不意的刹那间出现，使长期苦思冥想的问题突然得到解决。在时间上，它不期而至，突如其来；在效果上，突然领悟，意想不到。这是灵感思维最突出的特征。灵感的发生，从开始到结果，是在显意识的参与下进行的，显意识对所思考的问题，发散式地提供相近的问题信息，在若干个信息中，说不

上有哪个信息的闪现，一下打开思维的大门，获得了灵感。

2．模糊性

灵感的产生往往是闪现式的，而且稍纵即逝，它所产生的新线索、新结果或新结论使人感到模糊不清。要精确，还必须有形象思维和抽象思维辅佐。灵感思维所表现出的这些特征，从根本上说都是来自它的无意识性。形象思维、抽象思维都是有意识地进行的，而灵感思维则是在无意识中进行的，这是它们的根本区别所在。

由于是没有在显意识领域单纯地遵循常规逻辑过程所形成，所以灵感思维产生的程序、规则以及思维的要素与过程等都不是能被自我意识清晰地意识到的，而是模糊不清、只可意会不可言传的。

3．偶然性

灵感在什么时间出现，在什么地点出现，或在哪种条件下出现，都使人难以预测而带有很大的偶然性，往往给人以有心栽花花不开，无意插柳柳成荫之感。

4．独创性

独创性是定义灵感思维的必要特征。灵感是在创造性地解决本人从未经历、思索过的困难问题时，经过不断探索、追求而产生的。灵感总是与创新和发现联系在一起，没有创新，就不会产生灵感。

5．意象性

在灵感思维活动过程中，潜意识领域或显意识领域总伴有思维意象运动的存在。没有意象的暗示与启迪就没有思维的顿悟。

6．思维高度灵活的互补综合性

思维高度灵活的综合互补性是灵感思维的重要特征，如潜意识与显意识的互补综合、逻辑与非逻辑的互补综合、抽象与形象的互补综合等。

二、灵感思维的培养和训练

在心理学界和思维科学界，一般都认为形象思维和直觉思维对于灵感（顿悟）的形成有关键性作用。当人们灵感闪现时，特别是普通人大脑中突然产生了与自己工作、生活无关的灵感，大多数人不能独自开发、保护灵感，更难确保实施、完成创新，调动其他资源更不是一般人能够奢望的。古今中外无不如此，只有少数人抓住了部分灵感，不折不挠地完成了创新，实现了创新的价值，成了发明家、科学家。大多数普通百姓都把自己的灵感白白丢弃了，不知有多少科学技术飞跃发展的机会都是这样擦肩而过了，太多本来可能通过创新发展成为伟人的普通人最后都归于平庸。那么，如何捕捉灵感呢？

（一）灵感产生的途径

1. 久思而至

久思而至指思维主体在长期思考竟日不就的情况下，暂将课题搁置，转而进行与该研究无关的活动。恰好是在这个"不思索"的过程中，无意中找到答案或线索，完成久思未决的研究项目。

2. 梦中惊成

梦是以被动的想象和意念表现出来的思维主体对客体现实的特殊反映，是大脑皮层整体抑制状态中少数神经细胞兴奋地进行随机活动而形成的戏剧性结果。并不是所有人的梦都具有创造性的内容。梦中惊成，同样只留给那些"有准备的科学头脑"。

3. 自由遐想

科学上的自由遐想是研究者自觉放弃僵化的、保守的思维习惯，围绕科研主题，依照一定的随机程序对自身内存的大量信息进行自由组合与任意拼接。经过数次乃至数月、数年的意境驰骋和间或的逻辑推理，完成一项或一系列课题的研究。

4. 急中生智

利用此种方法的例子，在社会活动中数不胜数。即情急之中做出了一些行为，结果证明，这种行为是正确的。

5. 另辟新径

思维主体在科学研究过程中，课题内容与兴奋中心都没有发生变化，但寻解惯性却由于研究者灵机一动而转移到与原来解题思路相异的方向。

6. 原型启示

在触发因素与研究对象的构造或外形几乎完全一致的情况下，已经有充分准备的研究者一旦接触到这些事物，就能产生联想，直接从客观原型推导出新发明的设计构型。

7. 触类旁通

人们偶然从其他领域的既有事实中受到启发，进行类比、联想、辩证升华而获得成功。他山之石，可以攻玉。触类旁通往往需要思维主体具有更深刻的洞察能力，能把表面上看起来完全不相干的两件事情沟通起来，进行内在功能或机制上的类比分析。

8. 豁然开朗

这种顿悟的诱因来自外界的思想点化。主要是通过语言表达的一些明示或隐喻获得。豁然开朗这种方法中的思想点化，一般来说要有这样几个条件：一是"有求"，二是"存心"，三是"善点"，四是"巧破"。

妙思偶得

9．见微知著

从别人不觉得稀奇的平常小事上，敏锐地发现新生事物的苗头，并且深究下去，直到做出一定创建为止。见微知著必须独具慧眼，也就是用眼睛看的同时，配合敏捷的思维。

10．巧遇新迹

由灵感而得到的创新成果与预想目标不一致，属意外所得。许多研究者把这种意外所得看作天赐良机，也有的称之为"正打歪着"或"歪打正着"。

（二）灵感的捕获

1．兴趣准备

兴趣是最好的老师。兴趣以需要为基础。需要有精神需要和物质需要，兴趣基于精神需要（如对科学、文化知识等的需要）。人们若对某件事物或某项活动感到需要，他就会热心于接触、观察这件事物，积极从事这项活动，并注意探索其奥秘。兴趣又与认识和情感相联系。若对某件事物或某项活动没有认识，也就不会对它有情感，因而不会对它有兴趣。反之，认识越深刻，情感越炽烈，兴趣也就会越浓厚。

兴趣对一个人的个性形成和发展以及生活和活动都有着巨大的作用，这种作用主要表现在以下几个方面：

第一，对未来活动的准备作用。例如，对于一名中学生来说，对化学感兴趣，就可能激励他积累各种化学知识，研究各种化学现象，为将来研究和从事化学方面的工作打基础，做准备。

第二，对正在进行的活动起推动作用。兴趣是一种具有浓厚情感的志趣活动，它可以使人集中精力去获得知识，并创造性地完成当前的活动。美国著名华人学者丁肇中教授就曾经深有感触地说："任何科学研究，最重要的是要看对自己所从事的工作有没有兴趣，换句话说，也就是有没有事业心，这不能有任何强迫……比如做物理实验，因为我有兴趣，我可以两天两夜甚至三天三夜在实验室里，守在仪器旁，我急切地希望发现我所要探索的东西。"正是兴趣和事业心推动了丁教授所从事的科研工作，并使他获得巨大的成功。

第三，对活动的创造性态度的促进作用。兴趣会促使人深入钻研，创造性地工作和学习。就中学生来说，对一门课程感兴趣，会促使他刻苦钻研，并且创造性地思维，不仅会使他的学习成绩大大提高，而且会大大地改善学习方法，提高学习效率。

由此可知，人的兴趣不仅是在学习、活动中发生和发展起来的，而且是认识和从事活动的巨大动力。它可以使人智力得到开放，知识得以丰富，眼界得到开阔，并会使人善于适应环境，对生活充满热情。兴趣对人的个性形成和发展起巨大的作用。

2．知识准备

长期积累，偶然得之。长期的经验积累、知识积累、智力积累，是灵感发生的坚实基础。灵感是人脑进行创造活动的产物，所以长期思考是激发和捕捉灵感的最基本条件。灵感是在长期艰苦劳动后出现的。俗话说："读书破万卷，下笔如有神。"丰富的知识经验有利于借鉴，容易得到启示，是捕获灵感的另一个基本条件。

3．智力准备

（1）观察力，是指大脑对事物的观察能力，如通过观察发现新奇的事物等。在观察过程对声音、气味、温度等有一个新的认识，并通过对现象的观察，提高对事物本质认识的能力。我们可以在学习训练中增加一些训练内容如观察和想象项目，通过训练来提高学员的观察力和想象力。

（2）注意力，是指人的心理活动指向和集中于某种事物的能力。如好的学员能全神贯注地长时间地看书和研究课题，而对游戏、其他无关活动等的兴趣大大降低，这就是注意力强的体现。

（3）记忆力，是识记、保持、再认识和重现客观事物所反映的内容和经验的能力。例如，我们到老时也记得父亲、母亲年轻时的形象，少年时家庭的环境等一些场景，那就是人的记忆在起作用。

（4）思维力，是人脑对客观事物间接的、概括的反映能力。当人们学会观察事物之后，他逐渐会把各种不同的物品、事件、经验分类归纳，并将不同的类型通过思维进行概括。思维力是智力的核心。

（5）想象力，是人在已有形象的基础上，在头脑中创造出新形象的能力。比如，当你说起汽车，我马上就能想象出各种各样的汽车形象。因此，想象一般是在掌握一定的知识面的基础上完成的。

4．情绪准备

（1）乐观、镇静、愉快的情绪，能增强大脑的感受能力。

（2）注意摆脱习惯性思维的束缚。善于调节自己的活动，往往能把自己从思维的死胡同中解放出来，从而有助于激发和捕捉灵感。法国数学家拉普拉斯曾说，他常把某个复杂的问题搁置几天而不去理它，当他捡起重新考虑时，往往发现它变得极为容易。此外，当你的思维遇到障碍时，如果能邀请不同专业的人员一起叙谈，从不同角度探讨问题，往往能使自己摆脱习惯性思维程序的束缚，启发自己思考，使头脑一新，从而捕捉到灵感。

（3）珍惜最佳时机和环境。在长时间的紧张思考之后，丢开一切情绪，漫步于林荫道上或登高远望，荷锄于小园香径或卧床休息，都有助于产生灵感。

妙思偶得

想一想
生活中、学习中，我们有没有因忽视灵感提示而错失良机的事情？

5. 精神准备和物质准备

要有及时抓住灵感的精神准备和及时记录下灵感的物质准备。灵感往往"来不可遏，去不可止"，如不及时捕捉，就会跑得无影无踪。许多有创造性精神的人，都曾体验过获得灵感的滋味。但因为事先没有准备，而没有及时记下这些灵感，事过境迁就再也记不起来了。当然，并不是头脑里出现的灵感都有价值，但可以记录下来以后再慢慢琢磨，决定取舍。英国著名女作家艾丽·勃朗特年轻时，除了写作，还要承担繁重的家务劳动。她在厨房煮饭时，总是带着笔和纸，一有空隙就立刻把脑子里涌现出的思想写下来。大发明家爱迪生、大画家达·芬奇等也都是这样，他们经常随手记下自己在睡前、梦中、散步休息时闪过头脑的每个细微意念。

(三) 灵感的诱发

1. 外部机遇诱发

(1) 思想点化。在阅读或与人交流的过程中，因某句格言、某个观点或某种思想而突然发生灵感。我们经常说的"听君一席话，胜读十年书"，实际就是因思想点化而顿悟的意思。

【案例1.7.3】

拿破仑·希尔的女秘书

成功学的创始人拿破仑·希尔曾讲述这样一个故事：

我曾经聘用一位年轻的小姐当助手，替我拆阅、分类及回复我的大部分私人信件。我在三年前雇佣她，当时，她的工作是听取我的口述，记录信的内容。她的薪水和其他从事相类似工作的人大体相同。有一天，我口述了下面这句格言，并要求她用打字机立刻把它记录下来："你唯一的限制就是你自己脑子里所设立的那个限制。"当她把打好的纸张交给我时，她说："你的格言使我获得了一个想法，对你、对我都很有价值。"这件事起初并未在我脑海里留下特别深刻的印象，但从那天起，我可以看得出来，这件事在她脑海里留下了极为深刻的印象。她开始在晚餐后回到办公室来，并且从事的不是她分内而且也没有报酬的工作。她开始把写好的回信送到我的办公桌上来。她已经研究过我的风格，因此，这些信回复得跟我自己所能写得一样好，有的甚至更好。当我的私人秘书辞职，我找人来补私人秘书的空缺时，我很自然地就想到这位小姐。但在我还未正式给她这个职位时，她已经主动地接替了这项工作。由于她在下班之后，以及在没有支付加班费的情况下，对自己加以训练，终于使自己有资格出任我属下人员中最好的一个职位。这位年轻小姐的办事效率太高了，因此不断有人想挖走她。我已经多次提高她的薪水，她的薪水已是普通职员薪水的四倍。因为她使自己变得极有价值，因此，我不能失去这个助手。

(2) 原型启发。由接受的事物、研究的对象的原型或相似模型受到启发，而产生的灵感。

【案例 1.7.4】

大仲马的《基督山恩仇记》

《基督山恩仇记》是法国著名作家大仲马（1802—1870）的代表作。故事讲述19世纪法国皇帝拿破仑"百日王朝"时期，法老号大副爱德蒙·唐泰斯受船长委托，为拿破仑党人送了一封信，遭到两个卑鄙小人（唐格拉尔和费尔南）和法官的陷害，被打入黑牢。狱友法利亚神甫向他传授各种知识，并在临终前把埋于基督山岛上的一批宝藏的秘密告诉了他。唐泰斯越狱后找到了宝藏，成为巨富，从此化名基督山伯爵（水手森巴），经过精心策划，报答了恩人，惩罚了仇人。故事情节曲折生动，充满传奇色彩，处处出人意料。急剧发展的故事情节，清晰、完整的结构，生动有力的语言，灵活机智的对话使其成为大仲马小说中的经典之作。

这部具有浓郁的传奇色彩和很强的艺术魅力的名著是大仲马从一个案例中获得灵感而创作的：一次偶然的机会，大仲马在警察局的档案中看到一份资料，记录的是：鞋匠皮科同一个富有的孤女结了婚。皮科后来被人诬告入狱。在狱中，他忠心耿耿地服侍一个因政治问题而被捕的意大利主教。主教临死前告诉了皮科一个埋藏珍宝的秘密地方。七年后，皮科找到珍宝重返巴黎，终于将诬告他的仇人一一杀死。

(3) 形象发现。由事物形象的感官刺激而灵机一动，诱发灵感。

【案例 1.7.5】

园丁与圣母

《花园中的圣母》是意大利文艺复兴时期的杰出艺术家拉斐尔的名画之一。关于这幅画，流传着这样一个故事：一天，拉斐尔在花园中散步，忽然看到一位美丽、健康的姑娘在鲜艳的花丛中剪枝，姑娘富于魅力的形象深深地吸引了拉斐尔，他立即拿起画板，绘下了她优美的身影。后来，他又以此为基础，创作了《花园中的圣母》这幅名画。因为这个姑娘是园丁的女儿，《花园中的圣母》又常常被人叫作《美丽的女园丁》。在这幅画中，圣母已经没有宗教传说中的神秘气息，而像一个美丽、洋溢幸福和青春活力的母亲，体现了人文主义思想（图 1.7.2）。

图 1.7.2　花园中的圣母

（4）情境激发。身临其境、情融其境、思入其境，在实际的或创设的情境中进行体验、感悟，诱发灵感。如艺术创作的采风活动，就是深入生活，寻找创作灵感的一种方式。

【案例 1.7.6】

一朝入梦，终生不醒

对曹雪芹的《红楼梦》，著名作曲家王立平说："我自己的体会是，一朝入梦，终生不醒。"1987 版电视剧《红楼梦》的音乐，王立平前后写了四年半，其间他竭尽心力去体会，去品味。《红楼梦》的歌曲中，许多都是描写人物命运的，如写香菱的《叹香菱》、叹晴雯的《晴雯歌》、惜探春的《分骨肉》、唱黛玉才情的《葬花吟》、写宝黛爱情的《枉凝眉》。如何让音乐表达出人物的性格和命运，是王立平在创作中一直面临的问题。他说："写出好的音乐当然需要精准的技术，但最重要的还是用心去感受，只有在感情的刻画上细致入微，才能通过音乐使人物的内心刻画入木三分。"

王立平创作《葬花吟》耗时一年零九个月，是他写得最苦的一首。"我创作《葬花吟》时，百思不得其解。按现代人的观点，林黛玉是个个头不高、老爱生气、整天病恹恹的女孩，试问，哪个男孩会喜欢她？哪家人敢娶她当媳妇？那为什么曹雪芹会对她倾注那么多感情？我每天反复琢磨。有一天，我突然想到那一句：天尽头，何处有香丘？这哪里是低头葬花，分明就是一个女子在叩问苍天啊！这是一种悲鸣，是呼号，瘦弱的黛玉刹那之间，突然就高大了起来。顿时，激情来了，旋律也就油然而生。写着写着，我甚至泪流满面。最后，我在《葬花吟》中加入了几处闷鼓声，似乎是敲在人们心上的闷鼓，此时我感到我用我的音乐为曹雪芹笔下的人物出了一口闷气，我感觉这似乎不是我写出来的音乐，而是从《红楼梦》的字里行间挖出来的。"

2．内部积淀意识引发

（1）无意遐想。不经意间的遐想诱发灵感。这种遐想式的灵感在创新过程中是很常见的，遐想及其结果看似无意，与灵感闪现的联系看似偶然，其实是与记忆表象、思维经验的长期积淀密切相关的。

【案例 1.7.7】

条形码的诞生

我们在超市买东西结账时的方便快捷得益于一种简单的方式——扫描条形码。如今，全球每天约有 50 亿件商品接受条形码扫描。想象一下没有条形码的百货超市是什么样的：经营者需要花大量时间和成本记录下每种商品的名称与售价，并定期对存量进行清点和记录，顾客需要长时间排队等待售货员一个一个记录选购的商品、计算金额。当然，由于大量人工操作，还不可避免地出错……

条形码或称条码是将宽度不等的多个黑条和空白，按照一定的编码规则排列，用以表达一组信息的图形标识符。它可以标出物品的生产国、制造厂家、商品名称、生产日期、图书分类号、邮件起止地点、类别、日期等信息，因而在商品流通、图书管理、邮政管理、银行系统等许多领域都得到了广泛应用。

20 世纪 40 年代，约瑟夫·伍德兰德与大学同学联手创立了如今普及全球的条形码系统，并于 1952 年获得专利权。条形码的发明灵感源于一个有意无意的小动作。一天，约瑟夫·伍德兰德坐在沙滩椅上，用手指在沙滩上划道，模拟莫斯密码。灵光一闪中，他惊叹：上帝啊！现在我有四条线。它们可以变宽，可以变窄，用以取代莫斯密码的点和长线条。条形码就这样诞生了！

妙思偶得

（2）潜意识。灵感从潜意识中来。思维的经验由"显"入"潜"，逐渐积淀，在潜意识中浓缩后，成为一种强大的力量。思考问题时，显意识的思维活动也时刻在调动潜意识资源，潜意识活动是无序、无感的，但它时刻在模拟显意识行为。一旦与显意识思维取向产生交集就可能诱发灵感。这种灵感的诱发，情况更为复杂，有的是潜知的闪现，有的是潜能的激发，有的是创造性梦境活动，有的是下意识的信息处理活动。

动画：潜意识与显意识

潜意识中的灵感来源于对平时积淀的知识记忆的潜加工。要想让潜意识更好地为我们的创新思维服务，就要注意不断地学习积累，给潜意识持续输入更多的基本知识、专业知识、成功知识以及相关的最新信息。同时，训练对潜意识的控制能力，调动潜意识中的积极因素，不断进行正向的心理暗示，开发利用潜意识自动思维创造的智慧功能，让灵感不断闪烁出火花。

【案例1.7.8】

牛顿的故事

牛顿在中学时代学习成绩并不出众，只是爱好读书，对自然现象有好奇心，如颜色、日影四季的移动等。他分门别类地记读书笔记，又喜欢别出心裁地做些小工具、小技巧、小发明、小试验。

当时英国社会基督教新思想盛行，牛顿有两位亲戚是神父，这可能影响了牛顿晚年的宗教生活。从这些平凡的环境和活动中，还看不出幼年的牛顿是个才能异于常人的儿童。

后来迫于生活，母亲让牛顿停学在家务农，赡养家庭。但牛顿一有机会便埋首书卷，以至于经常忘了干活。每次母亲叫他同佣人一起上市场，熟悉做交易的生意经时，他便恳求佣人一个人上街，自己则躲在树丛后看书。有一次，牛顿的舅父起了疑心，就跟踪牛顿上市镇去，发现他的外甥伸着腿，躺在草地上，正在聚精会神地钻研一个数学问题。牛顿的好学精神感动了舅父，于是舅父劝服了母亲让牛顿复学，并鼓励牛顿上大学读书。牛顿又重新回到了学校，如饥似渴地汲取书本上的营养。有一次，他去郊外游玩，之后靠在一棵苹果树下休息。忽然，一个苹果从树上掉下来。他觉得很奇怪，为什么苹果会从上往下掉而不是从下往上掉？这个看似平常的现象却激发了牛顿潜意识的灵感，他带着这个疑问回到家里研究，后来他发现原来地球是有引力的，能把物体吸住（图1.7.3）。随后，就出现了《牛顿物理引力学》。

图 1.7.3 牛顿与苹果树

心法训练

训练一：外部诱发灵感思维训练

1．训练目的

通过外部诱发灵感训练感悟、体验并捕捉灵感。

2．训练内容

参照以下形式进行课堂训练。

（1）方案一：选择一句格言，围绕它进行充分的小组讨论，尽可能地挖掘其内涵，写出它对个人的启示。

（2）方案二：选择一个案例或问题，以小组为单位进行充分讨论分析，积极展开联想和想象，记录每个想法，最后评选出最佳灵感创意。

（3）方案三：选择某一实物或图片中的事物，小组成员分别用生动的语言进行描述形象观察的结果，记录由该形象激发的想法或创意。

（4）方案四：讲一则故事、一段描写，或展示一幅图画，营造一个情境，然后每个人都闭目想象自己置身其中，互相通过语言不断丰富、细化这个情境，记录获得的启示或灵感。

训练二：课 堂 讨 论

1．训练目的

理解灵感来源于平时积累的深刻含义。

2. 训练内容

清代学者袁守定在《占毕丛谈谈文》中说："得之在俄顷，积之在平日。"请以小组为单位围绕这句话进行课堂讨论。

心法延伸

收集灵感思维实例

1. 训练目的

通过案例学习感悟灵感思维及其诱发机制。

2. 训练内容

上网或阅读收集思想点化、原型启发、形象发现、情境激发、无意遐想、潜意识激发等的灵感思维的案例，整理、分类并作简要分析。

灵感激发方式	案例
思想点化	
原型启发	
形象发现	
情境激发	
无意遐想	
潜意识激发	

掌：掌握思维要领
驭：熟悉工具操作

第二篇
技法篇——创新工具

技法要诀——掌驭

掌驭思维工具

技

应用资源——资源分析
矛盾思考——分离原理
极限思考——STC算子与最终理想解
动态思考——和田十二法
系统思考——九屏幕法
质疑思考——5W2H法
平行思考——六顶思考帽
思维激励——头脑风暴法

法

掌握要领 熟悉操作

技法一

思维激励——头脑风暴法

技法导图

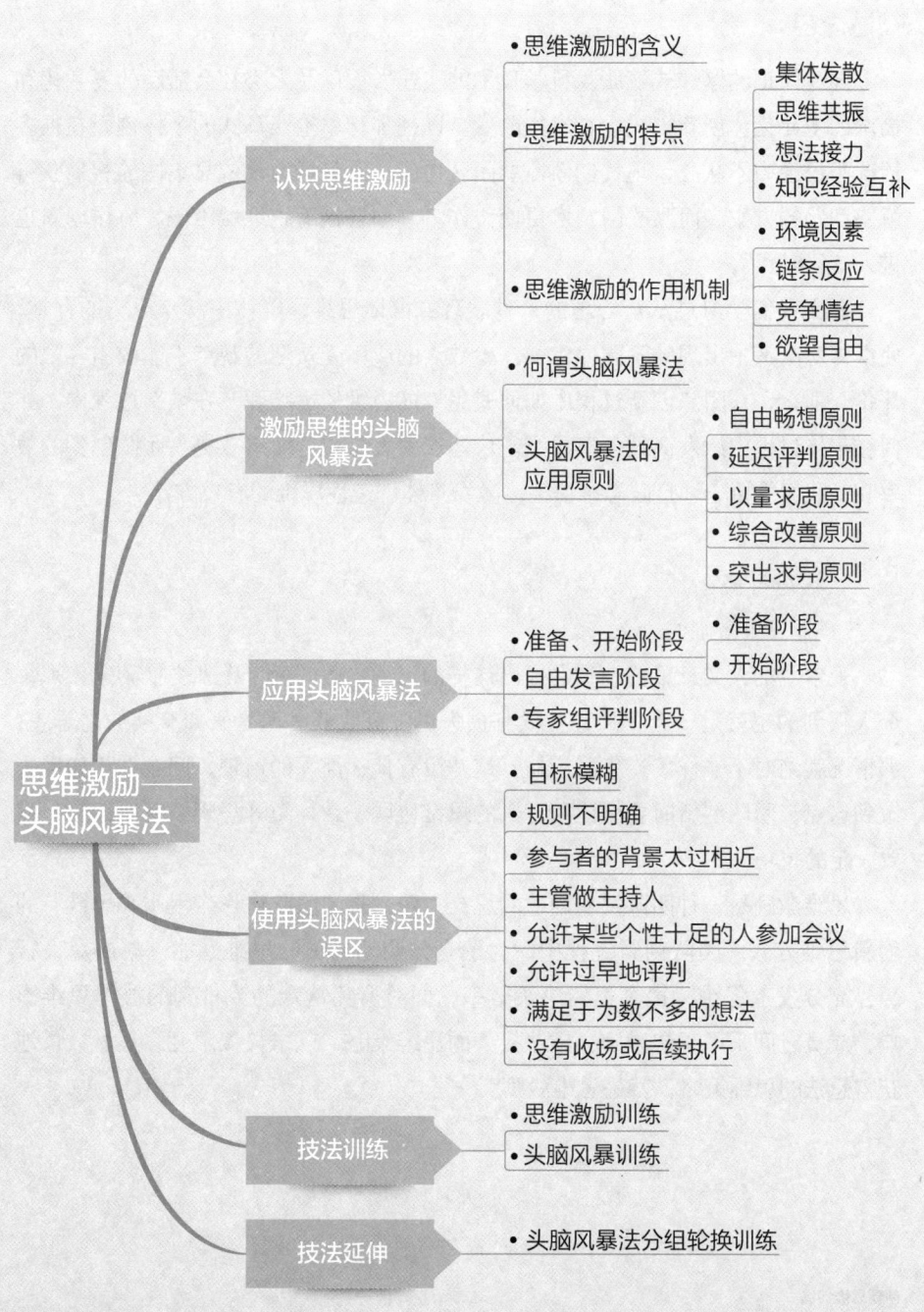

技法目标

1. 知识目标：理解头脑风暴的原理和使用原则，掌握头脑风暴实施的基本步骤。
2. 技能目标：能独立地组织实施头脑风暴。
3. 体验目标：感受团队协作激励思维的力量，树立团队创新的意识。

技法内容

创新故事8：三个臭皮匠顶个诸葛亮

随着知识的爆炸式膨胀、科学技术的飞速发展以及人类社会活动的复杂化和需求的多元化，创新模式也在发生改变。以往那种单枪匹马式的个体创新在很多情况下已经力不从心，现代创新需要团队协作、群策群力，依靠集体的智慧获得解决问题的方案。而互联网技术更使协作者之间轻松跨越地域障碍，协作创新也进入"云时代"。

前文我们学习过从众心理的一种表现：群体思维。群体中从众压力的存在，使群体对决策中出现的不同寻常的、少数人的或不受欢迎的观点不能做出客观的评价。那么，在团队创新过程中如何避免群体思维的影响呢？在创新过程中，如何在集体讨论中激发高效创造思维，快速产生大量想法而有效提高团队创新的效率呢？我们需要一种打破思维惯性，激发集体创造性思维的有效方法。

一、认识思维激励

（一）思维激励的含义

爱尔兰的大文豪萧伯纳曾经提出这样的论述：假如两个人来交换苹果，那每个人得到的也就是一个苹果，并没有损失也没有收获，但是假如交换的是思想，那情况就绝对不一样了。集思广益，这并没有什么高深的道理，问题在于如何去做到这点。团队创新时要想让所有人的思维协调一致，敞开思想、畅所欲言，需要一定的技巧。

思维激励是一种团队发明创造的思维方法，是"团队协作应用水平思维"的创新思维方式。团队创新过程中，为了充分调动成员的思维潜能、集成众人智慧、充分发散思维、提高集体决策效率，同时避免从众的或批判的群体思维影响，成员之间采用正向激励、想法接力的思维策略，以求最大限度、最大数量地获得想法的思维策略，就是思维激励。

【案例 2.1.1】

"吹走"鱼雷

第二次世界大战期间,有一位商船上的船长,经常航行在美洲和欧洲之间。有一次,在大西洋上收听广播节目,得知德国潜水艇有可能攻击他的商船,而他的商船没有护航船队。与武器装备精良的潜水艇相比,他的船就像是用来练习射击的"靶子"。

船长将所有船员集中到甲板上并宣布,他们很快会成为"鲨鱼的食物"。怎么办?需要大家开动脑筋,想出能够躲避潜艇发射鱼雷的办法。船员们七嘴八舌,出了很多"馊主意"。其中一个船员提出了一个"天才"建议:当看到射向船舷的鱼雷形成的气泡时,全体船员都站在船舷旁一起向鱼雷使劲吹气,鱼雷就会像气球一样被吹跑(图2.1.1)。

幸运的是,这次航行一路平安没有遭遇"鲨鱼"。后来这位船长根据水手"吹"的思路,在船边安装了大功率水泵,有一次确实用强大的水流"吹走了"鱼雷,挽救了船、船员和自己。

图2.1.1 "吹走"鱼雷

这位船长就是后来大名鼎鼎的创造学和创造工程之父、美国著名的创新思维大师A.F.奥斯本。他的许多创意思维模式已家喻户晓,最负盛名的是头脑风暴法,所以大家都称他为"头脑风暴法之父"。

(二) 思维激励的特点

1. 集体发散

思维激励是集体运用发散思维的思维方式。为克服群体思维弊端,它强调避免争论批评,无拘无束,自由发挥,参与者通过充分的智力碰撞和贯通,最大限度地发散思维,以产生各种各样的想法。

2. 思维共振

振动频率相同的东西,会形成共振。我们的意念、思想是有"能量"的,脑电波是有频率的。当特殊营造的氛围使参与者的思维相互协调产生共振、步调一致时,就可以互相启迪、互相激励、互相补充,使思维在高度协作状态下"激励"出尽可能多的新想法。

3. 想法接力

脑力大串联,相互借鉴,相辅相成,进行想法接力,产生连锁反应,鼓励在

妙思偶得

别人想法的基础上进行丰富和发展。

4．知识经验互补

个人的知识、经验、思维力是有限的，同时也受专业领域的束缚。思维激励可以集群体之智慧，取长补短。根据需要参与者可以跨领域、跨学科、跨专业，思维的空间得以大大拓展。

（三）思维激励的作用机制

1．环境因素

在不受任何限制的十分轻松的环境下，集体讨论问题能激发人的热情。大家十分愿意说出自己的真实想法，并很热情地参与到讨论中，人人自由发言，相互影响、相互感染，能形成热潮，突破固有观念的束缚，最大限度地发挥创造性的思维能力，从而得到很好的效果。

2．链条反应

所谓链条反应是指在思维激励会议进行的过程中，往往通过一个人的观点可以衍生出与之相关的多种甚至创新上更加出奇的想法。这是因为人类在遇到任何事物的时候，都会条件反射，联系到自身的知识经验进行联想式的发散思维，相继产生新观念，形成新观念堆，为创造性地解决问题提供了更多的可能性。

3．竞争情结

心理学的原理告诉我们，人类有争强好胜心理，在有竞争意识的情况下，人的心理活动效率可增加50%或更多。由于大家的思想都十分活跃，再加上有一种好胜心理的影响，集体讨论会出现大家争先恐后的发言情况，而且内容也会相当丰富。

> **想一想**
> 班级或小组讨论时，有哪些情况会导致会议效率降低甚至终止？

4．欲望自由

在集体讨论解决问题的过程中，个人的想法不受任何干扰和控制是非常重要的。运用思维激励的头脑风暴法有一条原则，即不得批评发言者，甚至不许有任何怀疑的表情、动作、神色。这就能使每个人畅所欲言，提出大量的新观念。

二、激励思维的头脑风暴法

（一）何谓头脑风暴法

当一群人围绕一个特定的兴趣领域畅所欲言、互相启迪，产生新观点的时候，这种情境就是头脑风暴了。由于无拘无束，人们就能够更自由地思考，进入思想的新区域，从而产生很多新观点和新方法。

头脑风暴法又称智力激励法、BS法、自由思考法，是一种通过充分激励参与者的思维而进行"交换思想"的方法，是集体实施的水平思维（自由发言阶段）+垂直思维（专家评判阶段）的方法。这种方法的目的是通过找到新的解决问题的方法来解决问题。该方法由美国创造学之父A．F．奥斯本于1939年首次提出，1953年正式发表。

以下两点有助于对头脑风暴法的理解：

（1）头脑风暴是"一个团体试图通过聚集成员自发提出的观点，以为一个特定问题找到解决方法的会议技巧"（A．F．奥斯本）。

（2）头脑风暴是使用一系列激励和引发新观点的特定的规则和技巧。这些新观点是在普通情况下无法产生的。

"头脑风暴"原指精神病患者头脑中短时间出现的思维紊乱现象。奥斯本借用这个概念来比喻思维高度活跃，以打破常规的思维方式，通过无限制的自由联想和讨论而产生大量创造性设想的状况。头脑风暴的目的是激发人类大脑的创新思维以及能够产生出新的想法、新的观念。

头脑风暴法通过特定会议的形式对某一问题进行讨论，与会者在没有约束的情况下自由地联想和想象，信息互补、思维共振，敞开思想使各种设想在相互碰撞中激起脑海的创造性风暴，从而产生大量创造性的新观点和问题解决方法。

当参加者有了新观点和想法时，他们就大声说出来，然后在他人提出的观点之上建立新观点。所有的观点都被记录但不进行批评。只有头脑风暴会议结束的时候，才对这些观点和想法进行评估。

【案例2.1.2】

飞 机 扫 雪

这是一个经常被引用的经典案例。美国的北方冬天十分寒冷，尤其是进入12月之后，大雪纷飞。因为大雪经常会压断线缆，严重影响当地的通信设备。而因距离远且地形复杂，人力除雪困难重重。为了解决这一问题，人们想出了各种各样的办法，但都不理想。

一家电信公司的经理为了能解决这个问题，召开了一次全体职工的会议。他要求大家首先要独立思考，要解放自己的思想，不要考虑自己的想法是多么可笑抑或是完全行不通；其次，大家发言之后，其他人不要去评论这个想法是好还是不好，发言的人只管自己发言，至于想法值不值得借鉴，会后由高层评估；再次，发言者不要过多地考虑发言的质量，这次会议的重点就是看谁说得多；最后，要求发言的人能够将多个想法拼接成一个，优化资源，尽可能地想出一个效果最为突出的解决办法。

参加会议的员工非常踊跃发言。有的人说可以给电线加热让雪融化，有的人

妙思偶得

说可以给电线加上振动装置，有的人说可以设计一种能沿着电线自己滑动的清雪器。其中有人异想天开，提出了一个脑洞大开的想法：可以让人坐在飞机上拿着扫帚扫雪！这个想法当然不切实际。但过了一会儿，又有人沿着这个想法提出让直升机沿着线路飞行，通过螺

图 2.1.2　飞机扫雪

旋桨产生的强大气流和震动，把电线上的积雪"扫落"下来。还等什么，最佳方案已经出来了（图 2.1.2）！

头脑风暴法具有如下优点：

（1）极易操作执行，具有很强的实用价值。

（2）非常具体地体现了集思广益，体现团队合作的智慧。

（3）每一个人的思维都能得到最大限度地开拓，能有效开阔思路，激发灵感。

（4）在最短的时间内可以批量生产灵感，会有大量意想不到的收获。

（5）面对任何难题，举重若轻。熟练掌握头脑风暴法的人，再也不必一个人冥思苦想，孤独求索了。

（6）可以有效锻炼个人及团队的创新思维能力。

（7）使参加者更加自信，因为他会发现自己居然能如此有"创意"。

（8）使参加者更加有责任心，因为人们一般都乐意对自己的主张承担责任，可以发现并培养思路开阔、有创造力的人才。

（9）创造良好的平台，提供了一个能激发灵感、开阔思路的环境。

（10）创造良好的沟通氛围，有利于增加团队凝聚力，增强团队精神。

（11）可以提高工作效率，能够更快、更高效地解决问题。

（二）头脑风暴法的应用原则

头脑风暴法应遵守如下五个原则：

1. 自由畅想原则

欢迎各抒己见，自由鸣放，创造一种自由、活跃的气氛，使与会者思想放松，激发参加者提出各种想法，最狂妄的想象是最受欢迎的。这是头脑风暴法的关键。

2. 延迟评判原则

禁止批评和评论。对各种意见、方案的评判必须放到最后阶段，此前不能对

别人的意见提出批评和评价。认真对待任何一种设想，而不管其是否适当和可行。

3．以量求质原则

为了探求最大量的灵感，任何一种构想都可被接纳。意见越多，产生好意见的可能性越大。这是获得高质量创造性设想的条件。

4．综合改善原则

探索取长补短和改进办法。除提出自己的意见外，鼓励参加者对他人已经提出的设想进行补充、改进和综合，强调相互启发、相互补充和相互完善。这是头脑风暴法能否成功的标准。

5．突出求异原则

这是头脑风暴法的宗旨。头脑风暴法追求的就是通过思维激励产生多多益善的新奇想法。不必顾虑想法是否离经叛道或是荒唐可笑，欢迎自由奔放、异想天开的想法，观点愈奇愈好。

不断重复以上五大原则进行智力激励法的培训，就可以使参加者渐渐养成弹性思维方式，涌现出更多全新的创意。在众多创意出来后，管理者再进行综合和筛选，最后形成可供实践的最佳方案。

微课：头脑风暴应用原则

网络头脑风暴会议原则

互联网打破了空间限制，使远隔千山万水的人们可以随时随地即时沟通。这大大拓展了头脑风暴法的应用空间。无论身处何地，只要有网络，就可以召开会议，方式也更加灵活，可以文字聊天，也可以音频或视频对话。互联网头脑风暴会议同样应遵守上述五大原则，同时还要注意保密原则，对敏感、机密话题应采取必要的保密手段。

三、应用头脑风暴法

头脑风暴法操作程序如图 2.1.3 所示。

（一）准备、开始阶段

1．准备阶段

首先要确定此次头脑风暴会议的主持人。应该选择不独断、有激情、有引导能力、能控制场面和进度的人做主持人。

然后制定所要研究的主题是什么，抓住主题。主持人要对主题有深刻的理解。主题应该单一，不能同时有两个以上的主题。问题太大时，可分成若干个小问题。

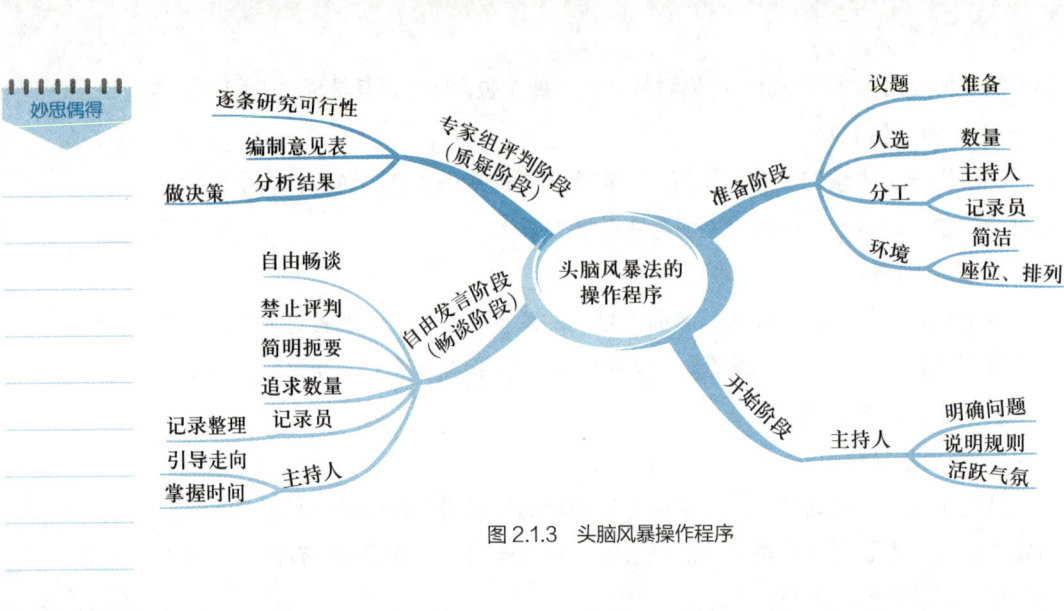

图 2.1.3　头脑风暴操作程序

接下来要确定参加会议的人员和人数，一般不宜过多，以 5～10 人为好。

最后，确定会议的时间、地点，准备好会议的相关资料，通知与会人员参加会议。

可以通过以下问题来准备头脑风暴会议：

（1）最重要的目的或目标是什么？

（2）所要解决的问题是什么？

（3）想要的结果是什么？

（4）为了达到这个目的将使用哪些创造性活动和练习？需要用到哪些工具？

（5）邀请哪些人来参加头脑风暴会议？每个人都有哪些独特的技巧、经验和知识？

（6）举行头脑风暴会议的理想场所和环境是怎样的？需要提供食物和饮料吗？

（7）什么时间召开会议？大约需要多长时间？

2．开始阶段

在会议开始阶段，不宜马上进入议题。主持人可以选择一些轻松、随意的话题，以调节气氛，营造一种自由、宽松、祥和的氛围，使与会者放松情绪，进入一种无拘无束的状态。主持人宣布开会后，先说明会议的规则，然后随便谈点有趣的话题或问题，让与会者的思维始终处于轻松和活跃的状态。如果所谈话题与会议主题有着某种联系，人们便会轻松自如地进入会议议题，效果自然更好。

接下来就是宣布议题。主持人要尽量简洁、明确地告诉与会者本次的议题是什么。

在进行一段时间的讨论后，大家往往会有更多的关于议题的想法，但弊端是，有可能只是围绕着一个方向发散思维。这时主持人可以重新明确讨论议题，使大家在回味讨论的情况下重新出发，得到不同的方向。

经过一段讨论后，大家对问题已经有了较深程度的理解。这时，为了使大家对问题的表述能够具有新角度、新思维，主持人或书记员要记录大家的发言，并对发言记录进行整理和归纳，找出富有创意的见解，以及具有启发性的表述，供下一步畅谈时参考。

（二）自由发言阶段

自由发言阶段也叫畅谈阶段。这一阶段的规则是不允许私下互相交流，不能评论别人的发言，简短发言等。此时主持人要发挥自己的能力，引导大家进入一种自由的讨论状态。

此外要注意会议的记录。随着会议的结束，会议上提出的很多新颖的想法要怎么处理呢？

以下是一些处理方法：在会议结束的一两天内，主持人要回访参加会议的人员，看是否还有更加新颖的想法，之后整理会议记录。然后根据解决方案的标准，对每一个问题进行识别，主要看是否有创新性，是否有可行性。经过多次斟酌和评断，最后找到最佳方案。这里说的最佳方案往往是一个或多个想法的综合。

头脑风暴法中主持人很重要。那么，主持人需要注意什么？怎样才能做一个合格的主持人？

（1）主持人应在会前向与会者重申会议应严守的原则和纪律，善于激发成员思考，使场面轻松、活跃而又不失头脑风暴的规则；在参加者发言气氛相当热烈时，可能会出现许多违背原则的现象，如嘲笑别人意见、公开评论他人意见等，此时主持人应当立即制止。

（2）可轮流发言，每轮每人简明扼要地说清楚一个创意设想，避免形成辩论会和发言不均。

（3）要以赏识的词句、语气和微笑、点头的行为语言，鼓励与会者多出设想，如"对，就是这样！""太棒了！""好主意！这一点对开阔思路很有好处！"等。

（4）禁止使用"这点别人已说过了！""实际情况会怎样呢？""请解释一下你的意思。""就这一点有用。""我不赞赏那种观点。"等。

（5）经常强调设想的数量，比如平均3分钟内要发表10个设想。

（6）遇到大家才穷计短并出现暂时停滞时，可采取一些措施，如休息几分钟、散步、唱歌、喝水、听音乐等，而后再进行几轮头脑风暴。或发给每人一张与问题无关的图画，要求讲出从图画中所获得的灵感。

（7）根据主题和实际情况需要，引导大家掀起一次又一次头脑风暴的"激波"。如课题是某产品的进一步开发，可以从产品改进配方思考作为第一激波、从降低成本思考作为第二激波、从扩大销售思考作为第三激波等。又如对某一问题解决方案的讨论，引导大家掀起"设想开发"的激波，及时抓住"拐点"，适时引导进入"设想论证"的激波。

（8）要掌握好时间，会议持续 45～60 分钟，形成的设想应不少于 100 种。但最好的设想往往是会议要结束时提出的，因此，预定结束的时间到了可以根据情况再延长 5 分钟。在 1 分钟时间里再没有新主意、新观点出现时，头脑风暴会议可宣布结束或告一段落。

接下来更重要的工作就是如何记录，尽量不落下每个细节。

会议提出的设想应由专人简要记载下来或录音，以便由分析组对会议产生的设想进行系统化处理，供下一阶段（专家组评判阶段）使用。

收集上来的想法和观点就可以通过专家组评判组来进行系统化的处理。系统化处理的流程如下：① 简化每一个想法，简言之就是总结出关键字进行列表；② 将每个设想用专业的术语标志出关键点；③ 对于类似的想法，进行综合；④ 规范出如何评价的标准；⑤ 完成上面的步骤之后，重新做一次一览表。

（三）专家组评判阶段

分析创新思维的人，应该是专业领域更高级别的专家，他们会从非常专业角度来客观地分析这些想法。确定最终可执行方案的人，应该是具备更高的逻辑思维能力的专家。

为什么对于专家组的要求这么高呢？为什么不同能力的专家负责不同的事情呢？这是因为在头脑风暴的会议上，与会者大都是思维敏捷的人。他们往往在别人发言的时候，心里已经开始想到其他的设想了。在这种情况下，专家的参与能够集大家之长，得到更好的决策。

在统计归纳完成之后，接下来要对提出的方案进行系统性的评判并加以完善。这是一个独立的程序。此程序分为三个阶段：

第一个阶段：将所有的提出的想法和设想拿出来，每一条都要有所评判，并且要加上评论。怎么评论呢？就是根据事实的分析和质疑。值得提出的是，通常在这个过程中，会产生新的设想，主要是因为原设想无法实现，有限制因素。而新的议题就要针对地提出修改意见。

第二个阶段：和直接头脑风暴的原则一样，对每个设想编制一个评论意见的一览表。主持人再次强调此次议题的重点和内容，使参加者明白如何进行全面评论。对已有的思想不能提出肯定意见，即使觉得某设想十分可行也要有所质疑。

整个过程要一直进行到没有可质疑的问题为止，然后从中总结和归纳所有的评价和建议的可行设想。整个过程要注意记录。

第三个阶段：对上述意见再次进行删选。这个过程是十分重要的，因为在这个过程中，我们要重新考虑所有能够影响方案实施的限制因素，这些限制因素对于最终结果的产生是十分重要的。

头脑风暴成功的关键是探讨方式以及放松心理压力等。在一个公平公正的情况下，才能有无差别的交流。

首先，与会者能够在一个公平公正的前提下进行交流，不受任何因素的影响，以便从各个方面进行发散式的思维。

其次，不要在现场就对提出的观点进行评论，也不要私自交流。要充分保证会议现场自由畅谈的状态，这样与会的人员才能够集中精力思考议题，以便得到更多的想法。

再次，不允许任何形式的评论，因为评论会抑制其他人的思维发散，从而影响整个会议的发展趋势。可能有些人会谦虚地表达自己的意思，但是一旦受到质疑，就会产生心理压力，提不出更多的想法了。

最后，就是在头脑风暴会议上一定不要限制想法数量。本着多多益善的原则，在不评论的前提下将所有想法留到最后进行分析。数量越多，质量就会越高。

【案例 2.1.3】

用头脑风暴法为产品取名

盖莫里公司是法国一家拥有 300 人的中小型私人企业，这一企业生产的电器有许多厂家和它竞争。该企业的销售负责人参加了一个关于发挥员工创造力的会议后大受启发，开始在自己公司谋划成立了一个创造小组。在冲破了来自公司内部的层层阻挠后，他把整个小组（约 10 人）安排到了一家农村小旅馆里，在以后的三天中，每人都采取了一些措施，以避免外部的电话或其他干扰。

第一天全部用来训练。通过各种训练，组内人员开始相互认识，他们相互之间的关系逐渐融洽。第二天，他们开始创造力训练，开始涉及思维激励以及其他方法。他们要解决的问题有两个，在解决了第一个问题即发明一种其他产品没有的新功能电器后，他们开始解决第二个问题，为此新产品命名。

经过两个多小时的热烈讨论后，共为新产品取了三百多个名字，主管暂时将这些名字保存起来。第三天一开始，主管便让大家根据记忆，默写出昨天大家提出的名字。在三百多个名字中，大家记住了二十多个。然后主管又在这二十多个

名字中筛选出了三个大家认为比较可行的名字，再将这三个名字征求顾客意见，最终确定了一个。结果，新产品一上市，便因为其新颖的功能和朗朗上口、让人回味的名字，受到了顾客热烈的欢迎，迅速占领了大部分市场，在竞争中击败了对手。

四、使用头脑风暴法的误区

好的头脑风暴会议应该是轻松愉快、生动有趣、充满活力的，能够充分进行思维激励产生许多好的想法。而较差的头脑风暴却不能让与会者的思维产生很好的共振，打不开思路，甚至会令人受挫，消磨动力。在使用头脑风暴法时，应注意避免以下情况：

1. 目标模糊

如果一次头脑风暴的意图是模糊不清的，就会导致讨论很难进行甚至失去方向。所以一定要设立清晰的目标。一次头脑风暴的目的，是达到一个具体特定的目标，而产生许多有创意的主意。最好的方法是把这个目标设定成一个问题。模糊的目标是无用的。"我们如何能做得更好"就没有"我们如何在下面的一年内将销售量翻倍"要好。然而，问题中的数字也不应该过细，否则会使头脑风暴受到局限，减少更多的可能性。像"我们如何通过利用现有渠道和当前的产品设置，使销售量翻倍"这样的问题，也许就过于限制了。一旦这样的问题得到一致的同意，就将它写下来，以便所有人都能清楚地看到。同时，也应当为这个目标设定需要多少创意，以及要花多少时间。比如，"我们打算在下面的20分钟里，想出60个创意。然后我们将他们筛选至4到5个较好的创意。"

动画：头脑风暴法的误区

2. 规则不明确

没有让每一个与会者明确的会议规则，往往会使头脑风暴会议被一些意外事件扰乱，影响会议的效果。主持人在头脑风暴会上需要做的第一件事是设定框架，明确哪种行为可以接受，什么不可以接受。事实上，应该在任何会议之前做这个事情，而不只是在头脑风暴前。规则需要写下来，贴在会议室的各个地方。

3. 参与者的背景太过相近

假如每个人都来自同一个部门，就极易陷入一种群体思考之中，从而大大地禁锢创造力。因此要小心地选择参与者。参与者的数量控制在6～12人为宜。太少的人数会使头脑风暴的素材不够丰富。而太多的人又难以控制，限制了个人的发挥。在整个头脑风暴小组中还应引入一些其他领域甚至与讨论的话题无关的旁观者，这些人常会从不同角度提出看法和创意。不同背景的参与者组成的讨论，效果是最好的。这些人可以涵盖不同的年龄层次、男性和女性、经验丰富的老手和新人等等。

4. 主管做主持人

要小心在团队中表现得独断专行的主管位置上的人，他可能会限制或固定住讨论的内容。如果有这样的主管在场，那么最好找一名能够胜任主持人的独立人士——他要能够激励大家积极地思考，并防止某一个人主导了全局。对头脑风暴而言，最差的一种情形是，部门主管既主持会议，同时又做记录员和证明人。

5. 允许某些个性十足的人参加会议

曾有国外研究者发现，头脑风暴不能收获创意的一个主要原因是一些参与者的个性毁掉了整个会议。并指出，有6种人需要被排除在你的下一次创新会议之外。

（1）总想做明星的人。这种人喜欢被人关注，喜欢说话，通常也主宰整个会议，制止这样的人会有点困难。

（2）喜欢否定的人。他们是那种被称作缺陷检查员的人。无论你提出多少想法来，他们都会找到某种缺陷，这会给群组人的热情浇冷水。

（3）想法杀手。和上面那类人的消极性比较相似，想法杀手不会对他们的批评深思熟虑。他们不是给其他人的想法提出改善方法，而是喜欢在他们的想法中戳洞，以表示他们正在把一些好的理由带进小组中。

（4）独裁者。这些人通常是在主管位置上的人，他们喜欢选择他们自己的想法，而这最终会窒息其他人的创造性和热情。

（5）蓄意阻挠者。如果某些事情过于复杂，这些人一定会折腾个没完。他们对一个想法想得太多，他们想分析到底。而这根本不是最富成效的方法，尤其是像头脑风暴这样自发的自由分享的环境里。

（6）社会闲散人员。这些人开会只是占据一个位置，不会贡献任何有价值的内容。

6. 允许过早地评判

头脑风暴最重要的原则是将评判推后。为了鼓励大量不同凡响的好想法出现，确保没有人对任一想法提出批评、负面的评价或任何评判，是非常重要的。参与者说出的任何一个想法，无论显得多么愚蠢，都要记录下来。在产生想法阶段不进行评判的原则极为重要，因而需要严格地加以执行。有个好办法是用水枪惩罚提出评判的人。

7. 满足于为数不多的想法

不要刚得到几个想法，就开始分析。数量才最重要。想法的数量越多越好。在一切活动当中，头脑风暴是为数不多的数量能够改善质量的活动。各不相同的想法产生得越多，其中一些最终被选中的可能性就越大。需要有很多的精力和各

种声音,才能得到大量特别的想法。完全无法使用的疯狂想法往往起到跳板的作用,引领我们想出可以被采用的新颖卓绝的方案。因此,要保持源源不断的疯狂想法。

8. 没有收场或后续执行

不要在没有达到清晰的执行计划之前,就结束头脑风暴会议,即使已经产生了一大堆想法。如果看不到一个真实的结果,人们会感到之前进行的过程没有意义,从而灰心丧气。应该在会上快速地分析一下得到的这些想法。一种好的方法是把总结性发言分成三个部分:有见地的想法、有趣的想法或反对意见。若在有见地的想法里,有特别出色的点子值得马上去实施的,应该立即将其作为一个实践项目交予相关的实行者。

还有,应该将想法收集起来,并加以分类。例如,把关于市场、销售或其他方面的有见地的和有趣的想法分别列示在不同的挂图板上。这种重新整理想法的形式能帮助我们发现新的组合及可能性。有些人会使用便贴纸,以便将各种想法方便随意地组合。

如果时间较为紧迫,可以使用五分制评分法选出最好的创意。参与者为每个想法打分。他们可以自由地将五分分配给喜欢的想法。比如,将五分平均分给五个想法,每个想法得到一分,也可以将五分全部给某一个想法。然后,将每个想法的得分相加,选出得分最高的想法,留待后议。

最后,在会议结束前,以感谢每个人对头脑风暴做出的贡献作为收场。应该再次提到一到两个最好的、最有创意或最有趣的想法。然后,考虑一下哪些想法是可以付诸实施的。

人们喜欢的头脑风暴往往时间短、充满活力且能够促成实际效用。这样的会议能够激发人的潜能,提高效率,促进创新力的提升。

技法训练

训练一:思维激励训练

1. 训练目的

体验并掌握思维激励。

2. 训练内容

遵照"自由畅想、延迟评判、以量求质、综合改善、突出求异"的原则,按头脑风暴自由发言阶段的要求,结合心法篇中发散思维、联想思维、想象思维、逆向思维，进行小组思维练习。

3．训练步骤

（1）以小组为单位，推举一名主持人，指定一名记录员。

（2）参照主题示例确定一个主题展开讨论，时间 10 分钟。

（3）小组汇报他们所想到的主意的数量。

（4）举出其中"疯狂的"或"激进的"主意。

主题示例：策划一次有趣的春游活动。

训练二：头脑风暴训练

1．训练目的

掌握运用头脑风暴集思广益，创造性地提出解决问题的设想。

2．训练步骤

（1）结合所学专业，各小组拟定选题（课前拟定）。

（2）选择会议主持人。

（3）运用头脑风暴法轮流讨论。

3．训练要求

第一组讨论的时候，其他组静静地观看，并记录讨论中提出的每一个想法，在讨论结束后由其他组总结并结合讨论中的想法给出改进的想法（充当专家组的角色，切记：观看组一定要安静）。每组讨论时间不超过 10 分钟。

技法延伸

课后作业：头脑风暴法分组轮换训练

1．训练目的

思维激励提升训练。

2．训练步骤

各小组分别拟定一个目标明确的创意任务，如学校运动会的吉祥物、月球旅店的广告等。然后按顺序（或逆序）轮换给邻组，并按头脑风暴第一、二阶段步骤要求对轮换来的创意任务进行讨论。想法记录再以相同次序进行轮换，然后各小组按头脑风暴第三阶段要求对轮换来的任务想法进行"专家组评判"。其结果以书面形式反馈给相应小组。

妙思偶得

头脑风暴会议卡

准备开始阶段	主题		组别	
	主持人	记录人	日期	
	与会人			

自由发言阶段	

专家评判阶段	主持人		记录人		日期	
	与会人					

技法拓读 1：
头脑风暴法的
其他应用形式

技法二

平行思考——六顶思考帽

技法导图

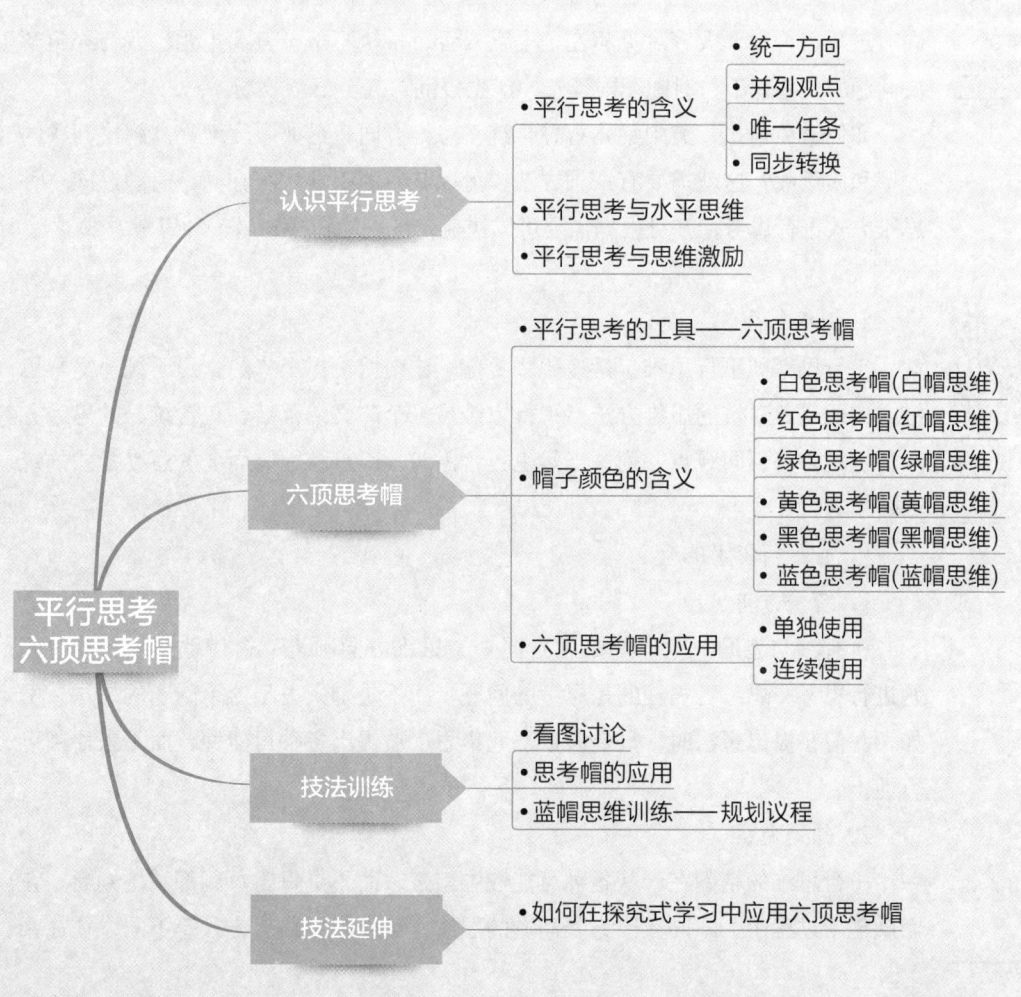

技法目标

1. 知识目标：理解平行思考的内涵，理解和掌握六种颜色的思考帽代表的不同思维模式。

2. 技能目标：学会六项思考帽的使用方法，能独立组织应用六项思考帽的思维流程。

3. 体验目标：感受平行思维，树立团队协作思维的意识。

技法内容

我们已经学习了头脑风暴法，体验到那是一种团队创新时非常易学好用的思维激励方法。头脑风暴法主要在产生想法阶段效果显著，实际上可以看作一种集体实施的水平思维。在团队协作创新过程中，不但需要水平思维，往往还需要大家一起在各个环节、各个方向进行全面思考。但这种思考不能各方面掺杂在一起同时进行，否则，大家意见相左，七嘴八舌，争执不下，偏离主题，就会导致解决问题的效率低下，时间无限延长，产生混乱，甚至草草收场。

创新故事9：
天鹅、狗鱼和虾

如何避免争执，集中集体智慧，统一思维方向，最大限度地提高解决问题的效率和质量呢？这就需要有一种方法，可以有效地引导大家在同一时间以同一种思维方式进行思考，并且根据需要可以快速、统一地转换到另一种思考方式。

一、认识平行思考

平行思考即平行思维，是爱德华·德·波诺博士提出来的，用于统一团队思维方向而避免对抗的思维方法。平行思维是一个广义的范畴，包含统一的思维方向，也包含将不同观点并列，当然也包含因时、因事、因需而变的思维模式的统一转换等。

微课：认识平行思考

（一）平行思考的含义

1．统一方向

所有参与者同一个时间都朝着同一个思维方向前进，合作地、平行地对问题进行思考。思考者关注的是思考的问题，而不是别人关于这个问题的想法。例如，我们在提出想法时，只是大家一起集思广益提出各种可能性，而不去评判可行性。

2．并列观点

平行思维的精髓在于从各种可能性中前进，而不是每时每刻都做出判断。在团队创新过程中，不同人因为看问题的层次、角度、思路、方式等不同，往往会采用对抗性的辩论形式，坚持己见，驳斥不同观点。平行思考则使用合作的"平行"的思维方式，在任何情况下人们都不会尝试去反对、挑战或者驳斥一个观点。人们的论述及观点都并列地排放在一起，一个紧挨着一个。

3．唯一任务

平行思考的方法是将整个思考的任务划分为不同的思考阶段，每个阶段只完成该阶段设定的唯一任务，即：在特定的时间只完成一件事。

4．同步转换

当一个阶段的思考任务完成后，所有参与者按要求同步转换到另一个思考方向上继续思考任务，如此转换直至完成。就像队列操一样，所有人按口令前进、转向或停止，协调一致才不会出现混乱（图2.2.1）。

平行思考的好处是：

第一，它可以让团队减少陷入自我误区的机会。会议过程指向性清晰，避免无意义的争论。

图2.2.1　平行思考

第二，达成共识。

第三，方案是经过推敲的、仔细评估后的结果。

第四，确定后的方案是大家共同工作的结果，所有人有执行的意愿。因此提高了会议质量。

（二）平行思考与水平思维

前文我们已经阐述了水平思维的含义：摆脱传统垂直思维的束缚，从多角度、多侧面去观察和思考同一件事。水平思维和平行思维同为爱德华·德·波诺提出，并常常把水平思维与平行思维混用。

水平思维是指区别于垂直的逻辑思维的横向维度的思维方式，它跳出传统思维"是什么"的思维方式而考虑"可能成为什么"，其本质是"发散"。平行思维侧重于协调团队、集体在同一时段内的思维方向，参与者的思维在统一指挥下按设定或既定的方向、次序共同前进。平行的方式强调"这一刻我们共同沿什么方向思考"，思考方式既有水平方向发散，也有垂直方向收敛。

（三）平行思考与思维激励

平行思考与思维激励存在某些共同的特点，但又具有明显的不同（图2.2.2）。

首先，平行思考与思维激励都是主要用于引导团队创新思维的方法，都强调参与者在特定思维阶段里思维方向的高度统一，都强调避免争议，在这样的过程

里让所有人都有参与感，感受到自身价值。例如：思维激励的"延迟评判"与平行思考的"并列观点"有异曲同工之妙。

其次，运用思维激励的头脑风暴法可以看作简单的、笼统的平行思考法：头脑风暴法的自由发言阶段可以认为是实施平行思维的六项思考帽的绿色思考帽和红色思考帽的混用，专家评判阶段可以认为是白色思考帽、黄色思考帽和黑色思考帽的混用。换言之，平行思考在实施时思维方向划分得更加细致。

再次，头脑风暴法的自由发言阶段和专家评判阶段通常由不同专家组成，即：与会者可能只参加两个阶段之一。实施平行思维的六项思考帽则是一种更全面的团队思维方法：所有与会者都共同参加包含水平思维方向和垂直思维方向在内的各个思维方向的平行思考。

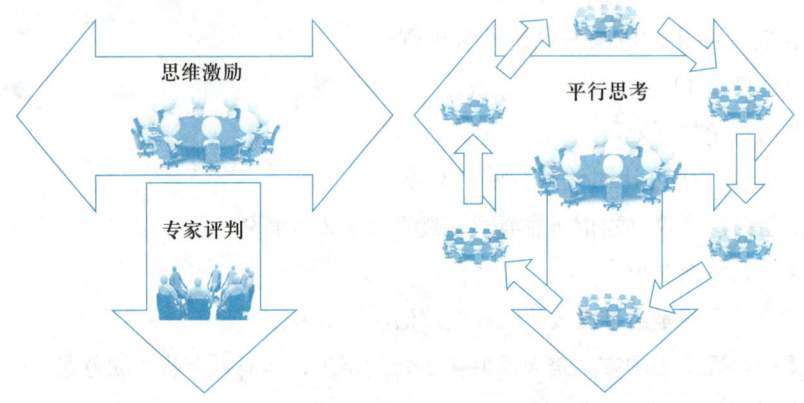

图 2.2.2　平行思考与思维激励

动画：平行思考与思维激励

二、六项思考帽

有人说："思考的最大敌人就是复杂，因为它会导致混乱。如果有非常简单明了的思考方式，思考就会变得富有乐趣和成果。"六项思考帽就是一种概念简单易懂、过程清晰明了、实施快捷方便、形式近乎游戏、结果成效显著的思维方法。

（一）平行思考的工具——六项思考帽

六项思考帽是爱德华·德·波诺博士开发的一个全面思考问题的模型。六项思考帽是平行思维工具，是创新思维工具，也是人际沟通的操作框架，更是提高团队智商的有效方法。它让我们有效避免了将时间浪费在互相争执上。它帮助我们的思维从以对错二分法为基础的辩论转换到对问题的探索，将混乱的思考变得更清晰，使每个人变得富有创造性。六项思考帽的目的是将思考的过程分解开，思考者便得以在单位时间内仅考虑一个方面的问题，而不是同时做很多事情。

六项思考帽是一个操作简单、经过反复验证的思维工具，可以提高团队成员的集思广益能力。它给人以热情、勇气和创造力，让每一次会议、每一次讨论、每一份报告、每一个决策都充满新意和生命力。这个工具能够帮助我们提出建设性的观点，聆听别人的观点，可以从不同角度思考同一个问题，从而创造高效能的解决方案。

【案例2.2.1】

风靡全球的六顶思考帽

爱德华·德·波诺的代表作《六顶思考帽》和《水平思考法》被译成37种语言，行销54个国家，在这些国家的企业界、教育界和政界得到了广泛的推广和肯定。应用六顶思考帽的成功案例不胜枚举：

1996年，欧洲最大的牛肉生产公司ABM公司由于疯牛病引起的恐慌一夜之间丧失了80%的收入。借助六顶思考帽，12个人用60分钟想出了30个降低成本的方法和35个营销创意，将它们用黄色帽子和黑色帽子归类，筛选掉无用的后还剩下25个创意。靠着这25个创意，ABM公司度过6个星期没有收入的艰难日子。

全球著名保险公司保德信长期运用六顶思考帽，其总部的地毯就是用彩色的六顶思考帽图案编织而成。Prudential保险公司运用波诺的思维方法把传统的人寿保险投保人死亡后支付保险金改革为投保人被确诊为绝症时即可拿到保险金。这种方法目前已经被许多国家的保险公司效仿，被认为是人寿保险业120年来最重要的发明。

六顶思考帽还曾经拯救了奥运会的命运。1984年洛杉矶奥运会的主办者就是运用了六顶思考帽的创新思维，使奥运会从烫手山芋变成了今天的炙手可热。2002年5月，爱德华·德·波诺曾应邀来华为北京奥运组委会官员做六顶思考帽培训，当时中国媒体曾为六顶思考帽的神奇而惊呼，并尊爱德华·德·波诺为"创新思维之父"。

挪威著名的石油集团Statoil，曾经遇到一个石油装配问题，每天都要耗费10万美元。引进六顶思考帽以后，这个问题在12分钟内就得到了解决，每天10万美元的耗费降低为零。

J.P.摩根国际投资银行用六顶思考帽思维方式减少了80%的会议时间，并且改变了整个欧洲的企业文化。

南非凯瑞白金矿每月有210次斗殴，这些从未上过学的矿工在上了一天波诺思维培训课后，冲突骤减为每月4次。

英国 Channel4 电视台说，通过接受培训，他们在两天内创造出新点子比过去6个月里想出的还要多。

英国政府为失业的年轻人进行了6小时的波诺思维培训，结果就业率增加了5倍。

ABB（芬兰最大的跨国集团）讨论一个国际项目往往要花费30天，但运用了六项思考帽以后，讨论时间仅仅只需两天。

使用帽子象征思维方向基于如下理由：

(1) 使平行思维实用、易记；
(2) "思维"和"帽子"之间有传统意义上的联系；
(3) 帽子象征着某种功能；
(4) 可以像换帽子一样轻易地转变思考类型；
(5) 平行地共同探讨所有的主题。

六项思考帽的方法通过以下三种方式运用平行思维：

(1) 除主持人（蓝色思考帽）外，小组里其他成员在特定时间需同时戴上同一种颜色的帽子，在一项指定的思考帽之下，每一个人都朝着同样的方向进行平行思考（图2.2.3）。思考者关注的是思考的问题，而不是别人关于这个问题的想法。

图2.2.3　同一时刻戴上同种颜色帽子

(2) 不同的观点，哪怕是完全对立的观点，都被平行地排列在一起。如果有必要，人们将在以后的某个时间再对它们进行讨论。

(3) 思考帽自身提供了观察事物的平行的方向。例如，在同时评估困难与评估利益的时候，黑色的思考帽和黄色的思考帽就是并列工具。它们之间的关系不是对立的。

对六项思考帽理解的最大误区就是仅仅把思维分成六个不同颜色，但其实对六项思考帽的应用关键在于使用者用何种方式去排列帽子的顺序，也就是组织思考的流程。只有掌握了如何编织思考的流程，才能说是真正掌握了六项思考帽的应用方法，不然往往会让人们感觉这个工具并不实用。而帽子顺序的编制仅通过读书是难以达到理想效果的。

（二）帽子颜色的含义

六顶思考帽用白、红、黑、黄、绿、蓝六顶不同颜色的帽子代替不同的思维模式（图 2.2.4），每顶帽子的颜色与它的职能和作用应该密切相关。

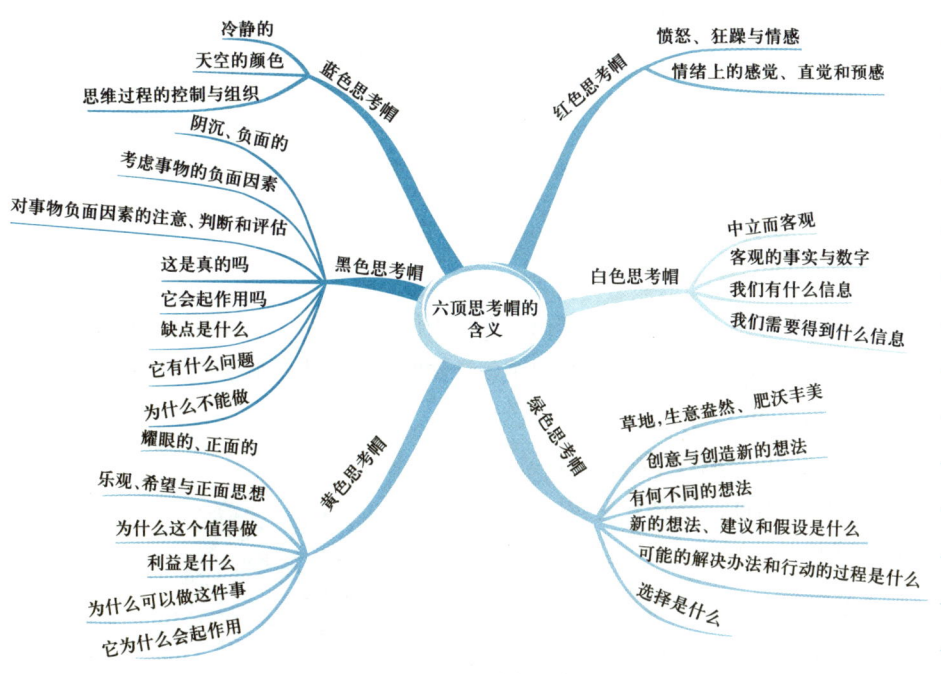

图 2.2.4　六顶思考帽的含义

1. 白色思考帽（白帽思维）

白色是中性的、客观的，事实和数字是白帽思维的关键。白帽思维就是要求人们尽可能地以客观的方式提供事实和数据的方法。就是集中所有人的智慧、知识，集中所有的资源，在尽可能低的成本的前提下收集所需要的数据和事实（图 2.2.5）。白色思考帽帮助人们把纯粹的信息与判断区分开来，它代表规则和方向，促使思考者客观中立地提供资料和事实。

图 2.2.5　白色思考帽

【案例 2.2.2—1】

公交车的座椅——白帽思维

大城市中公交车很拥挤。为此有人提出了一个有趣的问题:"把公交车上的座椅全部去掉会怎样?"

白帽思维:

1. 据调查,公交车拥挤情况出现在早、晚上下班时段和节假日期间。

2. 经测算,去掉座椅后,公交车面积增加××%。

3. 在拥挤时段,乘车老年人约占××%、中小学生约占××%,其余为成年人。

……

白帽思维中,态度起决定作用。如果人们要利用某个客观事实,提出某些特定观点,就加入了目的性,白帽思维就被歪曲了。因为我们要的是纯粹的客观事实,没有利己性和目的性。

2. 红色思考帽(红帽思维)

与白色相反,红色代表情绪和感觉,使人想到兴奋、喜欢、无所谓、反感、生气、发怒等各种感情。红帽提供感情方面的看法,戴上红色思考帽,人们可以表现自己的情绪,人们还可以表达直觉、感受、预感等方面的看法,是直觉思维

图 2.2.6　红色思考帽

(图 2.2.6)。直觉并非人人都能拥有,但如果使用红帽思维,直觉出现的可能性会更大。

情感、感觉、预感和直觉在思维过程中都是强烈而真实的,红帽思维就承认这一点。红帽确定了作为思维中重要部分的情绪和感觉的合理性。

红帽使感觉得以呈现,从而使它成为整个思维过程的一部分。戴上红帽就允许思考者这么说:"我感觉这件事是这样的。"

红帽允许思考者通过红帽观点进行询问,由此来探求其他人的感觉。

如果情绪和感觉被排斥于整个思维过程之外,那么它们就会隐藏起来并以一种潜在的形式影响整个思维活动。用红帽思维来思考从来不需要对这种感觉加以证明和解释,或为它们找一个逻辑基础。红帽会使你成为感情丰富的思考者,使

你对事物的情感反应不必通过一步一步地呆板推理而得到。

红帽包括两种类型的感觉。首先是人所共知的普通情感，从害怕、讨厌等强烈感情到诸如怀疑等微妙情感。其次就是掺杂在感觉中的复杂判断，如预感、直觉、知觉的体验，以及美感和其他不容易证明的感觉。权衡这种感觉的观点，也很适合于这种红帽。

所有颜色帽子中，红色思考帽应用时间最短，也不宜过长，表述出直观感觉即可。

【案例 2.2.2-2】

公交车的座椅——红帽思维

1. 可以乘坐更多的人。

2. 车变轻了能省油。

3. 只坐几站还可以，如果需要坐很远肯定会累，我想我是不会坐的。

4. 没了座位的公交车，老人和孩子乘坐肯定感到不便，还有残疾人或孕妇。

5. 万一来个急刹车。

……

3．绿色思考帽（绿帽思维）

绿色代表茵茵芳草，代表生机勃勃，代表富足和茁壮成长。绿帽表示创造性、想象力和新观念。

绿色思考帽特别地和新思想相关联，它也是观察新事物的新途径。绿帽思维力图摆脱旧想法，以便找出更好的新想

图 2.2.7　绿色思考帽

法。绿帽思维涉及事物的变化，是一种深思熟虑。它将其所有的努力都集中在这一方向上（图 2.2.7）。

在绿帽思维下，允许提出各种可能性，让人产生创造欲。

绿帽思维激发行动的指导思想，提出解释，预言结果和新的设计。使用绿色思维，可以寻找各种可供选择的方案以及新颖的念头。

【案例 2.2.2-3】

公交车的座椅——绿帽思维

1. 设计成可以在高峰期拥挤时快速方便移除的公交座椅。

2. 可以在两侧安装可收起的折叠座椅，既可以实现无座椅状态，又可以方便特殊人群。

3. 所有座椅都折叠在站位之下，公交车可智能识别有需要的人，自动弹出座椅。

……

4．黄色思考帽（黄帽思维）

黄色代表太阳和肯定。黄帽是乐观的，充满希望的。

用肯定的观点看问题是一种选择。通常，要发现一个问题的好处比发现其不足更困难。在黄色思考帽中，却有可能做出深入的洞察。一些看似没有前景的事物实际上往往具有以前没有发现的很高价值。由于它首先是一顶强调逻辑的帽子，所以在希望的背后，必须要有足够的理由来提供支持（图 2.2.8）。

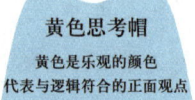

图 2.2.8　黄色思考帽

从态度上讲，黄帽子和黑帽子正好相反。黑帽子和否定评价相关，而黄帽子则是从肯定方面看问题。戴上黑色思考帽时，往往会关注事情的合理性；而戴上黄色思考帽时，更多关注的是事物的优点和好处。

这两顶帽子都要求符合逻辑，要求思考者为自己的判断提供理由和根据。如果无法提供某种理由来支持，说明你的观点属于红帽子，因为没有理由支撑的表达只能是一种感觉或者直觉。

黄色思考帽并不是做出全面的评估，而是仅仅找到那些有价值、有好处的地方。

黄帽思维需要思考者主动去选择，并非在看到建议中有价值的一面才开始采取积极的态度，而是从一开始就采取积极的态度去寻找价值。这要求思考者将积极态度作为思考的前提。

【案例2.2.2-4】

公交车的座椅——黄帽思维

1．可以有效缓解高峰期的拥挤状况。

2．可以减少高峰期线路上车辆的投放数量，节约成本，节能减排。

3．对于只乘坐1站或几站的短途乘客，去掉座椅并不会感到有什么不方便。

4．去掉座椅，公交车的自重减轻了，多运乘的人重量可能与座椅重量相抵，运力大了运营成本未增加，所以可以降低票价。

……

5．黑色思考帽（黑帽思维）

黑色代表忧郁和否定。黑帽思维总是带有逻辑和理性的。它消极而且缺乏情感，同样消极但富有情感是红帽子扮演的角色（它也具有积极的感情因素）。黑帽思维只看事物的阴暗面，但是它一定是具有理性的阴暗面。戴上红帽子你会没有来由地得到一种消极感觉，而黑帽子的理性特点却总会给你找到相关的理由。黑帽思维并不包括在红帽思维下提出的否定性纵容和否定性感觉（图2.2.9）。

图2.2.9　黑色思考帽

黑帽子并不关心问题的解决，它仅仅是指出问题。使用黑帽思维主要有两个目的：发现缺点；做出评价。

思考中有什么错误？

这件事可能的结果是什么？

黑帽思维有许多检查的功能，可以用它来检查证据、逻辑、可能性、影响、适用性和缺点。一旦某个想法提出来了，黑帽思维可以检查这个想法的可实行性。

这个想法合情合理吗？

这个想法会起作用吗？

这个想法中有什么利益吗？

它值得去做吗？

黑帽思维特别关心的是否定评价，黑帽思考者意在指出什么东西是谬误，什么东西是错误的和不正确的。它要指出某些事情是如何不符合我们的经验和我们已经具备的知识。黑帽思考者不仅要提出为什么有些事情不起作用,而且要指出风险和危机,在改进过程中黑帽思考者要指出缺点。肯定评价是留给黄帽的,在针对一个想法时,黄帽应该先于黑帽使用。

黑帽思维不是争辩而且永远不要这样看它。黑帽思维可以从未来的角度来规划一个设想,并由此来看该设想在什么地方容易出错。

【案例 2.2.2-5】

公交车的座椅——黑帽思维

1. 座椅本身也有保障安全的作用。拆除座椅,不符合公交客运安全要求。

2. 这样做实际上是忽视了老年人、残疾人等特殊人群的权益。

3. 现在大城市公交可以通过合理的网络布局规划、智能大数据实时调配、大力发展地铁交通,现在又出现了高架专用车道的空中公交,再加上错峰上下班等手段,这样多措并举,完全可以解决拥挤问题,没有必要搞无座椅公交车。

……

6. 蓝色思考帽(蓝帽思维)

蓝色是冷静的,因为它是天空的颜色。天空高高在上,如果你飞翔在天空,就可以俯瞰一切事物。戴上蓝色帽子就意味着超越于思考过程:你正在俯瞰整个思考过程。

蓝色帽子是对思考的思考,意味着对思考过程的控制、回顾和总结。蓝色帽子就像乐队的指挥一样,负责控制各种思考帽的使用顺序,规划和管理整个思考过程(图2.2.10)。戴上其他五顶帽子,我们都是对事物本身进行思考,但是戴上蓝色帽子,我们则是对思考进行思考。

图 2.2.10 蓝色思考帽

戴上蓝帽子,可以告诉自己或者别人,该戴其他五顶帽子中的哪一顶。蓝帽思维告诉我们该什么时候转换帽子。如果思维是一段正式的程序,那么蓝帽就是对这种约定的控制。

尽管爱德华·德·波诺是把蓝帽思维作为个人提出来的，但是对于这些蓝帽子的任务，每个成员都可能去执行它。实际上，一个蓝帽思考者可以要求每个人都戴上蓝帽子并执行其任务。如："我建议我们在这里暂停。我建议我们每个人都戴上蓝帽子，并且花几分钟时间，各自总结一下我们迄今为止都取得了什么样的成就。""让我们大家都轮一圈。戴上你的蓝帽子，并告诉我们应该到达什么地方。"

一般说来，任何会议的主持人都自动地发挥其蓝帽子的功能，维持会议的秩序，而且要保证会议议程得到贯彻。任命会议主持人以外的人作为一个蓝帽角色是可行的。然后，这个蓝帽思考者就将在主持人规定的范围内执行监督的任务。因为，往往会议主持人本身并不一定在监督思维方面特别熟练。

蓝帽思维在思维过程里或结束的时候，必须做出概要、纵览和结论。

蓝帽思维的一个重要作用就是打断争论，并要求争论者们使用某个特定的思考帽。

> **想一想**
> 在运用六项思考帽法时，可以借助哪些工具辅助思维的转换？

【案例 2.2.2-6】

公交车的座椅——蓝帽思维

1. 现在请大家戴上红色思考帽，用一两分钟的时间谈谈公交车去掉了全部座椅会怎样。

2. 现在让我们戴上黄色思考帽，思考一下去掉公交车座椅会带来什么样的好处。

3. 我建议大家现在都戴上绿色思考帽，围绕着去掉公交车座椅问题看看有什么好的想法和创意。

4. 现在有必要运用黑帽思维思考一下了。请大家戴上黑色思考帽，分析一下去掉公交座椅会带来什么样的结果。

5. 目前为止大家提出的观点和想法还缺乏事实和数据支持，让我们戴上白色思考帽，查找一下相关的事实和数据吧。

6. 我认为大家有必要再戴上黄色思考帽，进一步谈谈去掉公交车座椅的正面意义。

……

（三）六项思考帽的应用

思考帽有两种基本使用方法：一种是单独使用某顶思考帽来进行某个类型思考的方法。另一种是连续地使用思考帽来考察和解决一个问题。

1. 单独使用

就是在对话或讨论过程中，偶尔地、间或地使用某顶思考帽来引导思考方向。在单独使用时，思考帽就是特定思考方法的象征。

例如，开会时可能遇到需要新鲜看法的情形：

——我想我们在这里需要戴上绿色思考帽来思考一下，看看有什么更好的创意。

同样的会议中，过一会儿可能又有新的建议：

——这个问题我认为应该用黑帽思维来考虑一下，这样做会有什么问题。

思考帽可以这样人为转换正是其优点所在。没有思考帽，我们就无从有效引导大家的思维统一到同一方向，对思考方式的指向就是虚弱的、个人化的，比如我们只能说：

——我们这里需要一些创造性。

——不要如此消极。

2. 连续使用

六顶思考帽不仅定义了思维的不同类型，而且可以通过确定思考帽的使用序列定义思维的流程结构。我们可以在会议中根据需要随时选择不同思考帽进行连续使用，但这需要熟练的技巧。

微课：六顶思考帽

（1）使用规则。我们可以通过最初的蓝色思考帽思考，预先设定帽子的使用序列，在开会时按这个序列使用的过程不断推进。根据具体不同的情况，可作轻微的变动。设定序列时应注意：① 从蓝帽开始，以蓝帽结束，中间根据需要设定其他帽子的使用顺序；② 任意一顶思考帽都可以根据需要经常使用；③ 没有必要每一顶思考都要使用；④ 可以连续使用两顶、三顶、四顶或者更多的思考帽。

六顶思考帽法中的纪律

讨论组的成员必须遵循某一时刻指定的某一顶思考帽的思考方法。例如，任何一个成员都不允许随便说："这里我想戴上黑色思考帽思考"；"打断一下，这里我想用红色思考帽说一下我的感受"。这就意味着又回到了争论模式。只有小组的领导、主席或者主持人才能决定使用什么思考帽。思考帽不能用来描述你想说什么，而是用来指示思考的方向。维持这样的纪律非常重要。运用这样的方法一段时间以后，人们就会发现遵循特定的思考帽方法容易多了。

（2）使用序列。六顶思考帽的序列使用并没有一定的模式，凡在适合的情况下都可以使用。有的模式适于考察问题，有的适于解决问题，有的适于协调争论，有的适于得出结论等。

① 简单序列。以产品设计为例，可以在蓝帽思维的指挥下，重点运用白、绿思考帽确定初步方案，然后用黄、黑思考帽从正反两个方面进行快速评价，而后根据评价结果，运用相应的思考帽对方案进行改进，并进行设计（图2.2.11）。

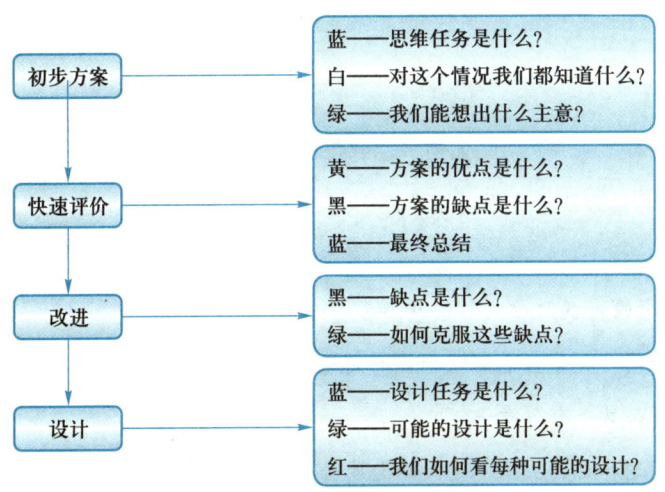

图 2.2.11　六项思考帽简单应用序列

② 一般序列。在设计六项思考帽应用帽序时，初始序列一般从提出问题、分析问题的角度来设计帽序；中间序列一般从提出新方案及分析新方案的角度来设计帽序；结尾序列一般从总结、评价会议成果的角度来设计帽序（表2.2.1）。

表 2.2.1　六项思考帽一般应用序列

过程	关注点	思考帽
初始序列	我们该如何解决这个问题？	蓝帽
	你怎么看这个问题？	红帽
	我们有什么信息？	白帽
	让我先看这个观点对我们有利的地方	黄帽
中间序列	替代方案是什么？	绿帽
	让我们看看价值吧！	黄帽
	有什么缺点吗？	黑帽
	与我们所知道的信息是不是相符？	白帽

续表

过程	关注点	思考帽
结尾序列	总结一下我们的思考。	蓝帽
	这能做到吗？	黑帽
	我们该如何处理这个方案？	绿帽
	我们现在觉得如何？	红帽

【案例2.2.3】

如何提高跨部门沟通效率

思考工具：六项思考帽的帽子序列为白帽、绿帽、红帽、黄帽、黑帽、绿帽、蓝帽。

白色思考帽：提取收集的信息。

1．各部门更关注自己部门相关的问题。

2．沟通时缺乏合作意识。

3．当问题和自己关系不大时参与度会降低。

4．本部门不了解其他部门工作的需求。

5．各部门专业领域存在差异性。

绿色思考帽：针对白帽提出解决方案。

1．各部门之间定期总结近期信息交换时的问题。

2．各部门之间提出相互协作时对彼此的需求。

3．鼓励员工向其他部门提出工作建议。

4．建立部门间信息共享平台。

5．举办团队合作活动。

红色思考帽（投票选择）：

1．各部门之间定期总结近期信息交换时的问题。

2．建立部门间信息共享平台。

3．组织运动、团队建设。

黄色思考帽（价值所在）：

1．提高沟通中信息的对称性原则。

2．便于及时获得最新信息。

3. 换位思考其他部门工作需求。

4. 增加了合作的信任度和彼此的理解。

黑色思考帽（可能存在的问题）：

1. 跨部门工作时间难协调。

2. 信息共享平台会增加公司支出。

绿色思考帽（解决方案）：

1. 各部门商讨确定共同时间。

2. 各部门自己提交本部门信息到共享平台。

蓝色思考帽（行动方案）：

在各部门相关领导的支持下，实施定期专业内容分享，组织团队建设活动，随时反馈意见。

技法训练

训练一：看 图 讨 论

1. 训练目的

理解平行思维的内涵。

2. 训练内容

以小组为单位，从平行思维的角度讨论下图中六项思考帽的使用方式，并将讨论结果整理成课堂讨论报告。

训练二：思考帽的应用

1．训练目的

理解并掌握六顶思考帽的使用流程。

2．训练步骤

（1）确定一个主题，如统一南、北方学校的寒暑假时间会怎样？

（2）以小组为单位，采用抽签等方式，随机选取一种颜色思考帽，按其代表的思维模式发言。

（3）用蓝色思考帽进行总结。

3．训练方法

不能选择蓝帽，每顶思考帽发言时间可控制在1～2分钟，然后抽取其他思考帽发言，直至所有帽子都用到。

训练三：蓝帽思维训练——规划议程

1．训练目的

掌握六顶思考帽连续使用时帽序的设计技巧。

2．训练步骤

（1）确定一个会议主题，如：讨论学校科技文化节标徽设计方案。

（2）个人独立规划一个帽子序列，并确定每一步骤的时间。

（3）小组交流：每个人简要陈述并说明自己的规划。

（4）每个小组选出一个最好的规划，补充完善，参加组间交流。

3．训练方法

思考帽连续使用时，从蓝帽开始，以蓝帽结束，中间根据需要设定其他帽子的使用顺序。

六顶思考帽应用卡

主题		组别	
与会人		记录人	
使用过程	关注点		思考帽
初始序列			
中间序列			
结尾序列			
组间讨论			

妙思偶得

技法二　平行思考——六顶思考帽

技法延伸

技法拓读2：对爱德华·德·波诺博士的访谈

课后作业：如何在探究式学习中应用六顶思考帽

1. 训练目的

平行思考技能提升训练。

2. 内容步骤

（1）小组预先制定思考帽的应用序列。

（2）记录讨论过程。

（3）撰写报告（800～1 500字）：包括帽子序列、过程简述、结论。

技法三
质疑思考——5W2H法

技法导图

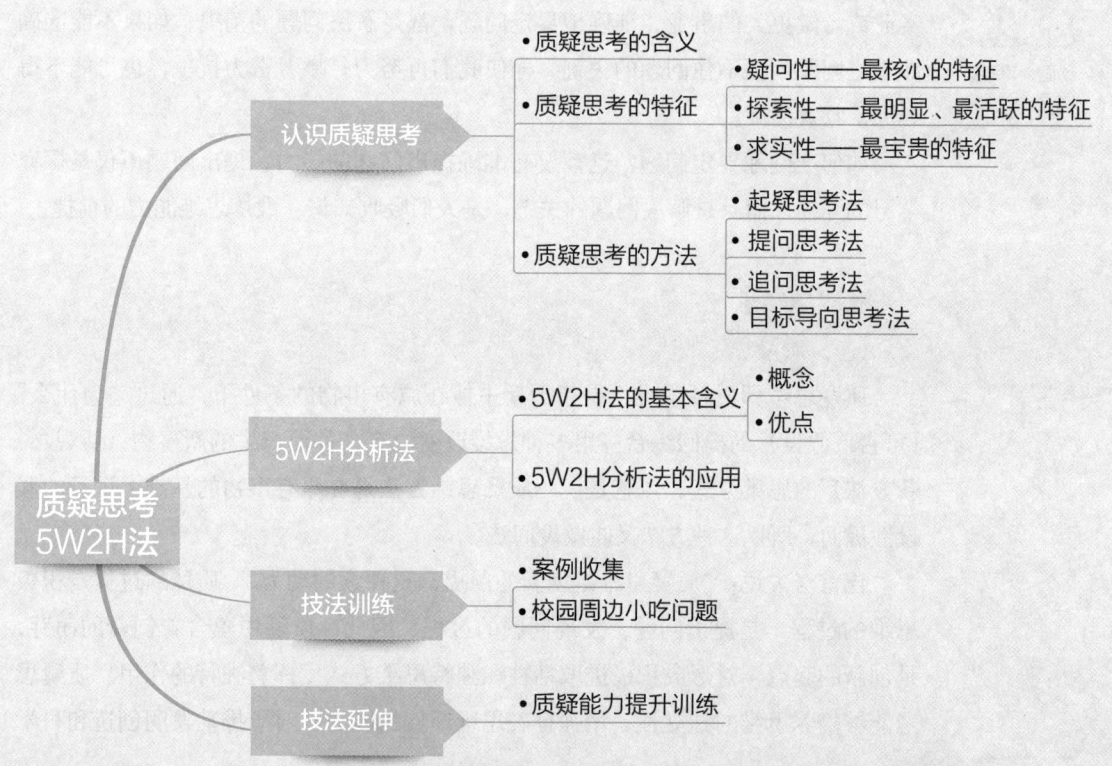

技法目标

1. 知识目标：理解疑问是创新的前提，是探索的动力；领会质疑的本质内涵；学会 5W2H 提问的基本方法。

2. 技能目标：掌握应用 5W2H 分析法的步骤；提高发现问题、提出问题的能力和技巧；学会正确地提出问题，提出正确的问题。

3. 体验目标：感受通过丰富的想象巧妙提出问题的过程，培养"疑问"意识。

技法内容

创新故事 10：螃蟹壳是软的

动画：幸存者偏差

质疑是创新的重要能力之一。古希腊学者亚里士多德说过："思维是从疑问和惊奇开始的。"爱因斯坦也曾说："提出一个问题往往比解决一个问题更为重要，因为解决一个问题也许只是一个数学上或实验上的技巧问题。而提出新的问题、新的可能性，从新的角度看旧问题，却需要创造性的想象力，而且标志着科学的真正进步。""如果给我 1 个小时解答一道决定我生死的问题，我会花 55 分钟来弄清楚这道题到底是在问什么。一旦清楚了它到底在问什么，剩下的 5 分钟足够回答这个问题。"分析问题的根本原因是减少盲目性。将一个问题准确地界定，就等于解决了问题的一半。不管是解决工作中的问题，还是发明创造、经营实业或者做更大的事业，准确地界定问题，都是解决问题的前提。如果不能准确地界定问题，抓不住问题的关键，即使我们再努力打拼、奋力抗争，也可能不得要领，收效甚微。

如何准确地界定问题？这需要有准确提出问题的能力。提出问题不仅是探究学习的开端，而且是解决问题的关键，是人们吸收知识、锻炼思维能力的前提。

一、认识质疑思考

（一）质疑思考的含义

质疑思考即质疑思维，是指创新主体在原有事物的条件下，通过"为什么"（可否或假设）的提问综合应用多种思维改变原有条件而产生的新事物（新观念、新方法）的思维方式。也就是说，质疑思维方法是在原有事物的基础上进行的假设性提问，所以这种方法又叫做设问法。

巴甫洛夫说："质疑思维是创新的前提，是探索的动力。"质疑的过程是积极思维的过程，是提出问题、发现问题的过程，因此，质疑中蕴含着创新的萌芽，是创新的起点，对形成积极进取精神和独特思维方式发挥着独特的作用。质疑思考能够培养思维的独立性，增强打破思维惯性的能力，对于推动发明创造和科学发展起着重要作用。

什么是问题？

对事物产生疑问、要求回答或需要解释的题目。从对象看，自己懂、知，而别人不懂、不知的是问题（别人不懂）；自己不懂、不理解、有不同看法的也是问题（自己不懂）。从内容看，问题包括对书本里、生活中、社会上等一切领域事物的提问和质疑。

【案例2.3.1】

爱迪生发明治痛风药

爱迪生一生发明的东西有1 600多种。如果没有爱迪生的发明，人类的文明史至少要往后推迟200年。

爱迪生会对常人熟视无睹的问题提出许多"为什么"。有一天，他在路上遇到一位朋友，看见他手指关节肿了。

爱迪生："为什么会肿呢？"

朋友："我不知道确切的原因是什么。"

爱迪生："为什么你不知道呢？医生知道吗？"

朋友："唉！去了很多医院，每个医生的说法都不一样，不过多半医生认为是痛风症。"

爱迪生："什么是痛风症呢？"

朋友："他们告诉我是尿酸淤积在骨节里。"

爱迪生："既然如此，医生为什么不从你骨节里取出尿酸呢？"

朋友："医生不知道如何取法。"

爱迪生："为什么他们不知道如何取法呢？"

朋友："医生说，因为尿酸是不能溶解的。"

爱迪生："我不相信。"

爱迪生回到实验室里，立刻开始做尿酸到底是否能溶解的实验。他排好一列试管，每只管里都放入1/3不同的化学试剂。每种试剂中都放入几颗尿酸结晶颗

粒。几天之后，他看见有两处液体中的尿酸已经溶化了。于是，这位大发明家就有了新的发明，这个发明也很快得到实验应用，现在这两种液体中的一种普遍应用于医治痛风症。

【案例2.3.2】

拍立得的诞生

第二次世界大战期间，有一个美国人埃德文·H.兰德正在给他的小女儿拍照，小女儿问父亲它们为什么必须等很长时间才能看到照片。女儿直率的问题让他开始认真考虑：顾客希望买到商品后立刻就能用，那么照相机为什么就不一样呢？能否在一个很小的封闭空间内用几秒钟洗出相片，而不必在专业的暗房里花费数小时时间呢？1948年11月26日，第一架60秒拍立得照相机在波士顿上市销售（图2.3.1）。

图2.3.1 拍立得照相机

陶行知说过："创造始于问题，有了问题才会思考，有了思考才有解决问题的方法，才有找到独立思路的可能。"

（二）质疑思考的特征

1．疑问性——最核心的特征

【案例2.3.3】

润滑油的发明

润滑油具有润滑、冷却、防锈等诸多作用，在现代工业中已经占据举足轻重的地位。那么，润滑油是怎样发明的呢？

发明润滑油的瑞利是一位杰出的科学家，在光学、声学、电磁学、电力学、水力学、摄影学等许多领域都取得了举世公认的成就。一天瑞利的家来了几位客人。瑞利的母亲亲自动手沏茶，并很讲究地把小茶碗放在精制的小碟子上，端到客人面前。

年轻的瑞利始终坐在一边。他看到，母亲每次端茶时，一开始茶碗在碟子里很容易滑动，但当洒一点热茶在碟子里后，即使母亲的手摇晃得更厉害，碟子倾斜得更明显，茶碗却像粘在碟子上一样，一动不动了。这是什么原因呢？为了弄清原因，瑞利用碟子和茶碗做实验，发现沾水确实不易滑动。经过不断试验、记录、分析，他对茶碗和碟子之间的滑动做出了这样的结论：茶碗和碟子看上去光洁、干净，实际上表面总留有指头和抹布上的油腻，使茶碗和碟子之间的摩擦系数变小，容易滑动。当洒了热茶后，油腻被溶解了，碗碟也就变得不容易滑动了。

在这个基础上，他又研究了油和固体之间的摩擦。他指出，油对固体之间的摩擦力的大小有很大的影响，利用油的润滑作用，可以减小摩擦力。后来人们就根据瑞利的发现，把润滑油应用到生产和生活中了。现在从尖端科学实验到大型机器设备，从现代化生产到日常生活，几乎都要用到润滑油，甚至连小孩都知道润滑油的作用，这不能不感谢瑞利做出的贡献。瑞利从母亲手中的碗碟之间开始对物理学的研究，后来成为著名的物理学家，并于1904年获得了诺贝尔物理学奖。

2．探索性——最明显、最活跃的特征

【案例2.3.4】

优秀的学生

西方哲学史上有个著名的故事。哲学家罗素问穆尔："谁是你最优秀的学生？"当时，剑桥大学公认的优秀学生是穆尔的学生维特根斯坦。穆尔毫不犹豫地说是维特根斯坦。"为什么？"罗素问道。"因为维特根斯坦在听我课的时候总是有一大堆问题，总是喜欢探究各种各样的问题。"后来，维特根斯坦果然在哲学上取得了很大的成就，甚至超过了罗素。有人问维特根斯坦："罗素为什么落伍了？"维特根斯坦回答："因为他没有问题了。"

微课：认识质疑思考

3．求实性——最宝贵的特征

【案例2.3.5】

浴缸漩涡的奥秘

美国科学家谢皮罗教授在洗澡时发现一个有趣的问题：每次放掉洗澡水时，水的漩涡总是向左旋转，也就是逆时针方向旋转。这是为什么呢？谢皮罗百思不得其解。

妙思偶得

为了弄清这一现象背后潜藏着的科学奥秘，谢皮罗教授开始了实验操作。他设计了一个底部有漏孔的碟形容器，先用塞子堵上，往容器中灌满水，然后重复演示这一水流现象。

谢皮罗注意到，每当拔掉碟底的塞子时，容器中的水总是形成逆时针旋转的漩涡。这证明：放洗澡水时，漩涡逆时针旋转并非偶然现象，而是一种有规律的自然现象。

经过长期不懈的实验探索，谢皮罗终于揭开了水流漩涡逆时针旋转的秘密。他发表论文指出：水流的漩涡方向是一种物理现象，与地球自转有关，如果地球停止自转的话，拔掉澡盆的塞子，水流不会产生漩涡，由于人类生存的地球不停地自西向东旋转，而美国处于北半球，地球自转产生的方向力使得该地的洗澡水逆时针旋转。谢皮罗还指出：北半球的台风都是逆时针旋转的，其原因与洗澡水的漩涡旋转一样。他由此推断：如果在地球的南半球，情况则恰好相反，洗澡水将按顺时针方向形成漩涡，而在地球赤道则不会形成漩涡（图2.3.2）！

图2.3.2 漩涡的秘密

谢皮罗的论文发表后，引起各国科学家的极大兴趣，他们纷纷在各地进行实验，结果证实：谢皮罗的结论完全正确！

（三）质疑思考的方法

1．起疑思考法

就是采用"为什么＋"模式，将普通句转换为疑问句，以此为起点探究事物的起因和本质属性的思维过程。如"糖是甜的"，转换为"为什么糖是甜的？"

【案例2.3.6】

远隔重洋的蚯蚓亲戚

在60多年前，一位名叫密卡尔逊的生物学家，发现美国东海岸和欧洲西海岸同纬度的地区都有一种蚯蚓，而美国西海岸却没有这种蚯蚓。这是为什么？这个疑问，引起了当时正在研究大陆和海岸起源问题的德国地质学家魏格纳的注意。

魏格纳认为，小小的蚯蚓活动能力有限，无法跨越大洋，它的这种分布情况正好说明欧洲大陆和美洲大陆本来是连在一起的，后来裂开分成了两个洲。他把蚯蚓的地理分布作为例证之一写进了他的名著《大陆和海洋的起源》一书。

2. 提问思考法

提问思考法又称设问思考法，就是在思考、发现和处理问题时，通过对现在、过去的事情提出疑问来寻求准确的答案、观念、理论的一种思维方式。

【案例 2.3.7】

会长大的鞋

给正在长大的孩子买鞋是一件让家长非常头疼的事。孩子的脚在不停地长大，而鞋却不会长。鞋子没穿多久就小了，买鞋的速度怎么也赶不上小孩脚丫长大的速度。所以，父母总是喜欢给孩子买大一号的鞋，以便让他们能多穿些日子。但孩子们穿着并不合脚的鞋子走路，就会不由自主地改变走路姿势，从而引发足部的发育问题。能不能让孩子的鞋随着孩子的脚一起长大呢？

德国的一项发明让这个问题迎刃而解。近日，德国科学家米勒的研究小组发明了一种"会长大"的鞋子。这种鞋可以随着孩子脚的长大，慢慢延伸，最多增加两厘米的鞋长，从而解决了孩子长得快、买鞋难的问题。

3. 追问思考法

就是由第一个"为什么"所引出的问题，再提问并一直追问下去，直到找出其产生问题的根源，以解决问题的思维过程。

【案例 2.3.8】

为什么的为什么

第二次世界大战后，日本丰田公司曾陷入非常危险的境地，年汽车销量下降到了区区 3 275 辆。一天，一台机器不转动了。

董事长问："为什么机器停了？"

答："因为超负荷，保险丝断了。"

问："为什么超负荷了呢？"

答："因为轴承部分的润滑不够。"

问:"为什么润滑不够?"

答:"因为润滑泵吸不上油来。"

问:"为什么吸不上油来呢?"

答:"因为油泵轴磨损,松动了。"

问:"为什么磨损了呢?"

答:"因为没有安装过滤器,混进了铁屑。"

反复追问上述几个"为什么"就会发现需要安装过滤器。而如果"为什么"没有问到底,换上保险丝或者换上油泵轴就了事,那么,以后就会再次发生同样的故障。

【案例2.3.9】

五个为什么

亚马逊引入了由丰田公司创立的"五个为什么"发问程序,也就是说,遇到一个问题,追问五次"为什么"。

有一次,贝佐斯和管理团队在亚马逊运营中心视察,听说中心发生了一起安全事故,一名同事在传送带上弄伤了手指。贝佐斯就走到白板前,问了五个问题,来调查事故的根本原因。

问题一:为什么同事弄伤了手指?

回答:因为他的大拇指被传送带卡住了。

问题二:为什么他的大拇指被传送带卡住了?

回答:因为他的包在传送带上,他在追他的包。

问题三:为什么他的包在传送带上?他又为什么要追他的包?

回答:因为他把包放在了传送带上,然后传送带意外开始运作。

问题四:为什么他会把包放在了传送带上?

回答:因为他把传送带当成了放包的桌子。

问题五:为什么他会把传送带当成放包的桌子?

回答:因为他工作的地方附近没有桌子可以放包和其他私人物品。

问完五个为什么,就发现事故根本原因是这名同事需要找个地方放置他的包,但是他工作的地方附近没有桌子可供放包,于是只能放在传送带上。为了避免此类安全事故再次发生,团队在合适的工作地点放置了可移动的桌子。

4．目标导向思考法

就是通过模糊性的"为什么"围绕着目标而产生的独特、新颖、有价值和高效的创新方法，达到目标的思维过程。

【案例 2.3.10】

不掉面包屑的面包烤箱

某公司在召集单位职工讨论开发面包烤箱时，请了一位老年清洁女工。她提出要是能生产一种带捕鼠器的烤箱就好了。该老年清洁工的意见引起哄堂大笑。但是董事长并没有把这种听起来离奇的发言置之不理，而是让老太太说明为什么。老太太说因为烤面包时总是留下不少面包屑，招来老鼠。根据老太太的提案，公司开发出了不掉面包屑的面包烤箱，没有面包屑也就不能引来老鼠了。

质疑思考还可以通过很多方式实施，如联系实际引发质疑、逻辑推理产生怀疑、追求因果进行质疑、类比联想进行质疑、逆向思考提出质疑、变换条件进行质疑等。

二、5W2H 分析法

（一）5W2W 法的基本含义

提出疑问对于发现问题和解决问题是极其重要的。创造力高的人，都具有善于提问题的能力。提问题的技巧高，可以发挥人的想象力。相反，有些问题提出来，反而挫伤了我们的想象力。

1．概念

5W2H 分析法又叫七何分析法，可以广泛用于改进工作、改善管理、技术开发、价值分析等方面。它用五个以 W 开头的英语单词和两个以 H 开头的英语单词进行设问，发现解决问题的线索，寻找发明思路，进行设计构思，从而创造新的发明项目。

5W2H 法是从客体的本质（What）、主体的本质（Who）、物质运动的基本形式：时间和空间（When、Where）、事情发生的原因（Why）与程度（How、How much）这几个角度来提问，从而形成创造方案的方法。其基本内容如图 2.3.3 所示。

W 和 H 都是英文的第一个字母。

5W 包括：

What（做什么）？即明确所要进行的活动的内容和要求；

微课：5W2H 思考法

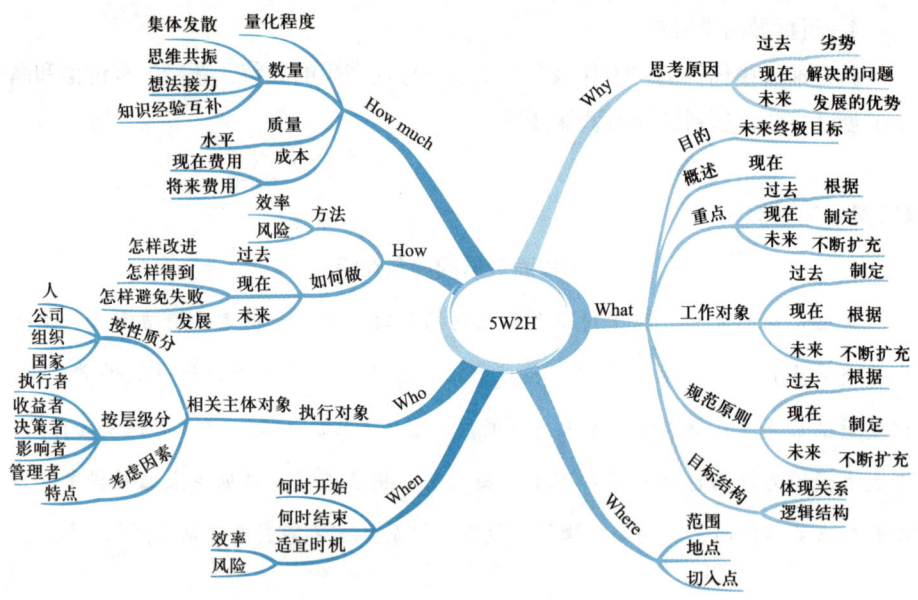

图 2.3.3 5W2H 思维导图

Why（为什么做）？活动的原因和目的；
Who（谁去做）？活动的具体执行者；
Where（在什么地方做）？活动的执行地点；
When（在什么时间做）？规定活动的执行时间。
2H 包括：
How（怎样做）？活动的执行手段和安排。
How much（花多少成本去做、要完成多少数量、利润多少）？

2．优点

这 7 问概括得比较全面，实际上把要做的事情和可能遇到的问题基本都包括进去了。5W2H 法是一种重要的计划内容，也是一种重要的策划思维方法，它指导我们把事情做对，进而把事情做好。

（1）可以准确界定、清晰表述问题，提高工作效率。

（2）有效掌控事件的本质，完全抓住了事件的主骨架，把事件打回原形思考。

（3）简单、方便，易于理解、使用，富有启发意义。

（4）有助于思路的条理化，杜绝盲目性。有助于全面思考问题，从而避免在流程设计中遗漏项目。

（二）5W2H 分析法的应用

5W2H 给我们提供了启发思维、质疑思考、提出疑问、分析问题、完善任务、防止遗漏的简捷方法。在实际应用中，可以根据不同问题、不同任务需求灵活设计提问的方式、内容或顺序。

1．操作要领

要抓住事物的主要特征，视不同的具体问题性质，设置不同内容的设问检查。

2．5W2H 应用步骤

第一步：对某一种现行事物或产品，从七个角度检查提问。为使内容简洁明晰，可把序号、提问项目、提问内容、情况原因和创新方案等栏目列成表格，将七个设问逐一填写。

第二步：对七个方面提问逐一审核：将发现的疑点、难点一一列出。

第三步：讨论分析，寻找改进措施。这七个设问彼此联系、相辅相成，应根据原因综合考虑，抓住主要矛盾，提出新的创新方案。

【案例 2.3.11】

用户购买行为分析

表 2.3.1 从产品供应角度列出了 5W2H 用户行为分析过程。

表 2.3.1　用户购买行为 5W2H 分析表

W/H	问题
Who	谁是我们的用户？用户有何特点？
Why	用户购买的目的是什么？产品在哪方面吸引用户？
What	公司提供什么产品或服务？与用户需要是否一致？
When	何时购买？多久再次购买？
Where	用户在哪里购买？用户在各个地区的构成怎样？
How	用户通过什么方式（渠道）购买？用什么支付方式？
How much	用户购买花费的时间、交通等成本是多少？

当然，这个例子并不代表用户购买行为只是如此。实际上，购买行为也是一种表现复杂的行为，与产品类别相关，与购买人的属性相关（如年龄），要做到具体问题具体分析。

【案例 2.3.12】

突发事件分析

对于一起突发事件、事故或其他特殊情况，用 5W2H 分析法可以如表 2.3.2 这样展开分析。

表 2.3.2　突发事件 5W2H 分析表

W/H	问题
What	发生了什么事？是属于常见事故、偶然事故，还是危机？或者仅仅是误会？
When	事件是什么时间开始的？什么时间发现的？什么时间结束？
Where	事件在哪个或哪些地点发生？
Who	谁是责任人、发现人和其他相关人？
Why	为什么会发生这样的事？事故或危机的直接原因和深层原因是什么？
How	接着会怎样？我们怎么办？
How much	损失多少？

【案例 2.3.13】

网站广告投放分析

表 2.3.3 列出了应用 5W2H 分析广告投放的一般分析方法。

表 2.3.3　广告投放 5W2H 分析表

W/H	分析内容	涉及操作
Who	投放给"谁"看？	人群定向设置、访客找回设置
Where	投放给"在哪儿"的人看？	地域定向设置
When	在"什么时间"投放广告？	时段定向设置
Why	广告投放在"哪些网站"？	黑白名单设置
What	用"什么"浏览器、平台等进行广告投放？	浏览器定向设置、平台位置定向设置等
How	"用怎样的素材类型"进行广告投放？	终端平台选择、创意类型选择
How much	"花多少钱"进行广告投放？	最高出价设置、竞价算法设置

综上所述，只要抓住事物存在的基本方面和制约条件来分析问题，往往会一下子抓住缺陷及背后隐藏的原因，从而使解决问题的范围得以确定或使问题迎刃而解。

5W2H法是抓住主要矛盾，从总体上把握，进行分析思考的创新思维方法，其实用性强，效果显著。在运用时，每个问题往往还需要分解成许多更小的问题，再逐一回答，才可使方案设想日臻完美。

想一想
为什么现在我们缺少了儿时刨根问底的精神？

技法训练

训练一：案例收集

1．训练目的
理解质疑思考，寻找可供学习、借鉴、模仿的榜样。

2．训练步骤
以小组为单位，尽可能多地收集质疑思考案例，并按类别填入下表。

3．训练方法
可以每天抽出十分钟左右进行此练习。

质疑方法	案例
起疑思考	
提问思考	
追问思考	
目标导向思考	

训练二：校园周边小吃问题

1. 训练目的

借助 5W2H 法，创造性地分析解决问题。

2. 训练步骤

校园周边总是会有很多小吃摊点，食品卫生和安全都得不到保障，有关部门屡禁不止。请应用 5W2H 分析法对这一问题进行分析，并提出解决方案。

W/H	问题	内容
What		
When		
Where		
Who		
Why		
How		
How much		
解决办法		

技法延伸

课后作业

1. 训练目的

质疑能力提升训练。

2. 训练步骤

(1) 以小组为单位，随机选定一个题目。

(2) 以 5W2H 分析法为基础，尽可能提出各种疑问，并记录。

(3) 针对问题尝试给出解题方案。

(4) 与其他小组交流讨论，进行方案评价。

(5) 撰写案例分析报告。（不少于 800 字）

技法拓读 3：
因果分析

技法四

系统思考——九屏幕法

技法导图

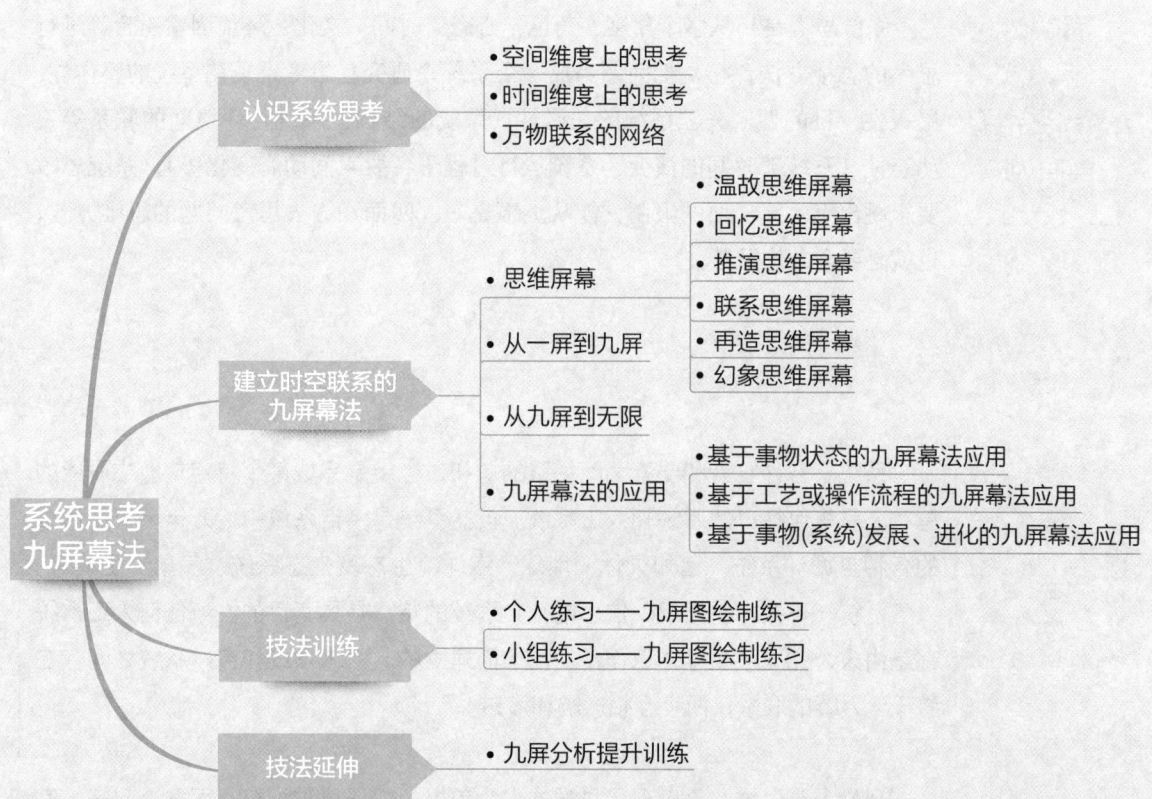

妙思偶得

技法目标

1. 知识目标：理解系统思考的内涵，了解九屏幕法的基本内容及应用原理。
2. 技能目标：掌握应用九屏幕法分析问题的基本技巧。
3. 体验目标：在头脑中初步建立对事物在空间和时间维度上的立体认知模式。

技法内容

创新故事11：盲人摸象

现实生活中，由于知识、阅历、经验等的限制，我们在看待一些事物，或是思考问题时，也难免会缺乏全面认识，出现"以点代面""以偏概全"的现象。

要想建立对事物比较全面的认识，就应该从多个维度进行了解、观察和思考，不但要认识事物的内外关系、空间构成，还要认识其不同阶段的发展变化。

一、认识系统思考

微课：认识系统思考

系统思考是指从多个角度、角色、心态、时间、文化、环境因素组合等进行思考的思维方法。它是把问题当成一个系统来研究、思考，关注系统的整体性、层级性、目的性，关注系统的关联性（系统的结构、系统与环境间的联系等）、动态性（系统随时间的演变、系统运行过程中各要素间动态变化等）。系统思考要求跳出点、线、面的限制，能从上下左右、四面八方去思考问题的思维方式，也就是要全方位思考。

> 萃智贴士
>
> 系　统
>
> 系统是各种要素和要素之间关系的总和，也就是完成某个特定功能或职能的总和。系统包括自然系统和人工系统。自然系统是宇宙系统中亿万年来天然形成的各种自循环系统，诸如天体、地球、海洋、生态及生态系统、气象、生物等。人工系统——技术、组织、信息或社会系统的特点是具有目的性：任何人工系统都是由人为完成某项具体工作（功能）而建立的。人工系统和自然系统之间存在着千丝万缕的联系，两者互相影响和渗透。

现代人类思维，是以现代科学技术为前提、辩证思维为核心而发展起来、完善化了的立体思维。19世纪科学上的三大发现（细胞说、能量守恒定律和达尔文进化论），标志着人类历史即将进入从事物的整体联系和发生、发展过程系统考察物质世界的思维时代，而信息论、系统论、控制论等现代方法的出现，则是这一时代真正到来的标志。

（一）空间维度上的思考

世界上的万物都在一定的空间存在。多元思考首先要充分考虑事物存在的空间，从而跳出事物的本身，用更高的角度去观察、思考问题。空间上的思考可以让我们从事物的本来面目出发，明晰其外在全貌、环境因素，以及内在多级本质或全部规定性，因而可以极大地克服思想上的片面性。

一方面，在空间维度上要认清事物自身的内在构成、逻辑关系、角色分工等；另一方面，要认识事物与事物、事物与环境的关系，力求建立事物在空间上的全面认知，从而有效避免孤立地看待问题。

（二）时间维度上的思考

时间维度上的思考可以让我们以动态的眼光准确把握事物演变、进化的脉络，从而有效地避免静止地看待问题。世界上的事物都是在一定的时间中存在，表现为一个发生、发展、变化的过程。从时间维度去思考，往往可以使我们作今昔的对比，发现规律，从而展望未来，具有超前意识。

在时间维度观察思考时，进化的观点具有重要指导意义。例如，达尔文的进化论提出了生命的演化和生物物种间的关系，是当代生物学的核心思想之一（图 2.4.1）；TRIZ（发明问题解决理论）揭示了人工（技术）系统进化的规律，使我们在思考创新问题或发明创造过程中能够统揽全局，准确有效地预测系统发展的未来。

达尔文生物系统进化论

人的进化

阿奇舒勒技术系统进化论

铅笔的进化

图 2.4.1 进化论

（三）万物联系的网络

大千世界，我们只做单一事物的时空思考显然是不够的。世间万物都不是孤立存在的，它们相互组成一定的联系。我们在事物间千丝万缕的联系的网络中去思考问题，就容易找出事物的本质，从而拓宽创新之路。

图 2.4.2　隐性联系

事物之间的联系有的是显性的，容易发现的，而更多是隐性的，不容易被发现的（图 2.4.2）。一旦我们发现了事物的隐性联系，就很有可能诱发灵感，获得新的想法，产生新的方案。

二、建立时空联系的九屏幕法

如何应用系统思考的方法快速建立对事物全面的认识呢？我们来学习一种优秀的思维引导工具——九屏幕法。九屏幕法能够帮助我们从结构、时间，以及因果关系等多维度对问题进行全面、系统的分析，即该方法对事物进行系统的思考，不仅考虑当前，还要考虑过去和未来；不仅考虑系统本身，还要考虑系统内部及相关的其他系统，从而系统地、动态地、联系地看待事物。

微课：如何建立九屏图

（一）思维屏幕

我们在思考问题时，会在头脑中建立一幅幅的图画，或是回忆某件事情时，总是会在头脑中闪现当时的一些场景，这种画图画、过电影般的思维方式，实质就是我们右脑形象思维的方式。在这里我们称之为思维屏幕。建立思维屏幕是实现思维形象化的重要方式。

1. 温故思维屏幕

学习过程中，在思维屏幕中有意识地、反复地、形象地以再现方式强化记忆。

2. 回忆思维屏幕

在头脑中重现过去经历事情的场景、过程。例如，某件东西找不到了，我们通常会从最后见到这件东西时开始，一幕一幕地回想，以便想起放在哪里或在什么时候、什么情况下不见的。

3. 推演思维屏幕

根据事物的已知条件、逻辑关系、演化规律等，推演事物发展过程及未来，整个过程通过思维屏幕方式呈现。

4．联系思维屏幕

通过思维屏幕形象地呈现事物之间的联系，或呈现建立联系的过程。

5．再造思维屏幕

运用头脑中思维表象积累和思维经验，根据描述、已知条件等，在思维屏幕中建立原先不了解、不熟悉事物的形象。例如，根据文学作品描述建立人物形象或景观，是再造思维在头脑中形成的思维屏幕。

6．幻象思维屏幕

通过幻想在头脑中形成的虚拟的、超越现实的思维屏幕。

（二）从一屏到九屏

在分析思考一个问题或认识一个事物时，我们通常从问题或事物的当前状态开始考察，沿用其来源TRIZ中的称谓，叫"当前系统"，这通常是思维屏幕的起始屏。

系统为了完成其功能，就必须具备正常运行所需的要素。失去这些要素，系统就不是系统。这些要素我们称之为"子系统"。考察系统的组成要素可获得子系统屏。任何系统都不是独立存在的，在空间上，每个系统本身都作为一个子系统纳入更大的系统，即"超系统"中，成为其中一部分并与其他部分相互作用。这样，我们以空间为纵轴，来考察当前系统及其子系统和超系统（系统的环境与归属），借助3个"屏"描述了"子系统—系统—超系统"空间关系。

系统完成其功能需要一个以时间为轴线的过程，系统自身也经历着不断发展完善的过程。为了全面了解系统，预测系统发展，我们必须仔细研究时间系统发展路线。"现在"只是一个节点，任何事物都是从"过去"而来，经由"现在"向"未来"而去。我们以时间为横轴，来考察上述三种状态的"过去"、"现在"和"未来"。

这样，就构成了被考察系统三个层次至少九个屏幕的图解模型。这个图解模型被其发明人阿奇舒勒称为"天才思维九屏图"。由于九屏图同时具有时间与空间要素，因此既可以用于对未来问题的发现与预测，也可以用于当下与过去问题的分析，找到问题的根本原因。

图2.4.3所示的九个屏幕，类似于我国的九宫格。横向的是时间轴，考虑问题的过去与未来；纵向的是系统层次轴，考虑问题的层次结构。很多时候我们遇到问题，是处在问题发生的时刻和部位。于是我们解决问题的入手点，往往也是当时的状态。简单的问题，我们能很快找到资源和方案。若问题比较棘手，找不到资源，往往手忙脚乱。九屏幕法可以让我们在遇到棘手的问题时，在这"九宫格"里面寻找资源和方案。九屏幕法用于在解决某个问题时创建分析过程，其本质就是辩证思维的产生和发展的模式。

> 想一想
> 系统的过去真的过时了吗？

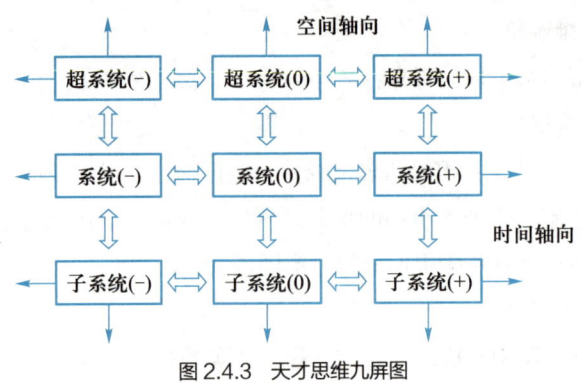

图 2.4.3 天才思维九屏图

> **九屏幕法中箭头方向**
>
> 在九屏幕法中，各屏幕之间箭头的方向是固定不变的吗？怎样确定箭头的指向呢？其实，各屏之间箭头的方向并不是固定不变的，它代表着具体应用过程中的实际分析走向。也就是说，箭头的方向实际上是代表着我们建立某系统九屏图或应用九屏幕法分析问题时的思路方向。

【案例 2.4.1】

自然系统案例：树

动画：九屏幕法箭头的用法

树是我们常见的自然系统，在空间上，树可以联想到树干、树根、树冠、花园、树林、公园等（图 2.4.4）。

系统树的子系统：树根、树干、树冠。

系统树的超系统：树林、公园、花园。

树枝、树叶去哪了？它们已经是树冠的子系统了。可以将子系统分成分子、原子和最小尺寸的粒子。

树的系统特性是什么？当然是生长。所以，树从时间上有一个从种子长成大树，然后繁殖下一代，最后死亡的过程。

系统树的过去：种子、小苗、小灌木，最终长成大树。树的过去选择什么系统？种子。小苗和小灌木只是幼苗，即小树。而种子在本质上是另外一个系统，其系统本质特性也是生长。种子自然也有子系统：胚、胚乳、种皮等；种子生长在果实之中，所以种子的超系统是果实。

系统树的未来：树的未来是什么？可以是原木。原木的子系统是年轮、纤维，超系统可以是房屋、桥梁、家具等。

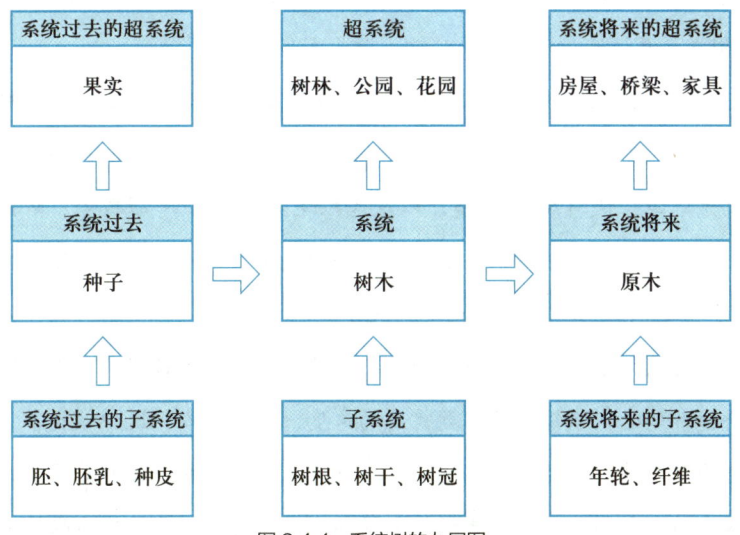

图 2.4.4　系统树的九屏图

但系统树可以有另外一个未来（图 2.4.5）。

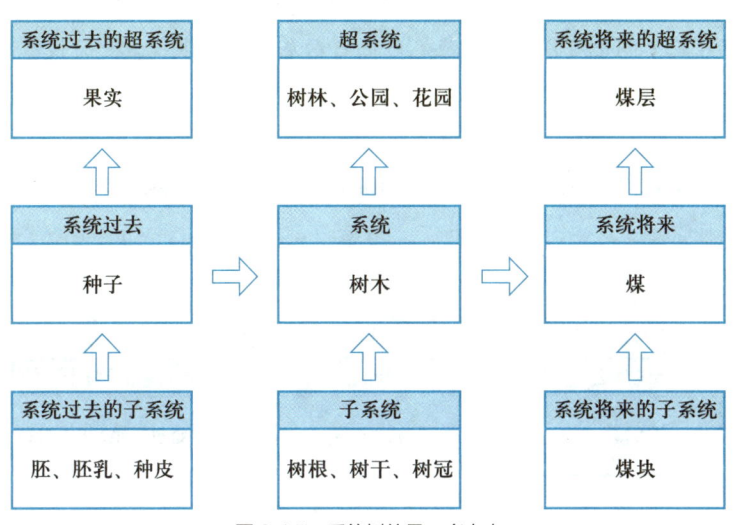

图 2.4.5　系统树的另一个未来

【案例 2.4.2】

人工系统案例：眼镜系统

眼镜是我们日常生活中常见的物品。有各种各样的眼镜，不同的眼镜也有不同的功能,所以它是一个统称。矫正视力的眼镜对于个体的人而言,由于视力的差异、情况不同,需要佩戴不同屈光度的眼镜(近视镜或花镜,为了区别于其他眼镜,我们称之为屈光眼镜)。这里我们选择屈光眼镜作为当前系统(以下称眼镜系统),用九屏幕法进行一下简单分析(图2.4.6)。

首先从空间轴上看,普通眼镜系统由镜片、镜架、镜腿组成,这是构成眼镜系统的子系统;超系统眼镜家族还有太阳镜、潜水镜、风镜、观看3D电影的红蓝眼镜、偏光眼镜、快门式3D眼镜,以及虚拟现实技术的VR眼镜等。眼镜系统是人来使用的,所以人是其超系统不可或缺的组成部分。眼镜通过改变光的某种属性作用于人眼,光当然也是眼镜的超系统组成。

其次从时间轴上看,眼镜系统的过去是什么?是不带镜腿的老式眼镜,还是只有一个镜片的老式眼镜?从问题需要的角度,我们可以把这种结构不完善的老式眼镜作为眼镜系统的过去,不过从严格意义上讲,老式眼镜也是眼镜,具备了眼镜的基本特征和功能。这里我们把更早的一个状态——透镜作为眼镜系统的过去。眼镜系统的未来是什么样子呢?现在已经从普通眼镜发展出经过系统剪裁的隐形眼镜、融合太阳镜功能的变色眼镜、系统合并的远近眼镜、特殊用途的红外眼镜,以及与邻近系统相结合的带MP3播放器的眼镜等。从矫正视力的角度,将来还有可能发明出可以自动适应人眼的自动屈光调节眼镜、全天候眼镜、盲人眼镜等。

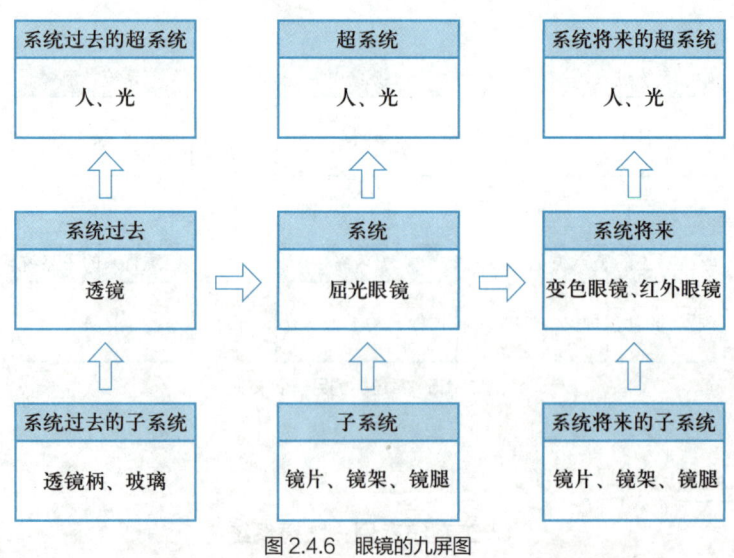

图2.4.6 眼镜的九屏图

【案例2.4.3】

其他系统案例：我们的未来

作为当代大学生的我们，每天坐在宽敞明亮的教室中学习文化知识，畅想着美好的未来！

其实很多同学并不知道，自己未来的路和美好的生活都掌握在自己的手里，完全取决于自己的努力和当下知识的获取情况！

下面我们就用九屏幕法分析一下当下的"我们"怎样做才能得到最美好的未来吧！

当然，"我们"，当代的大学生就是九屏幕图中的系统，我们所在的班级、所在的学校、我们的老师、我们周围的环境就是当前系统的超系统，我们的专业、知识、技能、求知态度等就是当前系统的子系统。

从时间的层面去分析"我们"，过去的"我们"和将来的"我们"可以从不同的层面去定义，可以是生物层面的，可以是精神层面的，也可以是文化层面的。其中，文化层面上，人被定义为能够使用语言、具有复杂的社会组织与科技发展的生物，这也是最适合我们分析的层面。从这个层面来看"我们"的过去可以定义为高中生，系统过去的超系统是我们所在的高中、高中的老师等，系统过去的子系统是我们当时所学的学科、我们的学习方法、我们所做的努力等；系统的将来就有些复杂，因为这还要取决于你的理想、你的奋斗目标、你的努力程度等，但我们可以暂时用"工作者"这个词来替代（由于分析本问题的特殊性，此处的"工作者"是一个泛指，可以是事业单位工作人员，可以是公司的员工，可以是高收入的，可以是低收入的……），系统未来的超系统可以暂时用"单位、公司"来替代，系统未来的子系统可能是"专业知识、情商、工作态度"等（图2.4.7）。

我们要分析的是如何做才能得到最美好的未来！我们考察的时间段是当下，因此系统的过去我们可以不予考虑。我们所指的美好的未来无外乎是理想的工作、美满的家庭等。那么，到底这些都是由什么决定的呢？从系统未来的层级来看，经过详细的分析我们可以知道：系统未来的子系统对系统的未来起着决定性的作用，系统的未来会在什么样的"单位、公司"中存在也是由系统未来子系统决定的，所有究其根源，系统未来的子系统是决定你将来是否"美好"的最根本因素。

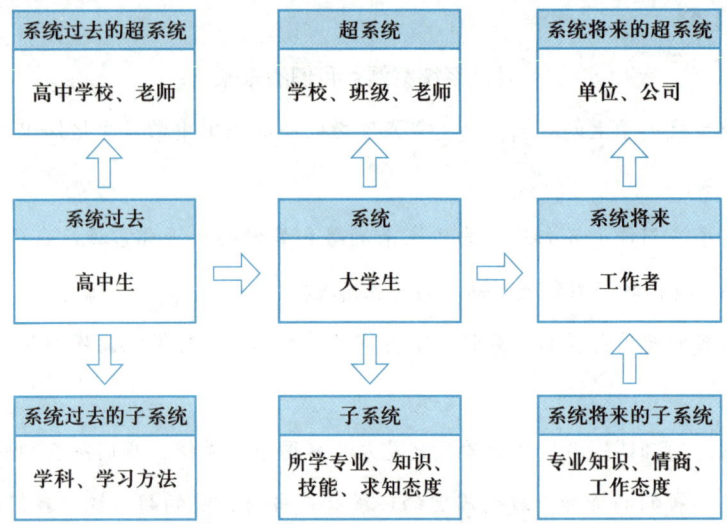

图 2.4.7 我们的未来九屏图 1

既然系统未来的子系统是决定性因素,又是什么决定了系统未来的子系统呢?结果不言而喻!我们可以在九屏图中非常明确地找到答案——当前系统的子系统(图 2.4.8)。

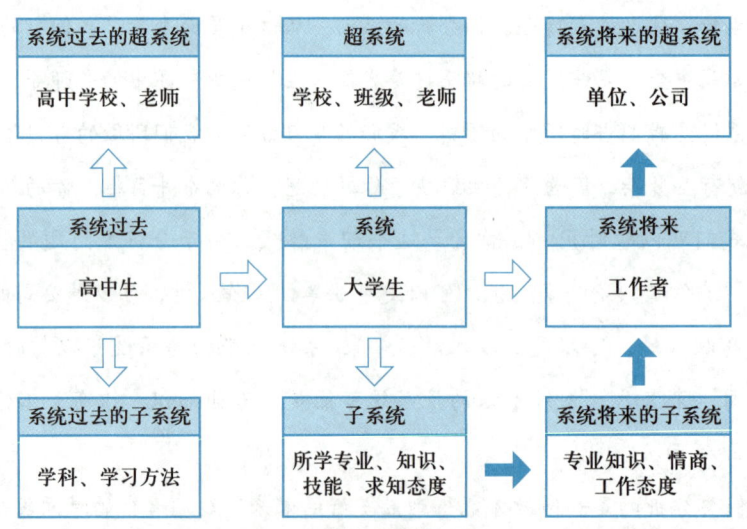

图 2.4.8 我们的未来九屏图 2

从当前系统的子系统中元素来看,所学专业我们已经不能做二次选择了(当然,我们也可以选择第二学位的研修),但是你的知识、你的技能、你的求知态度、你的努力程度都是你可以把控的因素,因此,同学们如果想得到一个美好的未来,那么就从现在开始多学知识、多学技能、端正求知态度、努力认真地做好老师交给你的每项任务!

（三）从九屏到无限

从更大的时空范围看，九屏幕图只是一个基本的图。

从空间上，对于某个系统而言，子系统是有限数，超系统通常是若干个数。子系统由更小的"子子系统"构成；超系统中还存在系统的反系统（竞争系统）、协作系统、相近系统、相邻系统等；超系统自身也作为子系统归属更大的"超超系统"。

就系统本身而言，每个系统都具有这样的特征：有相当多的级数（子系统、超系统）与其他系统保持联系。这意味着：系统内部和外部的联系被发现得越多，系统完善的可能性也就越丰富。

从时间上，一个系统从诞生之日起就在不断地发展进化，每一次质的提升都代表着一个时间节点，直到系统消亡。这样，系统在时间轴上就可以表示为：系统、系统过去、系统过去的过去……系统未来、系统未来的未来……

因此，九屏幕法又称为多屏分析。在东方思维中，"九"泛指多数，又指极数，凡数之指其极者，皆可称之为九，不一定是实数。所以九屏的含义可延伸为多屏、无限屏之意（图2.4.9）。

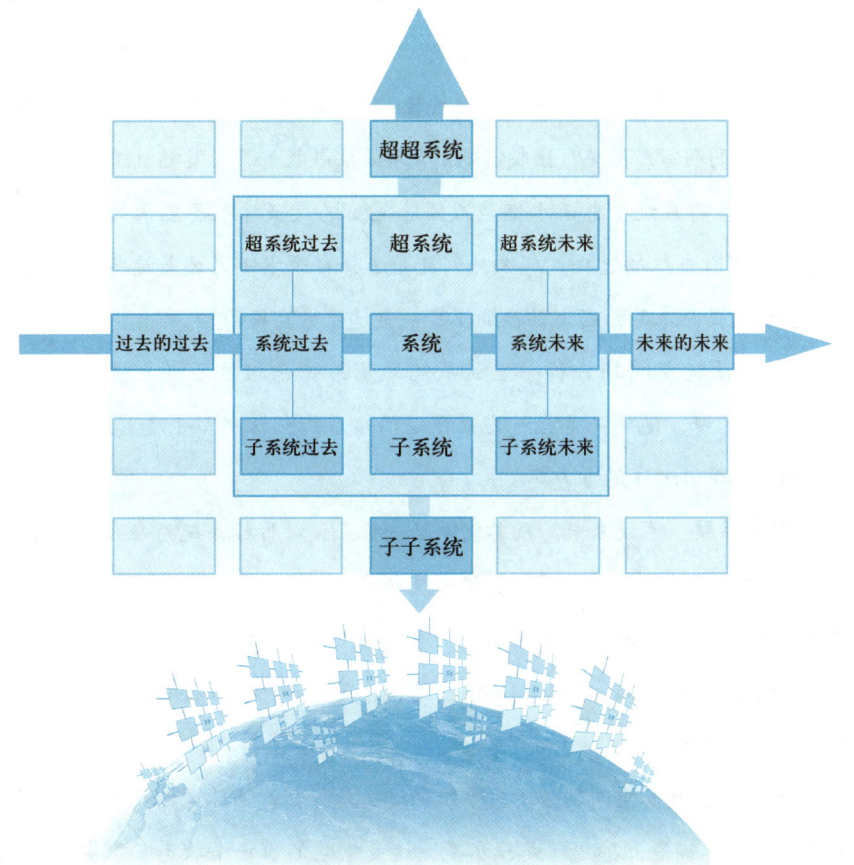

图2.4.9　从九屏到无限

（四）九屏幕法的应用

在实际应用中，九屏幕的建立并没有固定的模式。一般情况下，首先根据问题情境确定当前系统，然后再根据需要按已知方向或目标沿空间轴向或时间轴向建立其他各屏，最后分析问题，并按顺序或思路标明箭头。

1. 基于事物状态的九屏幕法应用

以事物状态（如：高温、低温；运动、静止；固态、液态、气态等）为逻辑关系、导向因子进行九屏分析，来全面认识事物，或发现问题、查找资源、预测未来。

【案例2.4.4】

太空笔的难题

自来水钢笔和圆珠笔的发明给人类书写带来了极大的便利。从20世纪中叶，人类开始了太空之旅的探索。宇航员在太空中需要随时进行记录，但在太空失重环境下，无论钢笔还是圆珠笔都不能正常书写。相传美国科学家最初想研制一种能在太空正常使用的太空钢笔，但花了很长时间都没有成功，只好向全国发出了征集启事。不久，收到了一位小学生寄来的包裹，写着一行字："能否试试这个？"于是，困扰科学家很长时间的"太空笔"问题被轻而易举地解决了。这个小学生寄来的到底是什么神秘的书写工具呢？让我们先用九屏幕法寻找一下答案吧（图2.4.10）。

1. 确定当前系统：自来水钢笔或圆珠笔。这是当时人类应用的先进书写工具，所以是理所当然的选择。那么，到底是选择自来水钢笔还是选择圆珠笔呢？我认为应该选择圆珠笔，因为黏性油墨可能更适于太空使用。

2. 当前系统空间轴分析：当前系统的子系统包括笔芯（笔管、油墨、笔尖、笔珠）、笔身、笔帽、笔挂；当前系统的超系统包括书写介质（纸）、书写者（人）、书写环境（地球的重力环境）。

3. 目标系统（系统未来）及其空间轴分析：设计目标系统为在太空失重环境（状态）下使用的笔——太空笔，其超系统包括书写介质（纸）、书写者（人）、书写环境（失重），可见超系统的主要变化因素是"失重状态"；子系统可能包括笔芯（笔芯的子系统未知）、笔身、笔帽、笔挂。其中与问题直接相关的是笔芯子系统中油墨的黏稠状态。

4. 系统过去及其空间轴分析：系统的过去是什么？圆珠笔诞生之前人们已经开始使用自来水钢笔，再之前是蘸水笔，这是钢笔的前一个状态。事实上，钢笔应看做圆珠笔的并列系统，同样不适用于太空失重环境。那么系统的过去——更前的书写工具是什么呢？对，铅笔。铅笔的子系统包括石墨笔芯和木质笔杆；超系统是地球重力书写环境。至此，我们已经建立起了完整的九屏图。

5．进一步分析：系统的问题来自于超系统的改变，也就是从重力环境的状态变为失重环境的状态。在太空模拟重力环境？看起来困难重重！那么，失重影响了系统什么？是子系统油墨，失重的环境导致了液态墨水或半固态的油墨不能顺利到达笔尖。可以采用给油墨适当加压的方式解决问题，但系统可能变得很复杂。如果油墨是"固态"的就不会受失重环境影响，但圆珠笔，包括钢笔不可能采用固态墨水呀。能否设计一种使用固态墨水的笔来解决问题？等等！系统的过去——铅笔是固态石墨笔芯，直接采用铅笔作为太空书写用笔不就行了吗？原来解决方案如此简单！

现在，我们终于知道那个小学生寄来的是什么了。

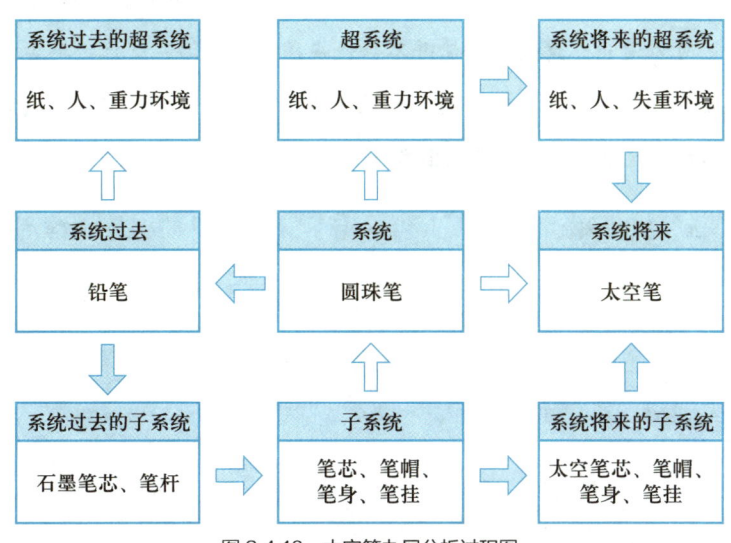

图 2.4.10　太空笔九屏分析过程图

2．基于工艺或操作流程的九屏幕法应用

基于工艺或操作流程的九屏幕是以产品的工艺或操作流程为逻辑关系组成。因此，系统的过去并不是指完成当前系统功能的过去的替代品，而是指前道工序或产品。

【案例 2.4.5】

比萨饼盒的改进

外卖的比萨饼（PIZZA）完成制作后，一般需要 20 分钟才能送到客户手中。有不少客户抱怨：比萨变得绵湿，不再脆口。这时饼盒需要弱化两个有害作用：一是防止热量从盒底流失，二是避免烤饼被凝结在盒底的水分润湿而变得绵湿。两个作用的效果分别取决于流失热量的多少和渗入水分的绝对数量。

在饼盒底部垫上隔热的垫板可以有效地防止热量流失。问题的关键在于如何保持比萨饼的脆感而不变得绵湿。

从外卖送饼的角度，我们可以将比萨饼与饼盒一起作为一个系统来考虑。但从操作流程的角度看，饼在烤箱中制作，然后装盒送给客户。为此我们将比萨饼自身作为系统来考虑，进行分析（图 2.4.11）。

我们将比萨的生产和销售流程分为三个部分：烤箱中烘烤、制作完毕后取出、装盒配送。可以看出，烤箱中烘烤并不会使皮萨变得绵湿，制作完毕后没有装盒的时候也没有变得绵湿，所以问题就出现在第三个流程，装盒配送。我们需要将研究的重心放到这个部分。首先画出系统的九屏图。

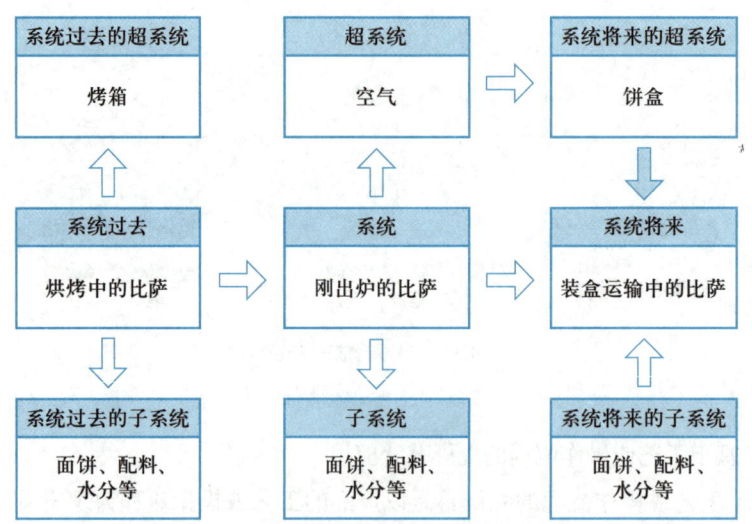

图 2.4.11　比萨饼问题九屏分析图

从以上的九屏图可以看出，第三个流程的子系统不可改变，系统也不可改变，可以改变的只有它的超系统，那就是纸盒。既然问题找到了，我们就可以专心地把精力放到纸盒的改进上（图 2.4.12），最后得到合理的答案，节省解决问题的时间。

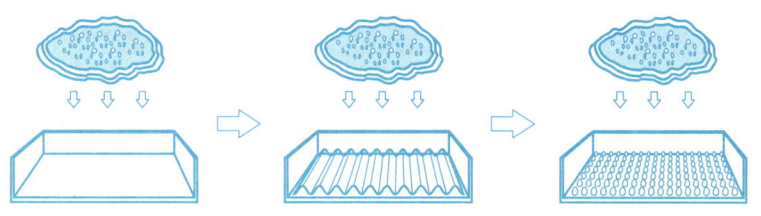

图 2.4.12 比萨饼盒的改进

3．基于事物（系统）发展、进化的九屏幕法应用

依据事物发展规律（进化法则）、路线进行九屏分析，来发现问题、预测未来，或探索向理想解前进的路径，查找解决问题的资源。

【案例 2.4.6】

巧爬椰子树

椰子果实内有汁可饮，能做饮料，含丰富维生素 B、C、钠、蛋白质、氨基酸和复合多糖物质。但椰子树高达 15～30 米，要攀爬上去摘椰子不是一件容易的事，借助绳索和梯子又不方便。孟加拉国农民运用了一种巧妙的办法解决了这个问题。他们是如何做的呢？

我们都知道椰子树不容易攀爬的原因主要是因为它的树干表面太过光滑。如果不借助绳索和梯子，那只能从椰子树本身的特性做文章，就是如何让椰子树变得不光滑！我们把光滑的椰子树为当前系统，它的前一个状态是种子。但从生长的角度分析，种子可以看作"未长大的树苗"，所以，将椰子树苗作为过去系统，不光滑的椰子树作为将来的系统。

从图 2.4.13 可以看出，超系统没有变化。椰树苗通过自然生长成为光滑的椰子树也是自然规律。那么，光滑的椰子树可以通过自然生长成为不光滑的椰子树吗？这是不可能的。

那么，怎么让光滑的椰子树变得不光滑呢？只能有人为因素。例如，用刀把光滑的椰子树砍出沟槽使它变得不光滑。但是，那么多、那么高大的树似乎很难办到！

当然，不论如何解决，我们的最终目的仍然是不光滑的椰子树（未来系统）。系统的特性是什么？生长。椰树苗也仍然是系统过去，此时我们想象当前系统是介于树苗和不光滑的椰树之间的一个状态的系统，而系统从树苗生长为参天大树的关键子系统是树干。这时的九屏图如图 2.4.14 所示。

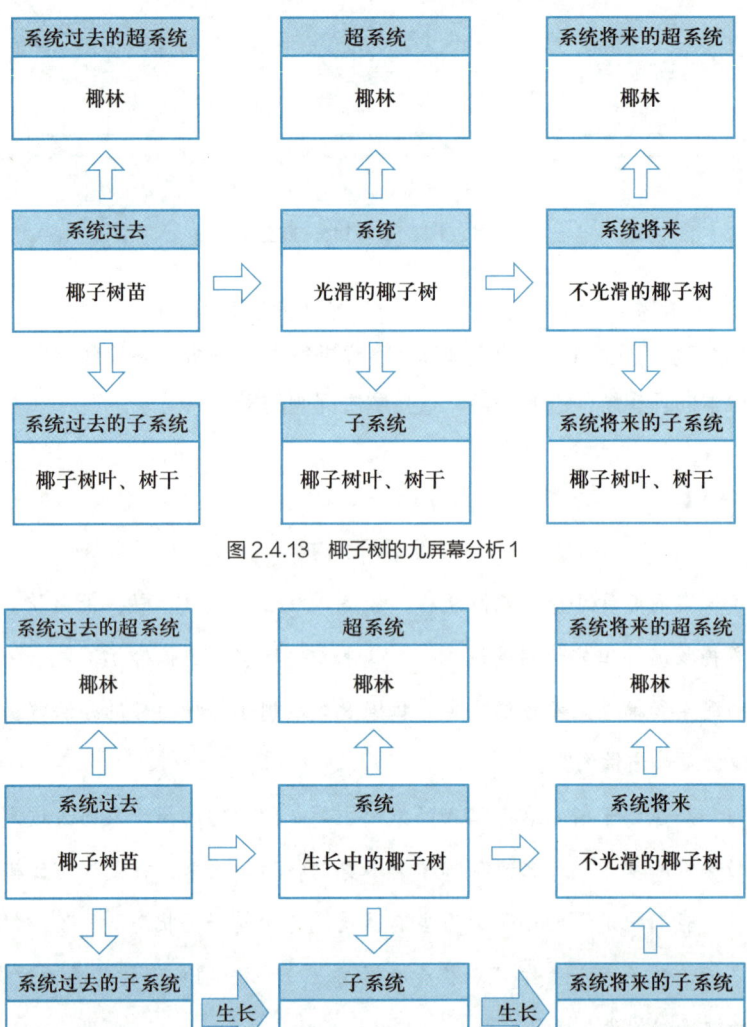

图 2.4.13 椰子树的九屏幕分析 1

图 2.4.14 椰子树的九屏幕分析 2

我们将以上问题总结出来就是：树干光滑的椰树苗如何变为树干不光滑的椰子树？此时我们的问题焦点其实已经转移（原来的问题是如何从光滑的椰树变为不光滑的椰树，现在的问题是如何从椰树苗变为不光滑的椰树）。分析到此处问题就相对简单了，我们可以通过相似联想找到相似的应用，树艺就是通过塑造柔软的树苗，再经过长期的成长最终成为形态各异的艺术品的！

迁移到椰树上，我们可以像树艺一样使椰树苗变得弯曲再经过成长变成弯曲的椰树（便于攀爬），甚至可以每隔一段时间在生长中的小椰子树上砍出不足以伤害树木的切口，当树长大的时候，在椰树上就形成了现成的"梯子"。

技法训练

训练一：个人练习——九屏图绘制练习

1．训练目的

理解系统思考，建立立体认知模式。

2．训练步骤

（1）随机选取三个实际存在的物体或者系统，按照思考方向分别画出这三个系统的九屏幕图。

示例：茶杯、鼠标、手机。

（2）找出所选三个系统之间的联系，据此联系确定一个新的当前系统，然后绘制出新的九屏图。

训练二：小组练习——九屏图绘制练习

1．训练目的

应用九屏图对事物进行全面分析。

2．训练步骤

在文中介绍眼镜的系统未来时，我们只具体分析了变色眼镜的超系统和子系统。现在，让我们进一步来分析一下隐形眼镜、系统合并的远近眼镜、红外眼镜、带MP3播放器的眼镜、自动适应人眼的自动屈光调节眼镜、全天候眼镜、盲人眼镜等的超系统和子系统吧。

技法延伸

课后作业：阅读下面的文字，然后应用九屏幕法进行简要分析

1．训练目的

九屏分析提升训练。

2．训练来源

随着互联网和电子商务的迅猛发展，我国已经成为网购的"超级大国"，快递数量以惊人的速度增长。据测算，我国平均每件快递的胶带使用量是0.8米。此外，生产一吨纸需要砍伐17棵十年生大树，生产一吨塑料袋需要消耗3吨以

上石油。2015年中国消耗了99.22亿个包装箱,产生了400多万吨垃圾,消耗的封箱胶带169.85亿米,连起来可绕地球赤道425圈。到了2017年,我国快递数量已增长到400亿件,占全球包裹量的比例达到45%。

目前我国快递包装回收不足10%,纸箱只有20%能回收(很多国家是50%~70%),剩下的80%纸箱带来的就是环境污染。造成我国纸箱难以回收的原因是透明胶带与纸箱难以分离,回收成本高。快递使用的塑料袋大部分为一次性再生塑料袋,但胶带部分主要材质仍是聚氯乙烯,需要经过近百年才能降解,对环境的污染可想而知。

从操作流程上来说,胶带封装相对费时,有时为了防止破损,纸箱外甚至缠满了胶带。而用户拆解这样的包装也很费事费时。

现在,越来越多的电商使用一撕得研发的拉链式纸箱。一撕得是北京一撕得物流技术有限公司旗下一个包装品牌,旨在为电商及品牌企业提供简单、高效的整体包装解决方案。纸箱通体没有胶带,顶部有一条类似于拉链的封口的纸箱,一撕即开,让网购用户体验3秒的快感;波浪齿圆角边,再也不用担心会被划伤;专利的波浪双面胶,用量少、黏性大而且无毒易分解,在保障包装强度的同时不会带来环境的污染。

为了这一只小小的纸箱,一撕得在生产设计、粘胶、机器设备等方面获得40多项技术专利。一撕得用人性化的设计理念,让纸箱包装更人性化,用极客精神做产品,用互联网的模式干掉中间环节,致力于用包装让世界变得更美好。一撕得的包装盒上有这样一句话:"虽然改变包装不能改变世界,但是我们向环保迈出的每一步都充满了对大自然的深深敬意。"

技法拓读4:功能分析

技法五

动态思考——和田十二法

技法导图

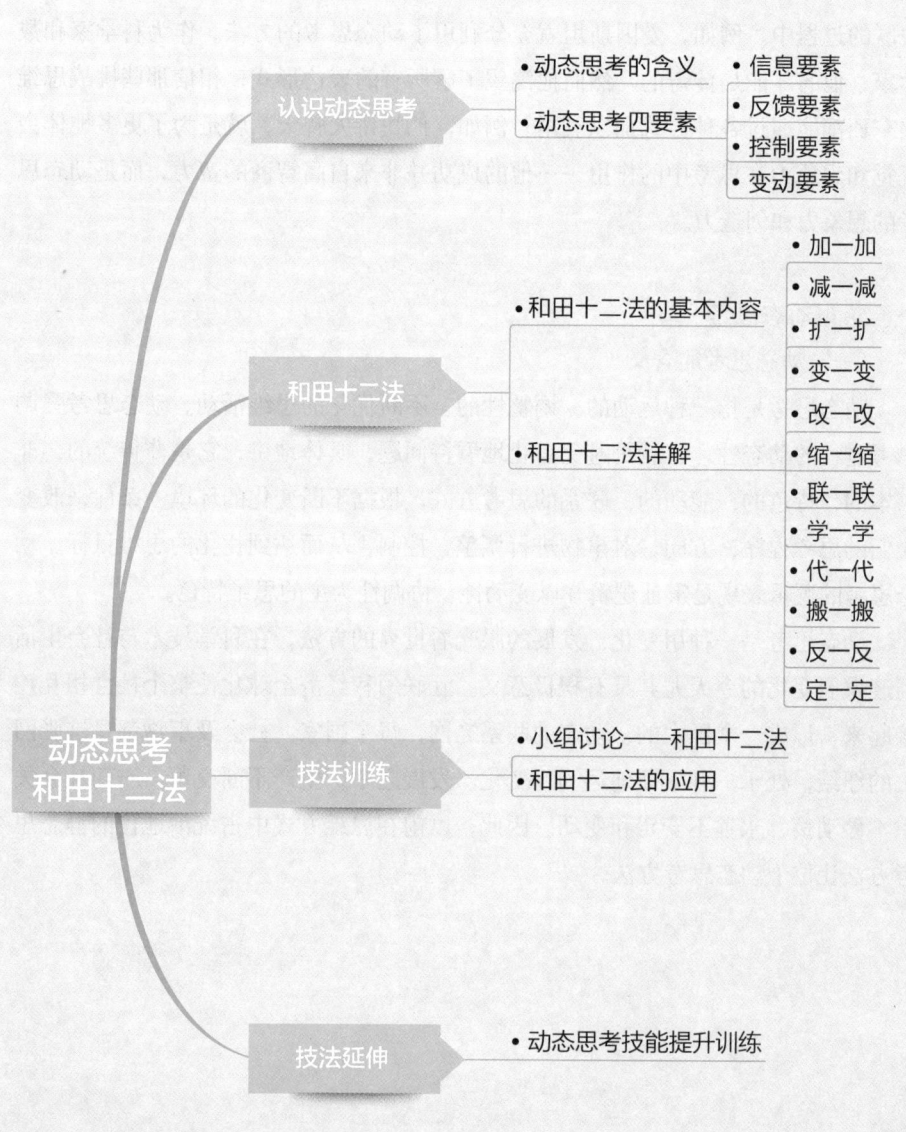

妙思偶得

技法目标

1. 知识目标：理解动态思考，了解和田十二法的简要内容。
2. 技能目标：掌握以动态思考方式解决问题的十二条思路，诱发创造力设想。
3. 体验目标：感受和田十二法在日常生活中的重要作用，体验它打开人们的创造思路从而获得创造性设想的思路提示法。

技法内容

人类的大脑互动性非常强。每一个行为都要调动大脑的多个区域共同参与。实际上，那种思维上的突破都发生在大脑动态运行的时候，也就是寻找事物间新关联的过程中。例如，爱因斯坦就充分利用了动态思考的方法。作为科学家和数学家，他的才能是传奇的，然而他渴望了解所有的表达形式，相信那些挑战思维的东西都能通过各种方式加以利用。例如，他找诗人聊天，就是为了更多地体会直觉和想象力在思考中的作用……他的成功并非来自高智商的蛮力，而是动态思考的想象力和创造力。

创新故事12：不断"搬家"的拉链

一、认识动态思考

（一）动态思考的含义

动态思考是指一种运动的、调整性的、不断优化的思维活动。动态思考强调思考过程的动态性，也就是避免静止地看待问题。具体地讲，它是非传统的、非书本的、特色的、能动的、联系的思考方式，根据不断变化的环境、条件来改变我们的思考程序、方向，对事物进行调整、控制，从而达到优化的思维目标。动态思考的逻辑表现是辩证逻辑并以变动性、协调性为主的思维特色。

动态思考是一种用变化、发展的眼光看世界的方法，在科学技术与社会生活高速发展变化的今天尤其具有积极意义。互联网和经济全球化使整个社会相互连接起来，形成一个巨大的、动态的联系之网，每个国家、社会及事物都是这张网上的纽结，处于一种不断地运动、变化、发展之中。生产不断交革，一切社会关系不停动荡，永远不安定和变动。因此，以前在思维方式中占统治地位的静态思考方法让位于动态思考方法。

> 动态思维与动态思考
>
> 动态思考是思维的深层次内容，具有思维的一般特征。动态思维的范围要比动态思考的范围大。动态思考是思维转向辩证的逻辑工具，是解放思想、拓展视野的锐利武器，是推动创新创造、发明发现的重要手段，是注入思维活动的清醒剂。

【案例 2.5.1】

ABC

看看下面几个问题：

1. A＞B＞C。这是什么？回答：不等式。正确。

2. 它是由哪些符号组成的？回答：三个字母、两个大于符号。错误。应该是三个字母，两个大于号，两个小于号。可以从左向右看，也可以从右向左看。为什么一定要从左到右？

现在人们一般的思维习惯是从左到右。但中国传统的书写格式是从上到下、从右到左。这样既省力，又方便。

3. A、B、C是什么？回答：字母。不完全。另一种回答：代表数字。不完全。受数学的影响，思维固化了。

因为前面已明确是不等式，它只是带有普遍意义的符号。既是字母，又代指其他事物，代表一切符合条件的事物。所以回答不完全，不完全就是错误。比如，爷爷、爸爸、儿子的年龄；总理、省长、县长的职务。

这就是静态思维与动态思考的区别。在从左向右的确定性前提下，是三个字母和两个大于号。在数学公式的确定性前提下，是三个字母代表三个数字。但在没有确定性的前提时，动态思考的结论就会不同了。因为动态思考是多点的、多向的、多层面的、多维的。今天要讨论的，就是关于动态思考的一般原理和方法。

【案例 2.5.2】

小小的 10 万元与大大的 1 分钱

甲、乙两人打赌,双方商定在两个月内,甲每天给乙 10 万元,乙每天只给甲 1 分钱但必须每天加一倍。乙心中暗喜,以为得了大便宜,于是一口答应。等到第十天时,乙口袋里已经装进 100 万元,而自己只付出 5 元钱,心里还后悔当时要是定三个月,不是可以赚得更多吗?想不到随着时间的推移,双方的进账开始逆转,并一发不可收拾。小伙伴们知道第 60 天时乙应当付给甲多少钱吗?2 500 亿元都不够!

这则故事让我体会到发展着的东西和停滞的东西在本质上的区别。孕育着变化和发展的时间是多么神奇,一切登峰造极的演化都和时间结下了不解之缘。

由此可见,动态思考是一种用变化发展的眼光看世界的方法,运用到生活中就具有积极的意义。

【案例 2.5.3】

赚钱的茄子

有一年,某地的茄子出乎意料得贵,有一个农民由于种了许多茄子而大赚了一笔,那些没有种茄子的人看在眼里疼在心里,抱怨自己失去了一次发财的好机会,许多人暗暗下决心第二年多种茄子。结果由于人人都种了茄子,导致第二年茄子价格暴跌,大家都损失惨重。可是却有一个人大大地发财了,就是那位第一年种了茄子的农民,因为第二年他专门种茄子的秧苗。

这个例子告诉我们,动态思考由于运用联系和发展的眼光看问题,所以也体现出前瞻性的积极态度。

【案例 2.5.4】

都 在 前 面

有三个著名演员应邀到一个剧场同台演出。他们向剧场经理提出同样一个要求,即在宣传海报上把自己的名字排在前面,否则,他们将退出演出。三名演员同台献艺的消息早已传出,总不可能改为个人专场演出。何况这几位演员都是走红明星,得罪哪一个都对剧场经营不利。不过剧场经理略经思索之后就满口答应了他们的要求。到演出那天，三位演员到剧场一看，海报不是一般的纸面形式，而是一个不断转动的大灯笼，三个演员的名字都写在灯笼上，三个名字转圈出现，谁都可以说自己的名字排在前面，于是三位演员皆大欢喜地参加了演出。

妙思偶得

静止是相对的、有条件的、暂时的，运动是绝对的、无条件的、永恒的，动中有静，静中有动。由此推想：当我们碰到难题，如果用静态思维不能解决时，那就改用动态思考试试。

本例剧场经理就在于运用了动态思考。这一动，不仅动出了经济效益，而且动出了创造性的智慧，所以人的思维应具有辩证性，不应该拘于一端，当一方受阻时，应改向他方出击。

（二）动态思考四要素

动态思考法有自己的模式和思维过程，这就是要不断地输入新的信息，并根据新的信息进行分析、比较，依据变化了的情况形成新的思维目标、思维方向，确定新的方案、对策，然后输出经过改造了的信息，对事情、工作实施新的方案，再把实施新方案的情况、信息反馈回来，再进行分析、调整。简言之，动态思维的模式为：收集新资料—制定新方案—实施—反馈—调整新方案。经过这些动态的步骤之后，思维的目标差就会缩小，人们对客观事物的控制和改造更为有效。要使思维符合动态性的要求，就必须具备以下四个要素：

微课：认识动态思考

第一，信息要素。信息要素就是指信息、情报、资料、情况。信息要素是动态思考的指示器和方向盘，思维往哪个方向运动、如何抓住问题的症结，都依所获信息而定。没有信息，动态思考就是盲目的运动。

第二，反馈要素。输出的信息，其后果如何必须收集回来，为确定下一步的行动方案提供依据，这就是反馈。反馈要素要求不断总结经验，不断校正自己的思想偏差，从而使思维不断地逼近目标。没有反馈要素，思维就只有单方向的运动，其结果是符合思维目标还是偏离思维目标无从得知。如果是后者，甚至会出现南辕北辙的局面。

第三，控制要素。控制要素由信息要素和反馈要素结合而成。动态思考过程通过信息的输入、输出和反馈，不断修正和调整自己的行为、方法和措施，控制周围环境的变化，使自己获得主动权。在整个控制过程中，系统对外达到了自己认识世界、改造客体的目的，对内调整了自己已有的思维和行为程序，提高了自身思维的有序度。

第四，变动要素。如上所述，动态思考总是处于不断变动之中，不断地调整自己各方面的关系，使之与环境产生一种适应性，以便在各种不同变化的情况下

妙思偶得

做出自己相应的反应。

总之，动态思考法是上述四要素构成的，这四个要素以一定的方式结合起来就构成了现实的思维动态过程。

> **想一想**
> 生活中曾困扰我的有哪些问题？现在尝试转变思维的方向，动态地思考一下。

二、和田十二法

运用动态思考的方式，对一个被研究的对象提出一系列可能使其发生变化的问题，如能变大吗、能变形吗等，并朝着每一个提问的方向去思考，就有可能产生新的创意、新的设想和新的方案。和田十二法就是这样的一种简单易行的动态思考的方法。

（一）和田十二法的基本内容

和田十二法（动词提示检核表法）又叫和田创新法则（和田创新十二法）。和田十二法是我国学者许立言、张福奎在奥斯本检核表法基础上，借用其基本原理加以创造而提出的一种思维技法。简单的十二个字"加""减""扩""缩""变""改""联""学""代""搬""反""定"，概括了解决发明问题的12条思路。如果按这十二个字的角度进行核对和思考，就能从中得到启发，诱发人们的创造性设想。和田十二法口诀如图2.5.1所示。

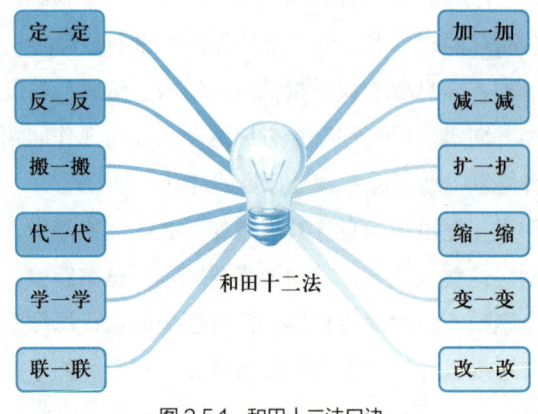

图2.5.1　和田十二法口诀

表2.5.1列出了和田十二法的简要内容。

表2.5.1　和田十二法的简要内容

序号	名称	说明
1	加一加	加高、加厚、加多、组合等
2	减一减	减轻、减少、省略等

续表

序号	名称	说明
3	扩一扩	放大、扩大、提高功效等
4	缩一缩	压缩、缩小、微型化
5	变一变	变形状、颜色、气味、音响、次序等
6	改一改	改缺点、不便、不足之处
7	联一联	原因和结果有何联系，把某些东西联系起来
8	学一学	模仿形状、结构、方法，学习先进
9	代一代	用别的材料代替，用别的方法代替
10	搬一搬	移作他用
11	反一反	逆向思考：能否颠倒一下
12	定一定	定个界限、标准，能提高工作效率

奥斯本检核表法

奥斯本检核表法是由美国的 A.F. 奥斯本提出，根据需要解决的问题或者需要创新的对象，以提问表格的形式，列出 9 方面有关问题：能否他用、能否借用、能否改变、能否扩大、能否缩小、能否替代、能否调整、能否颠倒及能否组合。然后逐一审核讨论，以促进创新活动深入进行的一种创新方法。其特点是用制式提问表对某一主题进行研究，以防止思考角度的疏漏，更利于突破旧框框的束缚，提出新方案。它要求人们的思维灵活多变，视野开阔。

（二）和田十二法详解

1. 加一加

检核对象还可添加些什么？比如，把它加大一些，加高一些，加厚一些，行不行？把这件东西和其他东西加在一起，会有什么结果？需要加上更多时间或次数吗？

【案例 2.5.5】

自行车的创新 1

多辆自行车可以组合设计为多人自行车；童车为防止摔倒，增加辅助轮；自行车和雨伞结合可以设计为带防雨篷的自行车（图 2.5.2）……

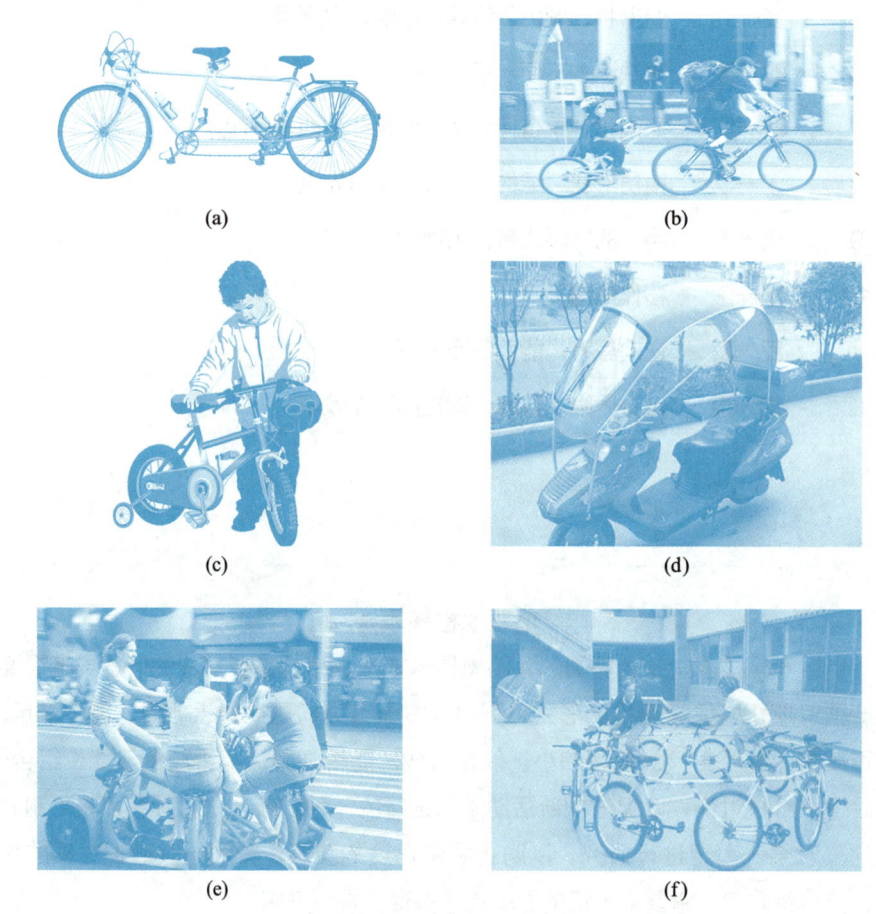

图 2.5.2　自行车的创新 1

2．减一减

检核对象可以减去点什么？比如，把它减小一些，降低一些，减轻一些，行不行？可以省略或取消什么吗？可以降低成本吗？可以减少次数吗？可以减少时间吗？

【案例 2.5.6】

自行车的创新 2

轻质材料、减去所有不必要组件的公路赛自行车；儿童平衡车、滑行学步车；创意独轮自行车（图 2.5.3）……

(a)　　　　　　　　　(b)

图 2.5.3　自行车的创新 2

3．扩一扩

检核对象可以扩展些什么？比如，宽银幕电影、投影电视、投影教具等可以说是"扩一扩"的结果。功能上能扩大吗？一物多用的工具和生活用品是一个典型的例子，比如多用刀、多用剪刀、多用起子等，均属功能方面的扩展。

【案例 2.5.7】

自行车的创新 3

山地不平，就要用宽轮胎来增加对地面的接触面；变速自行车（图 2.5.4）……

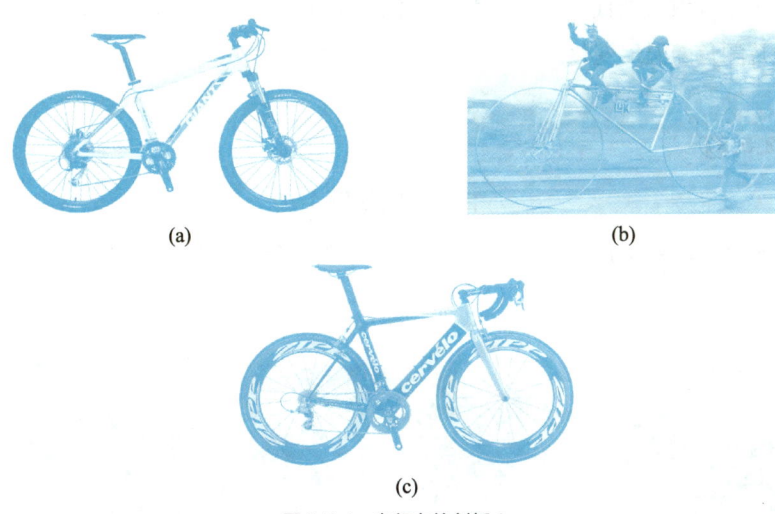

(a)　　　　　　　　　(b)

(c)

图 2.5.4　自行车的创新 3

【案例 2.5.8】

长舌帽与歪雨伞

在烈日下，母亲抱着孩子还要打伞，实在不方便，能不能特制一种母亲专用的长舌太阳帽，这种长舌太阳帽的长舌扩大到足够为母子二人遮阳使用呢？现在已经有人发明了这种长舌太阳帽，很受母亲们的欢迎。

你的背包是不是每次下雨都被淋湿?这就是传统雨伞位于身体后面伞面大小的问题。RealBrella 雨伞的独特设计,增大了伞后面积(图 2.5.5),无论是你的后背还是背包,全在保护之中,学生、程序员、背包族,你们有福啦。

图 2.5.5　非对称雨伞

4．变一变

检核对象的特征能否改变?比如,改变一下形状、颜色、音响、味道、气味、重量会怎样?改变一下次序会怎样?例如,把平面镜变成各种弯曲形状的曲面镜,就成为娱乐用的哈哈镜;日本把圆形的西红柿种成方形,以提高装箱运输效率;把枪杆做成弯曲的,用于巷战;把棉花种成红、黄、黑多种颜色;变色眼镜的镜片颜色随温度变化。

【案例 2.5.9】

自行车的创新 4

改变自行车外观设计;下肢残疾人用的手摇自行车(图 2.5.6)……

图 2.5.6　自行车的创新 4

5. 改一改

检核对象还有哪些缺点需要改进？比如，这种东西还存在什么缺点？还有什么不足之处？需要加以改进吗？它在使用时是不是给人带来不便和麻烦？有解决这些问题的办法吗？

【案例 2.5.10】

自行车的创新 5

为方便存放，改成可折叠自行车；车座调节由紧固螺丝改为扳扣；将骑自行车的姿势从坐姿改为其他姿势（图 2.5.7）。

图 2.5.7　自行车的创新 5

【案例 2.5.11】

改一改的小案例

邮票上预先打孔，方便撕下单张使用；固体胶水更容易携带和使用。液体肥皂是浓缩的，而且从使用的角度来看比固体肥皂更有黏性，用量少，当多人使用时也更加卫生。

6. 缩一缩

检核对象能否缩减？比如，使这件东西压缩一下会怎样？能否折叠？日本市场上出现了一种迷你型复印机，只有笔记本那么大，可以随身携带，可方便地复印报刊文章或资料，给人们的工作和学习带来了极大的方便。哥伦比亚正在研究培育像火柴盒一样大小的牛，可放进钱包里的骆驼，指头大小的猫和狗。

【案例 2.5.12】

自行车的创新 6

为方便携带，制作小型或微型自行车（图 2.5.8）。

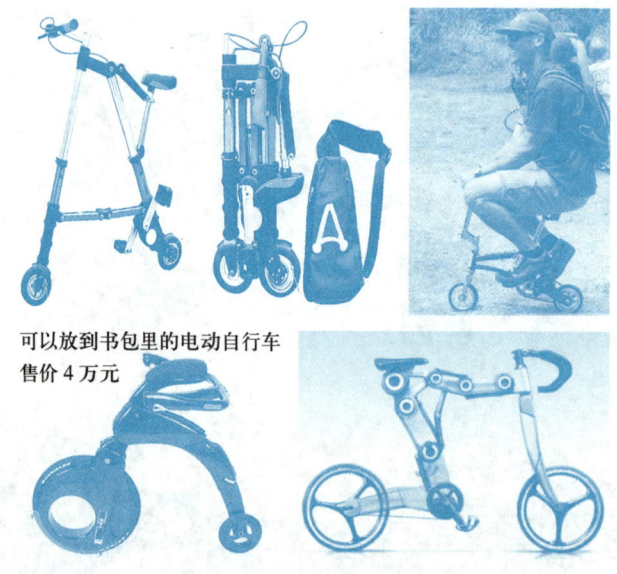

图 2.5.8　自行车的创新 6

7. 联一联

可以与哪些事物联系或组合？比如，某件东西或事物的结果，跟它的起因有什么联系？能从中找出解决问题的办法吗？把某些东西与事物联系起来，能帮助我们达到什么目的吗？该事物能够与其他事物组合起来吗？例如，联想到静电吸附知识，发明了静电喷漆。

【案例 2.5.13】

自行车的创新 7

遮阳自行车；运输自行车（图 2.5.9）……

图 2.5.9 自行车的创新 7

8．学一学

通过学习模仿别的物品、事物的形状、结构、色彩、性能、规格、功能、动作来实现创新。比如，鲁班被茅草割伤了手，他模仿茅草边缘的小齿，便发明了锯。

【案例 2.5.14】

自行车的创新 8

学一学摩托车的减震方式，于是有了减震自行车（图 2.5.10）。

图 2.5.10 自行车的创新 8

妙思偶得

9. 代一代

检核对象能否用别的事物取代？比如，用别的材料、零件、方法、工艺等，行不行？用纸代布，制成结婚礼服等一次性产品，色彩鲜艳，造型别致，价格低廉，在国际市场上甚为走俏。美国哥伦比亚自行车公司用环氧树脂做自行车架，重仅1 027克，用这种车架装配的公路赛车，重量仅7.7千克，减轻了重量，也节省了大量钢材。

【案例2.5.15】

自行车的创新9

钢纤自行车用强度高而轻的碳纤材料代替钢材，使自行车更轻便；简单改装后的水上自行车即可以代替小船，又是一项有趣的娱乐项目（图2.5.11）。

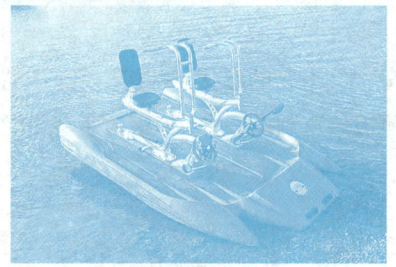

图2.5.11 自行车的创新9

10. 搬一搬

将检核对象搬到别的场合也能使用吗？比如，这个想法、经验、道理、技术搬到别的地方，也能用得上吗？

【案例2.5.16】

自行车的创新10

自行车具有健身功能，但需要有路或专用场地。可将自行车的骑行方式搬到室内健身器材上（图2.5.12）。

图 2.5.12　自行车的创新 10

11. 反一反

运用逆向思维，把研究对象反一下会有什么结果？比如，把一件东西、一个事物的正反、上下、左右、前后、横竖、里外反一下，会有什么结果？

【案例 2.5.17】

自行车的创新 11

人坐在车轮里的自行车；人悬在车梁下的自行车（图 2.5.13）……

图 2.5.13　自行车的创新 11

【案例 2.5.18】

台北"颠倒屋"

台北有一座颠倒房屋吸引了大批游客。整个颠倒屋大到汽车家电，小到地上的玩具无一不是倒置在屋内的。另外，屋内的壁炉也需要倒置，然而用实体壁炉

妙思偶得

倒置并不现实,因此机智的设计师们用一个液晶屏代替了壁炉,屏幕上以图像模式燃烧着一团"温暖的"火焰(图 2.5.14)。

图 2.5.14 "反一反"应用案例

12. 定一定

为了完善此事物还要规定些什么?比如,为了解决某一问题或改进某一件东西,为了提高学习、工作效率,防止可能发生的事故或疏忽,需要规定什么?制定一些什么标准、规章、制度?

动画:自行车的创新

【案例 2.5.19】

自行车的创新 12

一些比赛用的自行车设计成前后车轮可快速拆装的样式,便于快速更换规格固定的车轮(图 2.5.15)。

图 2.5.15 自行车的创新 12

---

① 英寸非国际标准计量单位,1 英寸 ≈ 2.54 厘米,直径 26 英寸约 66 厘米。

技法训练

训练一：小组讨论——和田十二法

1．训练目的

转变思维的方向，理解动态思考的内涵。

2．训练步骤

（1）以小组为单位，提出一个问题案例（或以抽签方式）。

（2）进行创新案例分析。

（3）和田十二法提取（下表）。

问题实例或现有实物名称		
提取结果	名称	说明

训练二：和田十二法的应用

1．训练目的

掌握并运用和田十二法进行创造性解决问题。

2．训练步骤

以开发某种新产品，应用和田十二法（如下表）逐项提问，为开发新产品提出新的设想。

示例：新型手环

方法	新设想简要说明	新设想名称
加一加		
减一减		
扩一扩		

续表

方法	新设想简要说明	新设想名称
缩一缩		
变一变		
改一改		
联一联		
学一学		
代一代		
搬一搬		
反一反		
定一定		

技法延伸

课后作业：动态思考技能提升训练

1. 训练目的

利用和田十二法，诱发创造力设想。

2. 训练步骤

(1) 以小组为单位，逐项分析和田十二法运用了哪些创新思维方式。

(2) 记录讨论过程。

(3) 撰写 800 ~ 1 000 字的分析报告。

训练方法：可结合心法篇内容进行逐项分析

技法拓读 5：TRIZ 理论 40 个发明原理

技法六

极限思考——STC 算子与最终理想解

技法导图

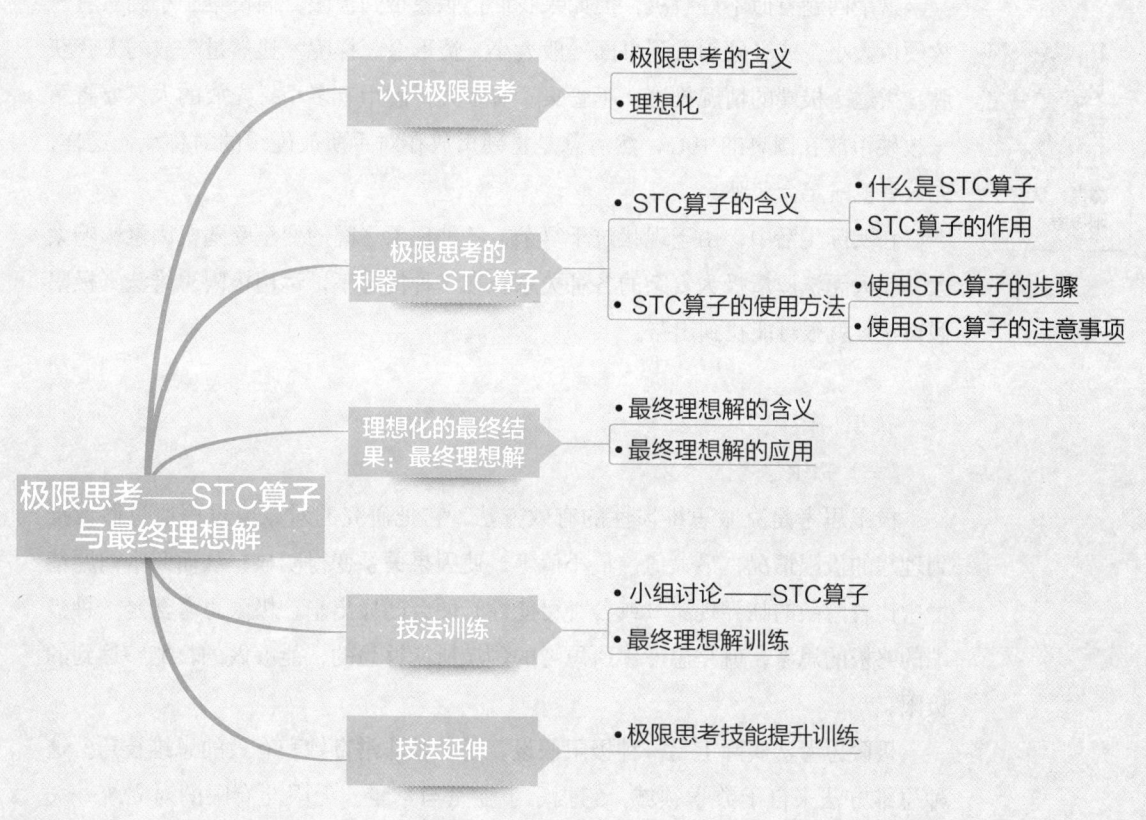

妙思偶得

技法目标

1. 知识目标：了解极限思考的方法，理解STC算子及最终理想解的含义及作用。
2. 技能目标：掌握STC算子和最终理想解的使用方法与技巧。
3. 体验目标：感受极限思考对时空的极致变化所迸发的想象力和碰撞出的创新力。

技法内容

英国科学家何非认为："科学研究工作就是设法走到某事物的极端而观察它有无特别现象的工作。"创新也是如此。

两个人在圆桌上轮流平放一枚同样大小的硬币，后放的硬币不能压在先放的硬币之上，连续下去，谁放下最后一枚而使对方没有位置再放时，谁就获胜。设两人都是能手，试问是先放的胜还是后放的胜？

这个问题看似不好解决，但如果我们把想象推到极限，假设桌子小到只有一枚硬币大小，或者硬币大到桌面一般大小，情形会怎样呢？显然是先放的人会获胜。由这个极端的情况推论：不管桌子有多大，硬币有多小，先放的人只要将第一枚硬币放在圆桌的中心，然后总是将硬币放在对手所放硬币的对称点，这样，先放者就一定会获胜。

在实际生活中，由于现状过于复杂，各种现象之间的变量受随机因素影响太大，使人无法厘清极为复杂的各种关系。在这种情况下，运用极限思维法（极限假设法）就很可能找到出路。

一、认识极限思考

（一）极限思考的含义

极限思考是克服思维惯性的有效方法，它把研究的对象或过程通过假设推到理想的极限情况，最大值、最小值等，使因果关系变得明显，从而某个问题情境中比较隐蔽的临界现象（或各种可能性）便会凸显出来。极限思考法是一种极端的终极的思考，就是思考你所思考的领域所能够想的，能够做的，能够达到的极限。

极限思考法实际上是一种极限假设，是一种非常奇妙和有效的思维技巧。这种思维方法来自于数学领域，它揭示了变量与常量、无限与有限的对立统一关系，是唯物辩证法的对立统一规律在数学领域中的应用。借助极限思维，人们可

创新故事13：消失的键盘

微课：认识极限思考

以从有限认识无限,从"不变"认识"变",从直线形认识曲线形,从量变认识质变,从近似认识精确。极限思考在科学发现的过程中,特别在重大的前提性理论的建构中有着极其重要的作用。

【案例2.6.1】

伽利略的惊人假设

这里,我们可以通过伽利略的惊人假设来理解什么是极限思维,极限思维的具体过程是如何进行的。情境如下:

1. 如果你手中拿着一块石头,然后将手松开,石头就会下落。所有的东西都是这样。过去的物理学家说:"重的东西有回到老家——'地球'的倾向。"

2. 假如我推一个物体,比如一辆车,或者使一个球在水平面上向前滚动,球动了,并且会继续滚动一会儿,然后才静止不动。推得重,球就多走些;推得轻,球就早些停住。

3. 这就是古老的外加力最简单的含义即亚里士多德的思路——"如果推动的力不再作用的话,运动的物体早晚总要停止不动。"伽利略并不满足,他反问自己:"我们是否了解这些运动究竟是怎样进行的呢?"他怀着强烈的欲望,想探个究竟。他在想:我们知道重的物体下落,但它是怎样下落的呢?在下落中,物体获得速度,速度随着下落的距离的加大而不断加快。当物体下落时,速度到底会发生什么情况呢?

4. 他想测出物体下落的距离与速度增加的关系,但由于下落的速度太快,不容易准确测定它的刻度值。他想:难道不能用更方便的方法研究这个问题吗?圆球在斜面上向下滚动,我应该研究它。难道自由落体不就是一个特殊的例子吗?无非其下落角度不是小于90度,便是正好等于90度而已。

5. 他研究了不同情况下的加速度,发现倾角越小,加速度也越小。角的大小次序和加速度减慢的次序是对应的。当他发现倾斜角的大小与加速度的快慢有联系时,加速度便成为最重要的事实了。

6. 这时,他忽然又反问自己:"这不是图像的一半吗?如果向上抛东西,如果向上坡方向推动圆球,那么发生的情况不是和已有的图像对称吗?难道不是和镜中的映像相同,是已有图像的重复,同时又与它相互补充,而成为完整的图像吗?"当向上抛掷一个物体的时候,并没有正的加速度,而是负的加速度。在它

上升运动的过程中，物体运动的速度就缓慢了下来。但是，和下落物体正的加速度相对称，随着倾斜角从直上方向的90度逐渐减小，负的加速度也逐渐减少，从而和水平面一半的图合成为一个密闭吻合的图形。当平面是水平的，倾斜角是零度，而物体仍在运动的时候，情形如何呢？在每种情况下，我们都是从一定的速度开始的。根据这个结构，必然发生什么情况呢？水平面以下是正的加速度，水平面以上是负的加速度……有没有渐渐接近，既不是负的加速度也不是正的加速度呢？那不就是……常速运动吗？一个物体在一定的方向上水平运动，假如没有外力来改变它的运动状态，它将以匀速继续运动……直到永恒。

7. 但常识所看到的水平运动却并非如此，人们看到的还是外力加上去，球就运动，外力去掉，球就渐趋停止。是否能再一次用极限假设的方法设计出一套实验让人信服呢？伽利略果真又设计出了一个实验，他知道用同样的外力推动小球，小球在不同光滑度的平面滚动的距离是不同的。那么，可否用极限思维假设平面越来越光滑，空气等其他阻力越来越小，以致最后理想化地把一切摩擦力全部消除，结果会怎样呢？是否会永远滚动下去呢？

8. 经过思考，伽利略又设计出了一个极限推导的实验：假设摩擦力小到可以忽略时，当球滚下一个斜坡之后，由于惯性的作用，小球又可以滚上另一个斜面，直到和出发点一样高的地方。如果将上升方向的斜面逐渐延长，小球仍然能滚到同样的高度，说明小球的运动与斜面的倾斜度无关。那么，按极限假设法的逻辑，当把斜面最后延伸为一条永无止境的平面时，小球也将永恒地滚动下去。

亚里士多德的被千百年来人们的常识所认定的"真理"终于在伽利略极限假设思维面前彻底崩溃了。

（二）理想化

理想化是极限思考的一个特例，是科学研究中创造性思维的基本方法之一。理想化主要是在大脑中设立理想的模型，通过思想实验的方法来研究客体运动的规律。例如，数学中的"点"只有位置没有大小，"线"只有位置和长度，没有粗细；物理学中的"绝对黑体"在任何温度下，对于各种波长的电磁辐射的吸收系数恒等于1。它们在现实中并不存在，都是理想化的参考模型。

理想化一般的操作程序为：首先要对经验事实进行抽象，形成一个理想客体；然后通过思维的想象，在观念中模拟其实验过程，把客体的现实运动过程简化和升华为一种理想化状态，使其更接近理想指标的要求。

理想化方法最为关键的部分是思想实验，或称理想实验。它是从一定的原理出发，在观念中按照实验的模型展开的思维活动。模型的运转完全是在思维中进行操作的，然后运用推理得出符合逻辑的实验结论。思想实验是形象思维和逻辑思维共同作用的结果，同时也体现了理想化和现实性的对立统一。

理想化方法的另一个关键部分是如何设立理想模型。理想模型建立的根本指导思想是最优化原则，即在经验的基础上设计最优的模型结构，同时也要充分考虑到现实存在的各种变量的容忍程度，把理想化与现实性结合起来。理想中的优化模型往往具有超前性，这是创新的天然标志。但是，只有在对这种超前行为现实条件所容忍的情况下，其模型的构造才具有可行性。应当指出的是，理想模型的设计并不一定非要迁就现实的条件，有时候也需要改造现实，改变现实中存在的不合理之处，特别是需要彻底扭转人们传统的、落后的思维方式和生活方式，为理想模型的建立和实施创造条件。物理规律是从大量的物理现象中抽象、概括、总结出来的，其主要的思维方法就是理想化方法。

【案例 2.6.2】

口袋里的洗衣机

出差旅行在外，我们常会为洗衣服这事儿感到犯难，要么酒店没有洗衣机、洗衣房，要么就是有卫生状况也让人不放心，极易感染传染病。为此，瑞士产品设计师 Andre Fangueiro 创造了一台鹅卵形超小型洗衣机 Dolfi，使用超声波赶走衣物上的污垢和病菌。这台洗衣机的工作原理是：我们先把它放进充满水的洗脸池或容器里，开机后内部换能器把电能转换

图 2.6.1 超小型洗衣机 Dolfi

为特定范围的高频超声波，在水中生成数以百万的微小气泡（气穴现象），不断爆裂的气泡产生射流推动洗衣粉和水穿透面料，击碎并带走表面污垢和细菌。换能器用光滑的白色塑料"鹅卵石"包裹着，全身防水，通过柔性电线接入电源插座。光滑机身触感优良，不会在清洗中刮伤衣物，它的耗电量比普通洗衣机低了约 80 倍，降低碳排放不说还帮用户节省更多钞票，的确是一款值得关注的新产品，如图 2.6.1 所示。

想一想
未来理想中的洗衣机是什么样的？

二、极限思考的利器——STC 算子

STC 算子是一种非常简单易用的极限思考工具。它是 TRIZ 联想图表工具的专用缩略模型，是通过极限思考方式想象系统，将尺度、时间和成本因素进行一系列变化的思维实验，以使问题在极限状态下暴露出来，获得解决问题的思路。

（一）STC 算子的含义

1. 什么是 STC 算子

算子中三个字母分别代表英文单词 Size、Time 和 Cost，说明见表 2.6.1。按照 S（尺度）、T（时间）和 C（成本）维度分别进行一系列有规律的发散变化，最终让许多看似困难、无从下手的问题，变得易于解决。

表 2.6.1 STC 算子

算子	名称	含义
S	尺度	度量或描述事物某种与任务相关属性的参数，如几何尺寸、程度、数量、速度、温度、强度、亮度、精度及变化的方向等。一般情况下，包含可能改变任何参数的"尺寸"进行想象实验，以考察其在极限情况下（0 或 ∞）可能发生的状况或发现通常情况下发现不了的改变
T	时间	事物达到或维持某种状态，或产生某种结果的时间。一般可以考虑是物体完成有用功能所需要的时间、有害功能持续的时间、动作之间的时间差等。通过想象实验考察其在达到极限值（0 或 ∞）事物可能发生的状况或发现通常情况下发现不了的改变
C	成本	事物达到或维持某种状态，或产生某种结果的付出、费用、代价、耗费等。一般可以理解为不仅包括物体本身的成本，也包括物体完成主要功能所需各项辅助操作的成本以及浪费的成本。通过想象实验来考察事物在极限成本（0 或 ∞）情况下的可能结果

使用 STC 算子时，首先明确分析对象当前的尺度、时间和成本，然后分别使其从当前状态不断变大直至无穷大，然后再从当前状态不断变小直至无穷小。在尺度、时间和成本极限变化的过程中发现分析对象的新特性、新功能。使用该方法时应注意首先不能因担心结果变得非常复杂而提前终止，其次不能猜测中间结果。STC 算子的应用成效取决于主观想象力和问题特点。

2. STC 算子的作用

（1）有效克服思维惯性产生的障碍。人们往往习惯于从固有的经验出发去看待貌似熟悉的事物。STC算子可以帮助我们打破原有的思想束缚，将客观的对象由"习惯"变为"非习惯"，由"熟悉"变为"不熟悉"，从而发现那些因思维惯性而主观忽略的信息、细节或过程，重新认识研究对象。

（2）迅速发现对研究对象最初认识的偏差。STC算子可以帮助我们在尺度（Size）、时间（Time）、成本（Cost）三个重要维度进行极限思考，在"极度放大"的尺度下发现难以发现的细节，在"极度缩小"的尺度下呈现全貌；在"极度拉长"的时间中看清环节，在"极度压缩"的时间中看清过程；在"极度提高"的成本下考察充分的结果，在"极度削减"的成本下评估产生的影响，从而达到对事物的全面认识，迅速发现最初认识的偏差（图2.6.2）。

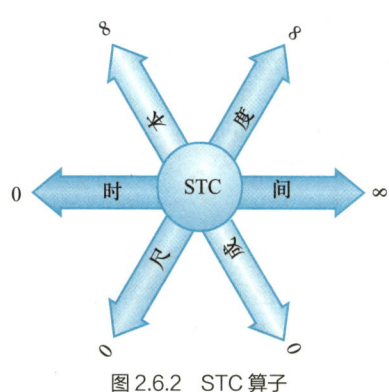

图2.6.2　STC算子

（3）迅速、准确地发现矛盾。STC算子可以帮助我们在尺度、时间、成本的极端变化状态下，使原本模糊的问题迅速变得清晰，原本隐藏的矛盾暴露无遗，从而快速发现和定位问题根源之所在。

（4）快速产生新的想法。STC算子可以帮助我们在不同维度的极限思考中快速将思维发散到极端方向，淋漓尽致地发挥想象力，从而大大地拓展思路，产生各种奇妙的想法。

【案例2.6.3】

笔 的 改 进

如何改进一支笔？这个问题看起来并没有什么清晰的思路。但是，如果我们运用极限思考的方法，通过STC算子来讨论笔的改进问题，结果就会大不相同（见表2.6.2）。

表 2.6.2　应用 STC 算子改进一支笔

算子		想法
S	几何尺寸 ∞	笔变大后会如何呢？我们想到了可以写大字的超大号的毛笔。尺寸继续变大又会如何呢？我们想在大楼的墙壁上写字或绘画，但爬上墙壁很危险，效率也太低，于是我们想到了激光笔、投影笔。当然我们也可以用激光笔在悬崖峭壁上写字，如果功率足够大，可以将字直接刻在悬崖上。我们也可以在大地上"写"字，这时我们的"笔"可以是镰刀，在麦田里割出在空中才能看到的文字或图案。其实，类似的方法聪明的古人早就用过了，如秘鲁的纳斯卡巨画，是用宽窄不一的沟来做"画"，最大的一幅占地 5 平方千米。在天空上写字用什么样的笔呢？我们想到利用放烟花的方式、飞机施放的方式以及气球拼接的方式，甚至想到通过改变云的形状"写字"。当一支笔尺寸变为无穷大的时候，可以将字写到世界的各个角落，现在的互联网是不是能够实现呢？而且如果能够造出无穷长的笔，阿基米德可以用其撬动地球，人类登月是不是也可以借用呢？用这样的笔写向更遥远的太空，是不是能将地球上人类的信息传递给外星人呢……
	0	当一支笔的尺寸不断变小的时候又会如何呢？例如铅笔芯，从石墨条到普通铅笔，到自动铅笔的笔芯，再到复印碳粉；再如墨水笔尖，从鹅翎笔到自来水笔尖，到圆珠笔尖，到毛细纤维笔尖，再到喷墨打印墨滴。继续变小，无穷小的时候，我们可以想象到纳米技术：生产芯片用的光刻机，精度可以从几百纳米到十几纳米；利用扫描隧道显微镜，控制原子、分子拼字……
T	时间 ∞	可以从书写的时间着手。比如当书写时间比较长时，有哪些新特性呢？可以想到向钢铁上刻字的雕刻机床，向石头上写字的石雕等，时间更长的有刺绣的艺术品字……
	0	书写时间变短时，能够想到电脑打字、记者的速记，更快的方式将是未来根据信息科学和人体科学研究成果，利用人脑控制写字，将想到的东西瞬间写下来……
C	成本 ∞	如果不计成本地改进一支笔，会出现什么情况？我们可能想到用宝石镶嵌在笔上，或用金子做一支笔，作为一种身份的象征可以在市场上卖高价。还可以借助高科技技术，开发出智能机器人笔，人只要讲出书写内容，智能机器人笔就可以帮助人们把字写下来……
	0	那么一只没有成本的笔是什么样子呢？我们可能想到地上铺一层沙子，用一根棍子就可以做笔。或者找到坚硬的石头，或是用火烧过的木棍……

（二）STC 算子的使用方法

1. 使用 STC 算子的步骤

应用 STC 算子的要点是：在最大范围内来改变每一个参数，只有问题失去物理学意义才是参数变化的临界值。通常按照下列步骤分析：

步骤一：明确系统。尝试用更抽象的概念来描述系统，而不拘泥于眼前具象的概念。明确系统后，可根据需要进一步描述问题或任务，以及限制条件等。

步骤二：明确算子。明确现有系统的尺度、时间、成本方面的特性，确定相应算子。

步骤三：极限分析（时空变形）。可以尝试把尺度、时间与成本中的两个要素固定住，把第三个要素极端化，以获得有创意的答案。如：固定住时间与成本，尺度无穷大会如何？尺度无穷小会如何？固定住尺度与成本，时间无穷大会如何？时间无穷小会如何？固定住尺度与时间，成本无穷大会如何？成本无穷小会如何？

步骤四：结论与评价。分析步骤三中所获得想法或结果。如有必要，修正现有系统，重复步骤二、步骤三，以求进一步分析问题，获得更多、更深入的想法或结果。

2. 使用 STC 算子的注意事项

在使用 STC 算子时，初学者容易出现以下错误，应当在使用过程中尽可能地避免错误的出现，为解决技术问题奠定良好的基础。

（1）在步骤一中，对问题的定义和界定不清楚，导致在后续的步骤中与研究对象不统一，同时不应该改变初始问题的目标。

（2）在步骤二中，对研究对象的三个特性——尺度、时间、成本的定义不清楚，造成后续分析问题时没有找到解决问题的方向。

（3）不能在没有完成所有想象试验时，担心系统变得复杂而提前终止。

（4）STC 算子使用的成效取决于主观想象力、问题特点等情况，需要充分拓展思维，改变原有思维的束缚，大胆地展开想象，不能受到现有环境的限制。

（5）不能在试验的过程中尝试猜测问题最终的答案。

（6）STC 算子一般不会直接获取解决技术问题的方案，但它可以让我们获得某些独特的想法和方向，为下一步应用其他方法寻找解决方案做准备。

【案例 2.6.4】

平底锅与超级狗

这是一个来自于 TRIZ 的经典教学案例：声音在空气中的传播速度大约每秒

340 米。如果在狗的尾巴上系上一个平底锅,则狗以何种速度奔跑,它才能听不到锅与地面的撞击声?

直观的答案可能是:狗以超音速奔跑。但是,狗的奔跑速度能达到超音速吗?现在让我们应用 STC 算子来探讨一下答案(图 2.6.3)。

图 2.6.3　STC 算子

步骤一:明确系统

我们首先必须抛开现实的限制因素:现实生活中,狗的奔跑速度当然达不到超音速。但在这里必须假定狗可以跑得无限快,可以比第四宇宙速度还快。所以可以视为"可以以任意速度移动的物体"。整个系统就是"后端可通过移动发声的系统"。如果进一步描述问题,则是:系统以何种速度移动,其后端在移动中发出的声音传递不到前端?

步骤二:明确算子

1. S 算子。最直接的度量尺度是:速度。

2. T 算子。实际上这个问题中的时间变量是从平底锅发出声音到狗耳朵听到该声音所用的时间,狗跑得快这个时间就长,跑得慢这个时间就短。显然,T 算子应该是从平底锅发出声音到狗听到该声音所用的时间。所以时间算子确定为:声音从声源传播到移动物体所用的时间。

3. C 算子。为狗的体能消耗,即:物体移动的能量损耗。

步骤三:极限分析

应用 STC 算子分析如表 2.6.3 所示。

动画:STC—狗与平底锅

表 2.6.3　STC 算子分析

算子	极值	实际取值	分析	可能结果
S	∞	移动速度等于或大于声音传播速度	此时系统后端产生的声音向前传递到的位置始终保持这个固定距离或逐渐拉开距离	声音永远传递不到系统前端

续表

算子	极值	实际取值	分析	可能结果
S	0	移动速度接近或等于 0	系统移动速度越慢，其后端产生的声音传递到前端的耗时越小。由于声音必须移动才能产生，因此当系统移动速度为 0 时，无声音	速度为 0 时无声音被传播
T	∞	声音传递到系统前端的时间无限长	假设不考虑声音的衰减，可以一直传播，则无限长的时间意味着"追着"移动物体传递的声音永远保持着与物体的距离甚至逐渐被拉开	系统移动速度必须等于或大于声音传播速度
T	0	声音传递到系统前端所用时间接近或等于 0	不考虑负向运动，系统不产生位移时声音传播用时最短。但此时不产生声音	无位移，无声音
C	∞	系统移动的单位时间能量损耗和总能耗可以无限大	能量可以保障系统以足够快的速度移动足够长的距离（或时间）	能量可以保障让声音"追不上"
C	0	系统移动的能量损耗为 0	此时系统没有移动，不产生声音	无移动，无声音

步骤四：结论与评价

从表 2.6.3 的分析可知：① 系统移动速度等于或大于音速时，声音传不到系统前端；② 系统不移动或速度为 0（位移为 0）时不产生声音。即：狗的奔跑速度为 0，或奔跑速度等于或大于音速时，狗听不到平底锅撞击地面的声音。结合现实情况，狗不可能达到超音速。

结论：狗的奔跑速度为 0（停止或原地跑）时，听不到平底锅的撞击声。

评价：问题已获解决（无须重新明确算子和极限分析）。

确定上述算子的理由是什么呢？为什么不选其他的相关属性为算子？理由如下：

对于 S 算子，我们可以考虑哪个度量尺寸呢？平底锅的大小，系锅的绳子的长短？假设平底锅非常小，小到如挖耳勺，根本撞击不到地面，或是非常大，大到狗根本带不动；或者，系平底锅的绳子非常短，奔跑时锅不着地，或是绳子非常长，长到平底锅撞击地面的声音因遥远而根本传不到狗的耳朵里。显然，这几

种情况都是有悖于题意的。在这里,我们需要考虑的主要度量的参数是"速度",因而 S 算子应确定为速度。

对于 T 算子,我们是否可以考虑用狗奔跑时间的长短作为 T 算子?其实,没有速度这一指标,奔跑的时间再长也没有太大意义。而奔跑时间为 0 看似能够得到"奔跑速度为 0"的答案,速度为 0 可以理解为狗在奔跑但没有位移,即:狗在"原地踏步跑"。但 0 时间狗的状态只能是停止没有奔跑。

对于 C 算子,可否考虑其他因素成本?比如,引入极便宜的隔音介质,用海绵包裹平底锅,或塞住狗的耳朵;或者,加大成本,狗在跑步机上同步于跑步机速度奔跑;或者,引入理想的真空环境,让狗到月球上去奔跑。显然,这样做都有悖题意。

三、理想化的最终结果:最终理想解

(一)最终理想解的含义

我们在解决问题的最初阶段,往往没有清晰的思路,找不到解决问题的目标和方向,有一种摸着石头过河、老虎吃天无从下口的感觉。这时如果我们应用理想化的思考方法,首先确定解决该问题的最佳结果及其方向和位置,则会大大避免盲目性和无谓的尝试,有效提高解决问题的质量和效率。

尽管在事物进化发展的某个阶段,不同系统进化的方向各异,但如果将所有事物作为一个整体考虑,则低成本、高功能、高可靠性、无污染等是其理想状态。例如技术系统,理想的状态应为质量、体积、面积、消耗趋于零,实现的有用功能数量趋近于无穷大(其实质是:降低成本增加有用功能)。

事物(系统)处于理想状态的解称为理想化的最终结果,即最终理想解(ideal final result,IFR)。在解决问题之初,首先抛开各种客观限制条件,通过理想思考法来定义问题的理想化最终结果,明确理想方案所在的方向、位置和组成,以限定在解决问题过程中沿此目的前进,并获得理想化最终结果,从而避免传统创新方法中就事论事、缺乏综合性目的的弊病。最终理想解的作用是:指明通往解决方案之路;使问题尖锐化,不走折中之路。

"最终理想解"的概念来源于 TRIZ。TRIZ 理论创始人阿奇舒勒对 IFR 做这样的比喻:"可以把最终理想结果比作绳子,登山运动员只有抓住它才能沿着陡峭的山坡向上爬。绳子不会向上拉他,但是可以为其提供支撑,不让他滑下去。只要松开绳子,肯定会掉下来。"

最终理想解有四个特点（图 2.6.4）：
(1) 保持了原系统的优点。
(2) 消除了原系统的不足。
(3) 没有使系统变得更复杂。
(4) 没有引入新的缺陷。

图 2.6.4　IFR 的特点

当确定了最终理想解之后，可用这 4 个特点检查其有无不符合之处，并进行系统优化，以确认达到或接近最终理想解为止。

【案例 2.6.5】

理想的超市

据国外媒体报道，欧洲零售业巨头乐购（Tesco）旗下的韩国连锁超市 HomePlus 日前在韩国的地铁站内推出了一种新型的电子虚拟超市（图 2.6.5）。顾客在等地铁时可像逛实体店一样浏览所售的商品，然后使用手机扫描所选择商品的二维码并通过手机在网上进行结算，超市会将所购产品按时送到家中。

图 2.6.5　韩国地铁站内虚拟超市

（二）最终理想解的应用

最终理想解的确定是问题解决的关键所在，很多问题的最终理想解被正确理解并描述出来，问题就直接得到了解决。人们的惯性思维常常让自己陷于问题当

妙思偶得

中不能自拔，解决问题大多采用折中法，结果就使问题时隐时现让人叫苦不迭。而最终理想解可以帮助我们跳出传统思维的怪圈，以"理想化的最终结果"这一新角度来重新认识定义问题，得到与传统方式完全不同的解决思路。

应用最终理想解来寻找问题答案，一般有以下步骤：

(1) 设计的最终目的是什么？
(2) 理想解是什么？
(3) 实现理想解的障碍是什么？
(4) 出现障碍的结果是什么？
(5) 消除障碍的条件是什么？

【案例 2.6.6】

微课：最终理想解

神奇的兔笼

某农场主有一大片农场，放养大量的兔子。兔子需要吃到新鲜的青草，农场主不希望兔子走得太远而照看不到。现在的难题是，农场主不愿意也不可能花费大量的资源割草运回来喂兔子（图 2.6.6）。这难题如何解决？

图 2.6.6 神奇的兔笼

应用上面的五个步骤，分析并提出最终理想解：

(1) 设计的最终目的是什么？兔子能够吃到新鲜的青草。

(2) 理想解是什么？无须割草运草，兔子也不会跑远，但总能自己吃到新鲜的青草。

(3) 实现理想解的障碍是什么？为防止兔子走得太远照看不到，农场主用笼子放养兔子，这样，放兔子的笼子不能移动。

(4) 出现这种障碍的结果是什么？由于笼子不能移动，可被兔子吃到的笼下草地面积有限，短时间内草会被吃光。

(5) 不出现这种障碍的条件是什么？创造这些条件存在的可用资源是什么？当兔子吃光笼子下的青草时，笼子移动到另一块有青草的草地上；可用资源是兔子（移动笼子的动力）。

解决方案：给笼子装上轮子，兔子自己推着笼子移动，去不断地获得青草。

【案例 2.6.7】

聪明的熨斗

平时衣服起了褶皱需要用熨斗来熨烫衣服。但是使用熨斗一直有这样一个问题，假如在你熨衣服的时候突然来了电话，或者有人敲门等事情打扰，可能你会离开了烫衣板去处理这些事情，结果回来时发现熨斗就放在衣服上，衣服已经被熨斗烧了一个大洞。

在这种情况下，你一定会想，如果熨斗能自行站立起来该有多好啊！这显然是熨斗设计的一个最终理想解。

应用上面的五个步骤，分析并提出最终理想解：

(1) 设计的最终目的是什么？衣服不会被熨斗烫坏。

(2) 理想解是什么？熨斗能自己保持站立状态。

(3) 实现理想解的障碍是什么？熨斗无法自行站立，需要靠人来摆放成站立状态。

(4) 出现这种障碍的结果是什么？如果人忘记把熨斗摆放成站立状态，熨斗长时间与衣服接触，衣服被烫坏。

(5) 不出现这种障碍的条件是什么？有一个支撑力将熨斗从平行状态支起。

我们可以在大脑中思考有什么东西可以自己保持站立状态，小孩子也马上能够想到一种最常见的玩具：不倒翁。那么不倒翁是如何实现这种神奇的状态的？是不是相同的原理可以应用在熨斗的设计上呢？

解决方案：把熨斗的尾部设计成圆柱面或者球面，让重心移到尾部，因此熨斗像不倒翁一样，平时保持站立的姿态。使用时轻轻按倒即可；不使用时，只要你一松手，熨斗就自己站立起来，脱离与衣服的接触。这样，你可以放心地去做别的事情了。

技法训练

训练一：小 组 讨 论

1. 训练目的

理解极限思考，灵活选取 S、T、C 算子。

2. 内容步骤

应用 STC 算子的方法策划一次暑假社会调查或考察活动。讨论结果填入下表。

3. 训练方法

(1) S 算子可以是地域范围，如：大到全省、全国、全世界，小到社区、公园、景点等。也可以是群体范围、行业等。

(2) T 算子可以是调查（考察）需要的时间，最大值是整个假期，最小值可能是一天、一个上午。

(3) C 算子可以是调查（考察）的费用。

暑假社会调查（考察）策划分析表

步骤一 明确任务	题目			
	主要内容			
步骤二 明确算子	S 算子			
	T 算子			
	C 算子			
步骤三 极限分析	算子极值	实际取值	分析	可能结果
	S ∞			
	S 0			
	T ∞			
	T 0			

续表

	算子极值	实际取值	分析	可能结果
步骤三 极限分析 C	∞			
	0			
步骤四 结论评价	结论			
	评价			

训练二：最终理想解训练

1. 训练目的

体验理想化思考方式，确定解决问题的方向。

2. 内容步骤

（1）图书。书籍是指装订成册的图书和文字，在狭义上的理解是带有文字和图片的纸张的集合。但图书规格大小、薄厚不一，而且较重，不便于携带。图书需要在较强光线下才能阅读，普通书籍中的图片是平面的、静止的，文字只能阅读，不能发声……那么，你认为理想的书籍应该是什么样子的呢？请用 TRIZ 最终理想解的要求进行描述。

（2）割草机在割草时，发出噪声，消耗能源，产生空气污染。高速飞出的草有时候会伤害到操作者。现需要改进现有的割草机，解决噪声等问题（图 2.6.7）。

图 2.6.7　割草机

（3）人受到强烈刺激的时刻是瞬间的，为了捕捉人的特殊时刻并获得人在此状态下的照片，需要连续拍摄。如果不想连续拍摄，如何在需要时刻（比如人进行惊险运动时）拍摄人的面部表情？请确定最终理想解。

技法延伸

课外作业：极限思考技能提升训练

1. 训练目的

感受极限思考，运用 STC 算子及 IFR 进行创造性分析解决问题。

2. 内容步骤

根据内容来源，请各小组采用图文形式描述上述技术先进的文明和"理想"文明，并撰写不少于 800 字的报告。

3. 内容来源

超级文明。想象一下 2500 年时我们的文明。星际旅行已经十分普遍，人们可以到想去的任何星球和邻近星系旅行。地球政府决定派遣一支由科学家和工程师组成的特殊考察队去拜访已知的技术最先进的文明。星球探索车上的工作人员还接到了一项密码任务：在某个地方存在一个"理想"文明，星球探索车上的工作人员要找到它，并且，如果可能的话，收集相关信息。这次考察的结果对地球的未来至关重要。地球政府必须决定我们的文明要朝什么方向发展。

技法拓读 6：
TRIZ 理论中的
理想化

技法七

矛盾思考——分离原理

技法导图

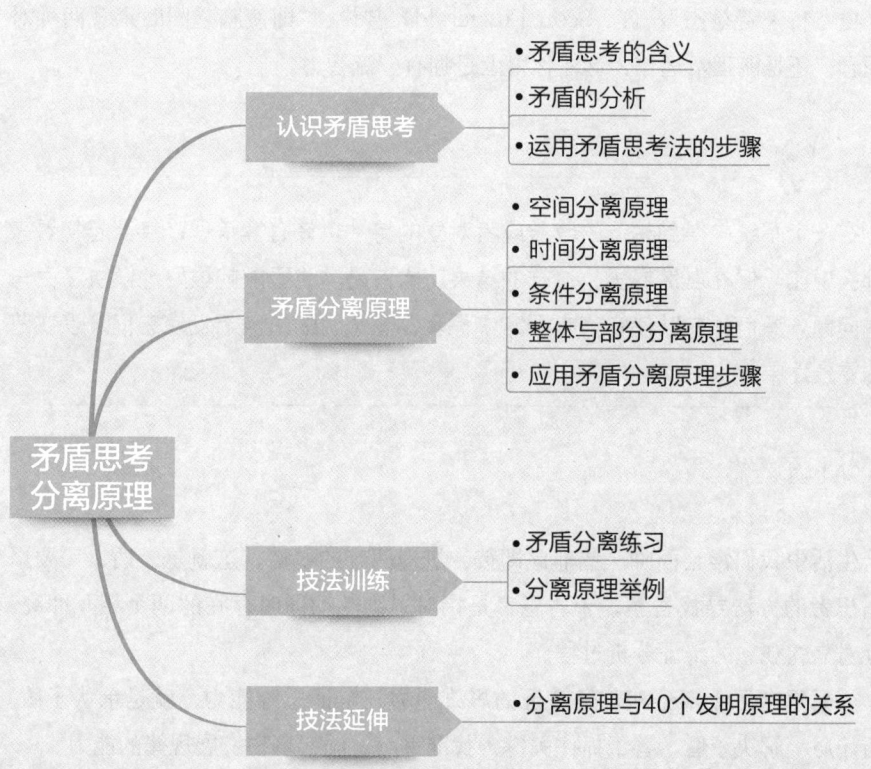

技法目标

1. 知识目标：认识矛盾对立统一的本质；了解矛盾思考法。
2. 技能目标：掌握确定矛盾的一般方法和矛盾分离原理的应用。
3. 体验目标：感受矛盾思考，体验分析矛盾、矛盾分离的过程。

技法内容

创新故事14：
鸳鸯锅的发明传奇

问题是时代的先声与实践的起点，矛盾是推动事物发展的动力与源泉。我们生活的地球是个充斥着许许多多矛盾的矛盾体，矛盾在我们的生活中处处可见。清晨醒来，我们就面临一天中的第一个矛盾：要起床，还是继续睡觉？起床的理由有很多：工作、上学、给孩子喂饭等。我们还会遇到更多矛盾，并做出选择，直到我们再次上床睡觉。矛盾可能还会在我们的梦中继续。

一道数学题，有的学生认为很容易，有的学生认为很难；孩子认为河水是热的，想下去洗澡，母亲则认为河水是凉的，下去会感冒；我们希望电视的屏幕越大越好但同时体积和重量都大大地增加了……通常，矛盾会让人左右为难，无所适从。因此，当两个对立的见解在同一时间、同一地点、同一条件都被认为是正确时，便产生了矛盾。分析和消除这些矛盾需要发挥创造力和想象力。

史考特·费兹杰罗（F. Scott Fitzgerald）曾说："即使脑袋同时承载两种对立理念，还是能正常运作，这才称得上是拥有一流智力。"

萃智贴士

在一个系统中得到相反的收益或者对立的特性也许有悖常理，甚至起初看来不那么现实。但在自然界里，这样的结果比比皆是。北极熊就很好地解决了白与黑的问题。黑色的皮肤使它们在严寒中保暖，而透明的白色毛发使它们隐没在茫茫的雪景之中。

一、认识矛盾思考

（一）矛盾思考的含义

生活中我们常会面临一些非此即彼、进退两难的事情，这就是矛盾，需要用矛盾思考的方法寻找答案。矛盾思考是指对思维活动同时存在的两个相互冲突、相互对立的观念的辩证分析过程。

矛盾思考源于辩证法，是辩证的思维能力。辩证思维能力，就是承认矛盾、分析矛盾、解决矛盾，善于抓住关键、找准重点、洞察事物发展规律的能力。

矛盾思考可以具体化为如下几个主要的方法论原则：

（1）把握事物的本质差别和本质对立的方法。

（2）突出否定性原则的方法。矛盾观认为，由于事物内部的本质对立和本质差别，旧的矛盾统一体必然会发生破裂，从而使矛盾对立面向反面转化，这就是旧事物的灭亡和新事物的产生。

（3）通过矛盾冲突促使事物发生质变的方法。

矛盾思考是并存式的思维，让我们能兼顾互相冲突的目标，不再顾此失彼。矛盾思考可以补足线性思考的不足。这种思维模式面对一组二元对立的概念时，能清楚掌握两者因某个目标而衍生的互依关系。在我们大学生创业项目经营中，"削减成本与投资成长"便是一组互相对立的概念。这两个概念都是实现组织良好前景不可或缺的要素，所以也是互相依存的概念。如果无法好好掌握并运用这组二元对立的概念，项目很可能会倒闭，就算没有关门大吉，也逃不过逐渐衰败的命运。

矛盾思考让我们能兼顾互相冲突的目标。采用矛盾思考后，就不会再把互相冲突的需求视为独立的两个概念分开思考，也不会顾此失彼。矛盾思考背后的假设是，只要能彻底分析目前的状况，解决问题的那个选项自然就会脱颖而出。

矛盾思考法可以弥补许多人视为自然而然那种思考模式的不足。例如，你总是线性思考，不可能一看完这本书就马上彻彻底底地改用矛盾思考。再如，在管理团队成员绩效或表现时，习惯线性思考的人会想："我要先指出这个成员的缺点，然后再称赞他表现好的地方。"他在管理团队时确实想到批评与鼓励，但是会用循序渐进的方法执行。习惯线性思考的人，不可能把批评与鼓励同时视为一组互相依存的对立概念。

所以针对这种线性思考模式，矛盾思考法可以提供另一种检视其他选项及目标的角度。也就是说，把批评与鼓励这两个大相径庭的需求联结在一起，并且了解要达到有效管理团队成员绩效的目标，这两件事情缺一不可。换句话说，当我们面对一个挑战时，对于这个挑战的本质、解决方法或目标，都可以通过矛盾思考法达到更深一层的理解或启发。在这个例子里，这位惯于线性思考的人若开始把批评与鼓励联结在一起，并且有意识地同时运用这两个概念来协助员工提升绩效，他就能创造一个理想的环境，让团队成员更快地改变行为，并表现得更好。

把矛盾思考纳入问题解决策略还有另一个好处，那就是能提醒自己是否过于执着成对概念中的某一个概念，忽略天平另一端的重要性。也就是说，矛盾思考有助于监督自己处理问题及采取行动时是否失衡。在上述这个员工绩效管理的例子里，当然我们可能希望多强调鼓励，少一点批评。刻意采取这种策略并且紧盯执行成效对未来很有帮助，但是如果没有意识到自己有重鼓励轻批评的情况，那很可能为自己带来新的问题。

妙思偶得

微课：认识矛盾思考

想一想
为了减肥，吃与不吃如何选择？

（二）矛盾的分析

矛盾思考的目的是辨析问题中的矛盾，然后寻找适合的解决方法。通常情况下，事物中所包含的矛盾是复杂的，不清晰的，常让我们有老虎吃天无从下口的感觉。这时就需要找到正确的分析方法，抓住最主要的矛盾，使问题变得简单、清晰。使模糊问题变得简单、清晰的办法之一就是分解其中的矛盾使之变成一个或若干个矛盾对，即二元矛盾，这个过程我们可以称为"问题最小化"。

通常可以将矛盾模型描述为二元矛盾模型，即仅仅为两种因素（特性）之间的不相容要求或同一因素（特性）的两个相反要求而建模，对于多种因素的冲突可以看作相互联系的二元矛盾的总和。对于矛盾中不相容的因素，我们可以作如下划分：

（1）两个因素都是积极的，但它们影响彼此的实现。这是因为，由于两者在某种资源中都需要，但是不能够同时存在，或者不能够按照需要的数量使用这个资源，而相互冲突。

（2）两个因素中一个因素是积极因素，有利于实现系统的主要有益功能，而另一个因素是消极因素，反作用于这一功能。

（3）为实现其功能，对同一因素提出了不相容（相反）的要求。

这三种形式分别表现为三种不同的矛盾模型。即管理矛盾、技术矛盾和物理矛盾。

管理矛盾是非标准的矛盾，不能被直接消除，通常是转化为技术矛盾或物理矛盾来解决的。技术矛盾是系统两个参数之间的冲突，而物理矛盾则是系统同一参数两个不同值之间的冲突。人们通常是先发现管理矛盾，然后分析出技术矛盾、物理矛盾。物理矛盾是最根本的矛盾，所以又被称为"根本矛盾"。日常生活中，多数矛盾最终都是通过物理矛盾解决问题。

【案例2.7.1】

小明的难题

情境1：管理矛盾。我们班的小明是全校有名的运动健将：跳高、跳远、百米、200米、400米都曾拿过全校冠军。但这次学校运动会除接力项目外每人最多限3项，小明应该选哪3个项目呢？

情境2：技术矛盾。由于天气原因，原来两天的比赛要压缩到一天半完成。跳高与跳远时间冲突，小明选了最强的跳远和百米，另一项选什么呢？同班好友小强200米成绩仅次于小明，正常发挥情况下，如果小明选200米，则小明冠军小强亚军，如果小明不选200米则小强可以顺利夺冠。而如果小明选400米，两项冠军班级都可拿到，但赛程若再压缩，每年必上的接力比赛会在400米后马上进行，肯定会因为体力原因影响接力成绩。小明应该怎么办呢？

情境3：根本矛盾。在班主任的建议下，小明选择参加400米比赛。但到了赛前，担心的事情果然出现了：因将有暴雨，一天半的赛事又进一步压缩至一天进行，400米后紧接着就是接力比赛。小明面临抉择：跑400米，还是不跑？

（三）运用矛盾思考法的步骤

黛波拉·施洛德－索勒尼耶在其著作《矛盾思考法：世界500强创新思维与决策技巧》中将矛盾思考法概括为五个步骤：

步骤一：列出目前面对的两难。

步骤二：评估哪些情境需要使用矛盾思考。

步骤三：想象如果只专注单一选项，能达到什么目标、错失目标的后果为何、会有哪些好处与坏处。接着想象如果兼顾两者，情况又会如何。

步骤四：规划行动步骤，管理并运用手上的矛盾，帮助达成好的结果。

步骤五：均衡执行，确保自己没有偏废两难的任何一方，避免出现坏的结果。

现在试着想象这些步骤间的联结与流动看起来是什么模样，并且不断重复后又有什么样貌。这些步骤彼此间有种充满活力的关系，持续实践一段时间后，这种思维将会变得十分流畅，可快速为你的职业生涯与个人生活创造价值（见图2.7.1）。

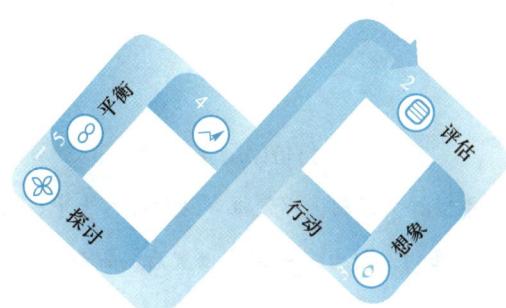

图2.7.1 矛盾思考法步骤

二、矛盾分离原理

矛盾是问题产生的根源，任何类型的矛盾都可以最终归结为物理矛盾（根本矛盾）。要想有效地消除矛盾、解决问题，需要将矛盾双方分离开来，这就需要用到矛盾的分离原理。

按照空间、时间、条件、系统级别,可以将分离原理概括为空间分离、时间分离、条件分离、整体与部分分离四个分离原理。

(一) 空间分离原理

所谓空间分离,是将矛盾双方在不同的空间上分离开来,以获得问题的解决或降低解决问题的难度。

使用空间分离前,先确定矛盾的需求在整个空间中是否都沿着某个方向变化。如果在空间的某一处,矛盾的一方可以不按一个方向变化,则可以使用空间分离原理来解决问题,即当系统矛盾双方在某一空间出现一方时,空间分离是可能的。

【案例2.7.2】

交叉路口的交通 1

微课: 矛盾分离原理

在交叉路口,不同方向行驶的车辆会因混乱而影响通行效率,甚至出现交通事故。其矛盾描述为:道路必须交叉,以使车辆驶向目的地 (A),道路一定不得交叉,以避免车辆相撞 (非A)。

运用空间分离原理解决交通问题。利用桥梁、隧洞把道路分成不同层面,空间分离方案如图2.7.2所示。

图 2.7.2 交通路口空间分离方案图

【案例2.7.3】

打桩问题 1

在打桩过程中,希望桩头锋利,以便桩容易被打入土中;同时在结束打桩后,又不希望桩头继续保持锋利,因为在桩到达位置后,锋利的桩头不利于桩承受较重的负荷。

运用空间分离原理解决打桩问题。在桩的上部加上一个锥形的圆环,并将该圆环与桩固定在一起,从空间上将矛盾进行分离,既保证了钢桩容易打入,同时又可以承受较大的载荷,如图2.7.3所示。

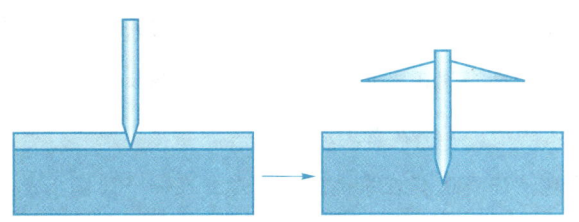

图 2.7.3 打桩问题空间分离方案图

【案例 2.7.4】

双 光 眼 镜

一些患有屈光不正的中老年人看远、近物体时，需要佩戴不同度数的两副眼镜，这种情况多见于远视眼合并老花眼或近视眼合并老花眼。如 100 度近视眼，看远处物体需用 100 度近视眼镜，看近处物体则需 100 度老花眼镜。如果佩戴两副眼镜，拿上拿下地反复更换，肯定会感到极不方便。在改进眼镜的历史上，美国的富兰克林首先提倡制造双光眼镜。所谓双光眼镜，是在这些眼镜的同一块镜片上，有两种屈光度数（远或近/老花）的区域，矫正远距离视力的屈光度数区域，通常位于镜片的上方；矫正近距离视力的屈光度数区域，则设在镜片的下方（图 2.7.4）。由于在同一镜片上同时包括看远及看近的屈光度数区域，人们交替地看远处及近处时，就不需要更换眼镜，这比单用老花眼镜更方便。

图 2.7.4 双光眼镜

【案例 2.7.5】

鞋业公司的难题

美国某鞋业公司生产一种知名品牌的运动鞋。由于其运动鞋的质量非常好，因此订货的主要客户都是欧美比较大的运动超市。为了节约生产成本，这个鞋业公司把生产地点转移到了东南亚某个国家。在鞋子的生产过程中生产工艺和质量控制得非常严格，起初一切似乎都很顺利。但是没有过多久，问题出现了：管理者很快发现少数当地工人有偷鞋子的行为。管理者曾经多次公开警告，包括使用降薪、开除等管理手段，但是始终难以杜绝这种不愉快的事情，因为这个牌子的运动鞋太有名气了，对当地的某些"鞋迷"来说吸引力很大。

分析问题：生产过程需要降低人工成本，因此需要让东南亚国家的当地工人生产靴子，但是因为有当地工人偷靴子，所以又不能让当地工人生产靴子。物理矛盾为：既要在这生产，又不在这生产。

结论：生产地点还是选择在东南亚，但是，在一个国家生产左鞋，在另外一个国家生产右鞋。对于生产地点来说，应用的是空间分离原理；对于鞋子来说，应用的是整体与部分分离原理。从此以后，工厂里丢鞋的现象基本上就杜绝了。

（二）时间分离原理

所谓时间分离，是将矛盾双方在不同的时间段分离开来，以获得问题的解决或降低解决问题的难度。

使用时间分离前，先确定矛盾的需求在整个时间段上是否都沿着某个方向变化。如果在时间段的某一段，矛盾的一方可以不按一个方向变化，则可以使用时间分离原理来解决问题，即当系统矛盾双方在某时间段中只出现一方时，时间分离是可能的。

【案例2.7.6】

交叉路口的交通2

运用时间分离原理解决交通问题。解决交叉路口交通问题的传统的方法是通过交警的指挥在时间上分流车辆。普通使用的是交通信号灯按设定的程序将通行时间分成交替循环的时间段，使车辆按顺序通过。显然，在这里占主导地位的是时间资源，如图2.7.5所示。

图2.7.5 交叉路口时间分离方案图

【案例2.7.7】

打桩问题2

运用时间分离原理解决打桩问题。在钢桩的导入阶段，采用锋利的桩头将桩导入，到达指定的位置后，将桩头分成两半或者采用内置的爆炸物破坏桩头，使得桩头可以承受较大的载荷（图2.7.6）。

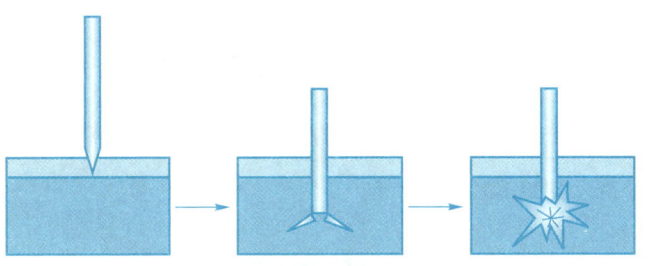

图 2.7.6　打桩问题时间分离方案图

【案例 2.7.8】

折叠自行车

自行车在行走时体积要大，以便载人；在存放时要小，以节省空间。自行车既大又小的矛盾发生在行走与存放两个不同的时间段，因此采用了时间分离原理，得到折叠式自行车的解决方案（图 2.7.7）。

图 2.7.7　自行车使用和存放状态

【案例 2.7.9】

研磨剂的清除

在喷砂处理工艺中，必须使用研磨剂，但是在完成喷砂工艺之后，产品内部或一些凹处会残留一些研磨剂。由于研磨剂的存在将影响后续的工艺。所以，喷砂工艺之后研磨剂的存在对于产品而言是不需要的，在喷砂处理工艺中的砂粒聚集问题可以采用时间分离的方法。一个有效的解决方案是采用干冰块作为研磨剂。喷砂工艺结束之后，干冰块将会由于升华而消失，从而解决了砂粒聚集问题。

（三）条件分离原理

所谓条件分离，是将矛盾双方在不同的条件下分离，以获得问题的解决或降低解决问题的难度。

基于条件分离前，先确定矛盾的需求在各种条件下是否都沿着某个方向变化。如果在某种条件下，矛盾的一方可以不按一个方向变化，则可以使用基于条件分离原理来解决问题，即当系统矛盾双方在某一条件下只出现一方时，基于条件分离是可能的。

【案例2.7.10】

交叉路口的交通3

利用基于条件的分离法解决交通问题。车辆只能直行，转弯走环路。交叉路口基于条件分离方案如图2.7.8所示。

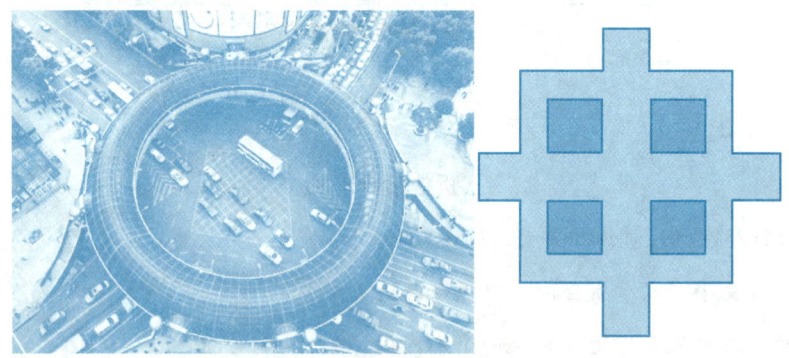

图2.7.8　交叉路口基于条件分离法方案图

【案例2.7.11】

打桩问题3

运用基于条件的分离原理解决打桩问题。在钢桩上加入一些螺纹，将冲击式打桩改为桩螺旋拧入的方式。当将桩旋转时，桩就向下运动；不旋转桩时，桩就静止。从而解决了方便地导入桩与使桩承受较大的载荷之间的矛盾。如图2.7.9所示。

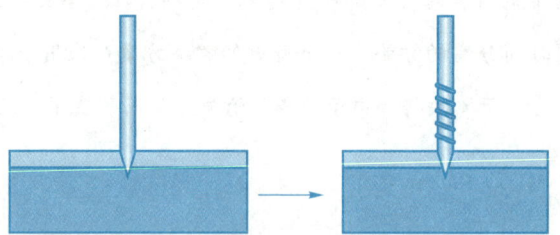

图2.7.9　打桩问题基于条件分离法方案图

【案例2.7.12】

高台跳水运动员的保护

高台跳水训练时，运动员不以正确的姿势入水会受伤。数据调查：30%跳水运动员眼底不正常，16%视网膜脱离。有没有一个改善的方法使运动员在训练的时候少受伤呢？

在水与跳水运动员组成的系统中，水既是硬物质，又是软物质，这主要取决于运动员入水的速度和与水接触的面积，速度快则水就"硬"，反之就"软"；接触面积越大越容易受伤。但在本系统中，运动员的入水速度是不能改变的，需要改变的是水。

矛盾：水要有一定的强度，这是水的特性所决定的；水又要是软的，因为需要保护运动员。那么，水在什么条件下会变成"软"的物质？我们第一个想到的就是泡沫或海绵，就希望有个像海绵或泡沫的水存在。分析一下泡沫和海绵的结构，于是我们在水中注入大量的空气，水就变"软"了。解决方案如图2.7.10所示。

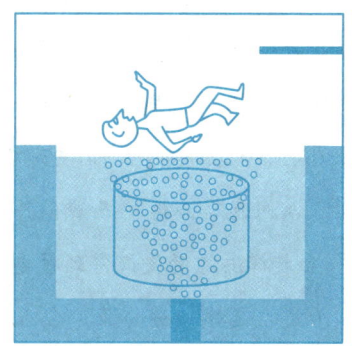

图2.7.10　跳水训练池改进的前与后

【案例2.7.13】

彩 虹 门

在节日或庆典时，美丽壮观的彩虹门装点了喜庆的气氛（图2.7.11）。问题是，体积很大的彩虹门在不使用时很不方便存放。

图2.7.11　充气的彩虹门

矛盾：彩虹门应该大，这是庆典时需要的；同时彩虹门应该小，为了存放方便。

应用基于条件的分离原理法，在充气的条件下，彩虹门是大的，而在不充气时，它是小的。当然，也可以描述为时间上的分离：彩虹门在使用时应该是大的，而在存放时应该是小的，但重要的是如何变大和变小。

【案例 2.7.14】

最 牛 公 章

贵州省锦屏县平秋镇圭叶村因一枚由本村村民发明刻制的"公章"而闻名全国。他们将刻有"平秋镇圭叶村民主理财小组审核"字样的印章分为五瓣，分别由四名村民代表和一名党支部委员保管，村里的开销须经他们中至少三人同意后，才可将其合并起来盖章，盖了章的发票才可入账报销。这枚印章被网友称为"史上最牛公章"（图 2.7.12）。

圭叶村是国家重点贫困村。每年镇财政给村上划拨办公费 5 000 元，偶尔村里也会得到一些扶贫赠款，除此之外村里无其他收入。但是多年来，这些为数不多的公款的使用却常常引起村民们不满和质疑。2006 年 2 月 21 日，村党支部书记谭洪勇召集 10 位村民集思广益。"能不能刻制一枚审核章，分成五瓣，四个村小组各选一个代表再加上一名支部委员，五个人各管一瓣，村里的开销须经过其中至少三人同意后，再把五瓣合并起来盖章。"会计谭洪源的提议得到村委会的认同。于是，这枚一分为五，合五而一才能生效的"最牛公章"诞生了。采用"五合章"后，村民们关于村委会的财务投诉没有了。

图 2.7.12 "史上最牛"公章

（四）整体与部分分离原理

所谓整体与部分分离，是将矛盾双方在不同的系统级别分离开来，以获得问题的解决或降低解决问题的难度。

【案例 2.7.15】

交叉路口的交通 4

利用整体与部分分离原理解决交通问题。将十字路口设计成两个丁字路口，延缓一个方向的行车速度，加大与另外一个方向的避让距离。交叉路口整体与部分分离方案如图 2.7.13 所示。

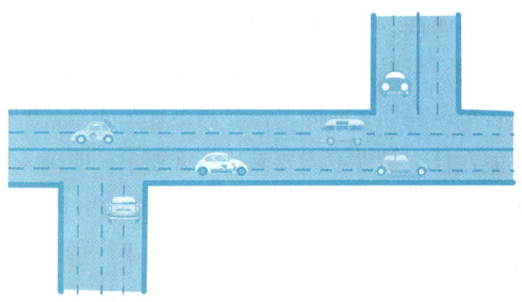

图 2.7.13 交叉路口整体与部分分离方案图

【案例 2.7.16】

打桩问题 4

运用整体与部分的分离原理解决打桩问题。将原来的一个较粗的钢桩用一组较细的钢桩来代替，从而解决方便地导入桩与使桩承受较重的载荷之间的矛盾，如图 2.7.14 所示。

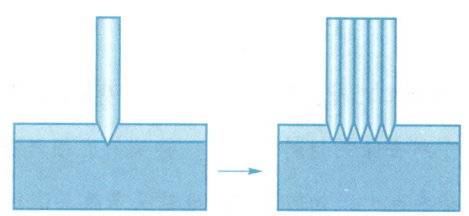

图 2.7.14 打桩问题整体与部分分离方案图

【案例 2.7.17】

自行车链条

自行车的链条既需要保持刚性又需要柔软（图 2.7.15）。应用整体与部分分离原理制作的现代链条，微观层面上是刚性的，宏观层面上是柔软的。

图 2.7.15 自行车链条

（五）应用矛盾分离原理步骤

我们已经了解了矛盾的含义，知道了产生问题的根本原因是存在矛盾，想要彻底地、不折中地解决问题，必须准确地找到矛盾，然后应用分离原理将对立的双方分离。应用分离原理解决矛盾的步骤如下：

步骤一：定义矛盾。首先确定矛盾的参数，在此基础上对矛盾的参数相反的要求进行描述。

步骤二：分析矛盾属性。从空间、时间、条件、系统级别分析矛盾对立双方存在的要求或特性：是否可以在什么空间上需要满足什么要求，明确矛盾双方各自的空间特性；是否可以在什么时间上需要满足什么要求，明确矛盾双方各自的时间特性；是否可能在什么条件下需要满足什么要求，明确矛盾双方各自依据的条件；是否可以在不同的系统级别上存在，明确矛盾双方可能分离的系统级别。

步骤三：确定分离方法。根据步骤二的分析结果，进一步判别确定可用的分离原理：对以上两个空间段是否交叉进行判断，如果两个空间段不交叉，可以应用空间分离法，否则不可以应用空间分离，尝试其他分离方法；对以上两个时间段是否交叉进行判断，如果两个时间段不交叉，可以应用时间分离，否则不可以应用时间分离，尝试其他分离方法；对以上明确的条件是否交叉进行判断，如果同一条件状态下不交叉，可以应用条件分离，否则，尝试其他分离方法；对以上明确的系统级别是否交叉进行判断，如果不交叉，可以应用整体与部分分离，否则尝试其他分离方法。

【案例2.7.18】

大孔径钻头

利用普通麻花钻头加工孔时，切削下来的金属屑由螺旋形的容屑槽导出。当加工孔径较大时，由于所去除的材料非常多，钻头的磨损严重，金属屑导出困难，同时加工过程消耗的功率也大。如何通过改进钻头来改善这种情况呢？

步骤一：定义矛盾。首先确定矛盾的参数，在此基础上对矛盾的参数相反的要求进行描述：

(1) 确定矛盾的参数。从加工过程可以看出，为了加工出孔，需要把孔内的金属切削掉；而为了减少刀具磨损和金属屑的导出消耗，孔内金属最好不切削或少切削。这是典型的物理矛盾，即对孔内金属料是否切削提出了两种不同的要求，特别是在加工孔径较大的时候矛盾更为明显，矛盾参数是"孔内金属料"。

(2) 明确第一种要求：孔内金属料要全部切削掉。

(3) 明确第二种要求：孔内金属料不要切削或少切削。

步骤二：分析矛盾属性。根据题意可以判断这是空间问题，对在什么空间上需要满足什么要求进行确定：

(1) 实现第一种要求的第一空间S1：要加工出孔，其实只需要把孔径内侧的一层薄料去除即可，比如激光切割的效果。就是说实现第一种要求的第一空间S1

是"以孔径直径为外径的环形空间",这部分金属需要全部切削掉,如图2.7.16a所示。

(2) 实现第二种要求的第二空间S2:被加工孔径孔芯部位的材料只需要"去除"不需要切削成金属屑,这部分空间就是S2,亦如图2.7.16a所示。

步骤三:对以上两个空间段是否交叉进行判断。S1、S2不交叉,可以应用空间分离法解决问题。根据加工孔的空间分割,把钻头也分成S1、S2两个空间,把内部空间S2舍去,经改进的钻头如图2.7.16b所示的套料钻。

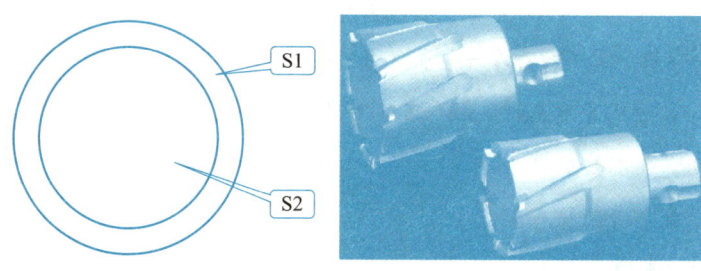

(a) 实现两种要求的空间　　　　(b) 套料钻

图2.7.16　大孔径钻头

【案例2.7.19】

雨伞的发明问题

雨伞家家必备,人人都用,伞的发明也与解决矛盾有关。为了遮阳避雨人们建造了亭子,但是亭子体积太大了,不便于携带。如何让亭子用的时候大,不用的时候小呢?经过长时间的探索和尝试,人们把竹子劈成一根根细条,中间用一根竹棍当柄,将那些细条聚合起来,捆扎在竹棍的一端,再在细条上蒙上牛皮,一个缩小了的可以随身携带的伞就这样被发明了出来。后来的人们在此基础上又不断加以改进,形成了今天的伞。

下面是应用分离法解决雨伞发明问题的步骤:

步骤一:定义矛盾。

参数:面积。

要求1:大。

要求2:小。

步骤二:分析矛盾属性。什么时间需要满足什么要求?

时间1:下雨、遮阳。

时间2：携带、存放。

步骤三：以上两个时间段是否交叉？

否。应用时间分离法：雨伞做成可折叠方式，用的时候撑开，携带或存放时收起。但是，如何实现撑开和收起呢？

我们接着作简要分析：伞面是柔性的，需要长伞骨的支撑，而由短伞骨支撑长伞骨使之维持一定的张角，保持张开状态。

步骤一：定义矛盾。

要求1：短伞骨应该存在——支撑长伞骨张开。

要求2：短伞骨不应存在——长伞骨需要收拢。

步骤二：分析矛盾属性。短伞骨不可能既有又无，作为一个条件，它可以既起支撑作用，又不起支撑作用。

条件：短伞骨的状态。

条件1：支撑。

条件2：不支撑（收起）。

步骤三：确定分离方法。短伞骨可以通过支撑与收起保证长伞骨张开与收拢两种状态，两种条件下无交叉。

应用条件分离原理：通过短伞骨控制长伞骨实现伞的张开与收拢。

【案例2.7.20】

膨胀螺栓的发明

我们常常使用地脚螺栓把某些物体或装备固定在混凝土等坚固的墙面或地面上。如图2.7.17a所示，先打一孔，将螺栓头插入孔底，再用水泥把孔封死，使螺栓固定。这种方法工艺复杂，费工费时。直到1958年，德国的费希尔发明了膨胀螺栓（见图2.7.17b），彻底改变了这一现状。

(a) 地脚螺栓　　(b) 膨胀螺栓

图2.7.17　膨胀螺栓的发明

下面是应用分离法解决膨胀螺栓发明问题的步骤。

步骤一：分析系统存在的问题，定义矛盾。

确定矛盾参数：从施工工艺过程可以看出，为了便于把螺栓放入孔中，螺栓和孔应该有足够的间隙，而为了使螺栓牢固固定，螺栓和孔不仅不应该有间隙，还要结合紧密。这是典型的矛盾，即对螺栓和孔的配合提出了两种不同的要求，矛盾参数是"螺栓和孔的配合间隙"。

明确第一种要求：螺栓和孔的配合间隙要大。

明确第二种要求：螺栓和孔的配合间隙要小。

步骤二：在理想状态下，对螺栓和孔的配合间隙提出两种不同要求，分别应该在什么时间得以实现？

实现第一种要求的第一时间段T1：安装过程中。

实现第二种要求的第二时间段T2：安装完成后。

步骤三：判断两时间段T1、T2是否交叉。

T1、T2不交叉，可以应用时间分离法解决问题。使螺栓在不同的时间段直径不同，安装时直径小，安装后直径变大。

接下来，螺栓安装后如何实现直径变大？为此我们返回到之前步骤重新进行分析。原系统的方法是用水泥将孔"变小"，水泥被视作系统的一部分，而使用水泥会带来许多不便。单就螺栓而言，水泥处于螺栓的超系统之中。按最终理想解，螺栓安装后，可以自己实现直径变大。为此我们假设，水泥的功能是由螺栓本身的部分结构完成的。

步骤一：定义矛盾。

确定矛盾参数：螺栓的直径。

按最终理想解要求：螺栓的自身直径要小，以便于安装；螺栓的自身直径要大，以实现固定。

步骤二：分析矛盾属性。

为了保障强度，螺栓的主体部分应保持不变；为了实现直径的自动变化，螺栓的部分结构应可变。

步骤三：确定分离方法

应用整体与部分分离原理，将螺栓分为直径不变的部分和直径可变的部分。利用螺栓安装后旋紧时不可避免的外拉力，实现外径膨胀。

技法训练

训练一：矛盾分离练习

1. 训练目的

掌握四大分离法，创造性分析解决问题。

2. 内容步骤

(1) 以小组为单位，进行初始问题分析，确定矛盾。

(2) 按照分离法解决矛盾的步骤进行分析。

(3) 尝试用四大分离原理详细分析，填写下表。

内容来源：20世纪60年代在展示走私活动如何想出办法避开警察的案例中，很多具有传奇色彩，其中一个是用船走私酒。每个人都知道酒从海上走私，在检查中却未发现私卖的酒，究竟发生了什么？请用四大分离原理详细分析。

分离原理	解决方案
空间分离	
时间分离	
条件分离	
整体与部分分离	

技法拓读 7：
TRIZ 中关于矛盾的论述

训练二：分离原理举例

1. 训练目的

理解矛盾思考，提升辩证思维能力。

2. 内容步骤

以小组方式，尽可能多地列举现实生活中应用分离原理的实例，填写下表。

分离原理	实例
空间分离	
时间分离	
条件分离	
整体与部分分离	

技法延伸

课后作业：矛盾思考技能提升训练

1. 训练目的

拓宽矛盾的解决思路

2. 内容步骤

在技法五的技法拓读中，我们学习了 TRIZ 理论 40 个发明原理。分离原理与 40 个发明原理存在一定的关系，如果能够正确应用这些关系，40 个发明原理可以为矛盾分离提供更广阔的解决思路，从而更好、更快捷地获得问题解决方

妙思偶得

案。让我们尝试填写下表。

分离原理	发明原理
空间分离	
时间分离	
条件分离	
整体与部分分离	

技法八
应用资源——资源分析

技法导图

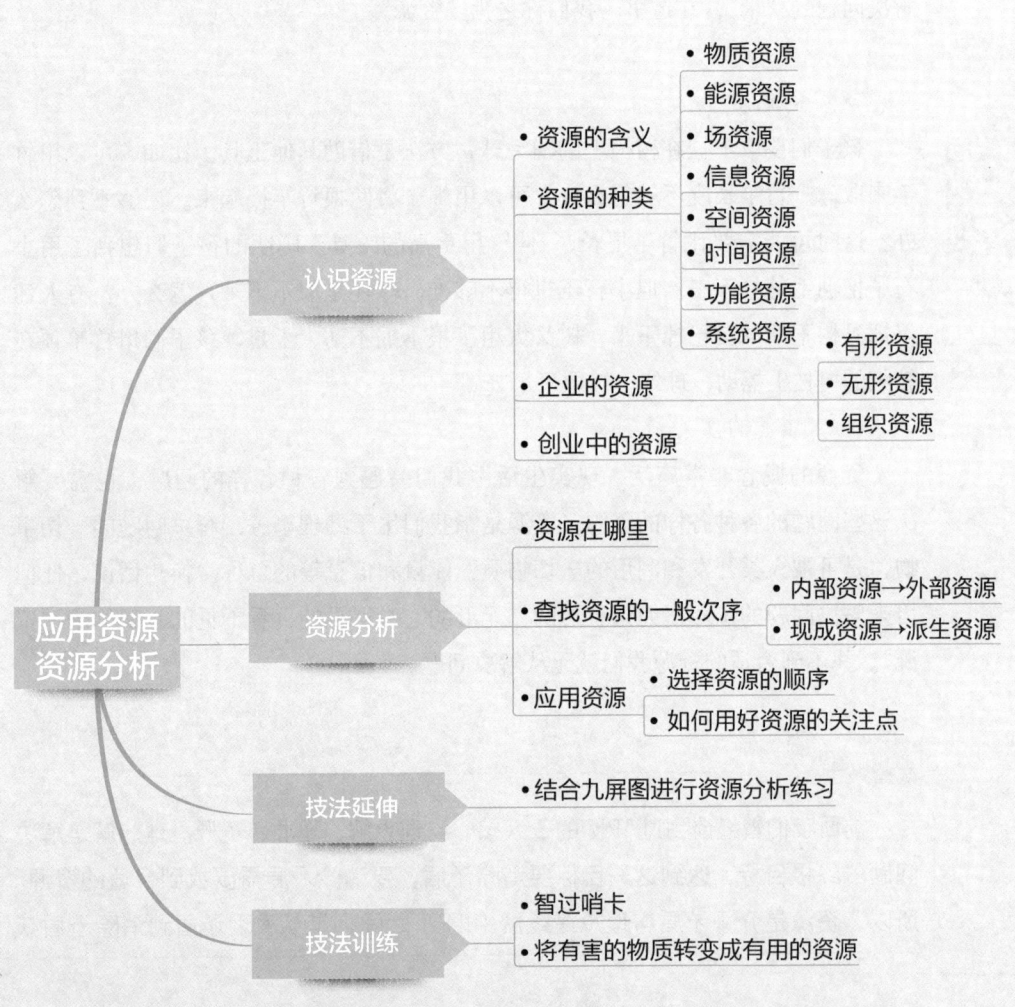

妙思偶得

技法目标

1. 知识目标：了解资源的种类及寻找资源的方法。
2. 技能目标：掌握查找和应用资源的一般步骤和技巧。
3. 体验目标：通过资源分析，体验资源在解决问题时的重要作用，深入理解事物进化发展的本质是自身资源的优化利用。

技法内容

创新故事15：
田忌赛马

前面我们学习感悟了突破思维惯性的创新思维，在创新思维指导下认识和实践了发现问题和分析问题的创新方法，使我们在遇到问题时可以更加快速有效地获得解题思路和方案。但是，距离问题的真正解决，我们还差一步——如何将思路和方案付诸实施，变成现实？中国有句谚语"巧妇难为无米之炊"，我们需要解决问题的"米"，在这里，我们称之为"资源"。

一、认识资源

微课：认识
资源

孩子们要取下挂在树梢上的羽毛球，方法是借助其他工具。比如，可以用竹竿来取球。竹竿长度不够怎么办？可以用绳子将两根竹竿接起来。还够不到怎么办？这时可能需要比竹竿更长，"伸"得更高的工具。聪明的孩子们想到了用小石子把羽毛球打下来。但小石子打得不够准，球还是取不下来，怎么办？有人建议摇晃树干让球自己掉下来，树又太粗了根本摇不动。于是，孩子们用竹竿顶在较细的树枝上摇动，球终于被取了下来。

（一）资源的含义

资源的概念非常广泛，现实生活中我们会遇到各种各样的问题，也需要解决这些问题的各种各样的资源。资源是指我们用于处理事务、解决问题的一切事物，是可被人类开发和利用的一切物质、能量和信息等的总称。换句话说，任何用来解决问题的东西，无论有形的、无形的，看得见的、看不见的，都称为"资源"。找不到合适的资源我们就无从解决问题。

萃智贴士

前面我们曾经谈到过TRIZ的三大核心：理想解、矛盾、资源。理想解是解决问题的终极目标，达到这一目标要消除矛盾，要消除矛盾需要找到合适的资源。所以，资源是介于矛盾与理想最终解（IFR）之间，是从发现矛盾到消除矛盾获得理想解之间的一座桥梁，扮演着直接获得创意、解决矛盾、预示系统进化的关键角色。每个未被利用的发展潜力都代表一项资源。

【案例 2.8.1】

"安放"眼镜的资源

早期的眼镜没有镜腿，使用时需要一只手举着镜架，另一只手工作，非常不方便（图 2.8.1）。从方便佩戴的角度，此时眼镜包含矛盾的问题是必须用手来辅助，最终理想解是不用手，眼镜自己就能停留在眼睛前合适的位置。现在的眼镜用镜腿

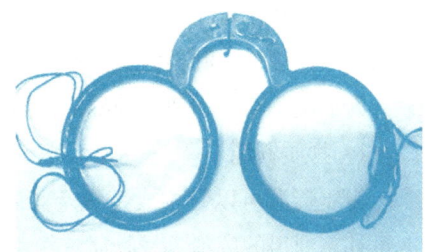

图 2.8.1　早期眼镜

挂靠在耳朵上，用鼻子作支撑，手被完全解放了出来。耳朵和鼻子就是解决眼镜"安放"问题的资源。

【案例 2.8.2】

完美的宠物

达尔原本只是一个小职员，一次与朋友聚会，偶然听到有人抱怨自己的宠物不好养。达尔当时就对朋友说，"最完美"的宠物应该是石头，不需喂食，不需洗浴，不会生病，也不会死亡。也许你认为这只是一句玩笑，但是达尔却将此创意付诸行动。犹如真正的宠物一般，"宠物石"装在一个纸质宠物盒内，附一份宠物训练指南。为保证"宠物"舒适，纸盒内还放置稻草，带通风口。每个"宠物石"售价 3.95 美元，净利润 3 美元。仅投入市场第一年上半年，"宠物石"便为达尔带来 1 500 万美元收益。

达尔应用的是什么资源？是石头？表面上看是。而真正使达尔赚钱的资源其实是人们喜爱宠物又怕养宠物麻烦的心理，更主要的，是达尔将石头与宠物联系在一起的智慧，是思维资源。最普通不过的石头，从几美元到 1 500 万美元，其间就是思维的价值。

(二) 资源的种类

如前所述，我们通常把需要考察或存在问题的事物看作一个系统。一般情况下，解决问题所需的资源是系统本来就有的，在系统中是以方便使用的方式存在，我们称之为现成资源（一些资料中称之为源资源、直接应用资源）。但系统中有些资源是后来产生的，是对现成资源的改变（如积累、变形等），我们称之为派生资源（一些资料中称之为衍生资源、导出资源）。如要解决技术问题需要冰，但是在现有的技术系统中没有冰，但是有水，那么可以通过制冷的方式得到冰，以实现在系统内解决问题。通常，事物的某些特性是一种可形成某种技术特征的资源，这种资源称为差动资源。

为了便于查找和使用资源，我们将常见的主要资源类型归纳如下：

1. 物质资源

物质资源可以是构成系统及其周围环境的任何"材料"，或系统产品、原则上可补充利用的废料等。物质资源不仅包括有形的物质，还包括无形的物质，如空气等。包括现成物质资源和派生物质资源。

（1）现成物质资源，指系统内及超系统的任何材料或物质。

【案例2.8.3】

就 地 取 材

北方冬季大雪纷飞，会给城市交通带来很大不便，清除积雪费时费力。如今，积雪被收集起来，在街道两侧、广场周边等地雕塑成洁白如玉、精美绝伦的雪雕作品（图2.8.2），尤其夜晚在彩灯映衬下五光十色，往往与冰灯相映成趣，成为北方城市一道独特而亮丽的风景。

沙雕是另一种就地取材的雕刻艺术，是把沙堆积并凝固起来，然后雕琢成各种各样的造型的艺术（图2.8.3）。沙雕真正的魅力在于以纯粹自然的沙和水为材料，通过艺术家的创造，呈现迷人的视觉奇观。沙雕艺术具有独特的震撼性、真实性、参与性、时限性等特点，将自

图2.8.2 就地取材——大型雪雕

图2.8.3 就地取材——沙雕作品

然美与艺术美和谐统一，其巨大的体积是传统雕塑难以比拟的，具有强烈的视觉冲击力。

陶粒是一种应用广泛的材料（图2.8.4），如建筑、保温、隔热、降噪、水处理等。陶粒生产厂为了净化工业水，可以直接使用自己生产的陶粒作为过滤填料，无须另行购买其他材料。

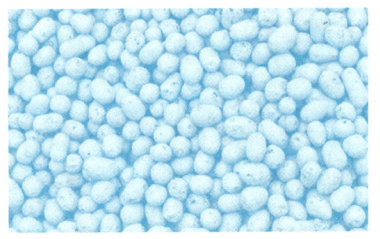

图2.8.4　就地取材——陶粒

(2) 派生物质资源，指作用于现成物质资源获得的物质。

【案例2.8.4】

舞台上的"烟雾"

舞台上为了营造氛围，经常利用人造的烟雾配合各种灯光产生腾云驾雾、如梦如幻的效果（图2.8.5）。这是怎样做到的呢？原来，利用喷出的干冰（固体二氧化碳）冷凝周围空气中的水分形成烟雾效果：二氧化碳由固体变成气体时吸收大量的热，使周围空气的温度降得很快，空气温度降了，对水蒸气的溶解度变小，水蒸气发生液化反应，放出热量，就变成了小液滴，这就是我们看到的派生的物质资源——"烟雾"了。

图2.8.5　舞台上的"烟雾"

【案例2.8.5】

清　洁　球

清洁球（铁抹布）具有很好的擦除油垢等顽固污垢的功能（图2.8.6）。而最初制作清洁球的材料实际上是车削不锈钢零件时产生的废料，后来才出现了专门生产清洁球的设备。

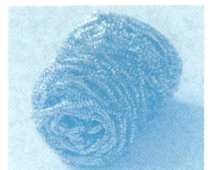

图2.8.6　清洁球

2. 能源资源

提供事物发展动力、系统运行能量的资源。

(1) 现成能源资源，指系统及其周围尚未储备利用的所有能源（能量）资源。

> **想一想**
> 在我们身边有哪些巧妙利用简单、现成的资源解决问题的例子呢？利用派生资源解决问题又有什么呢？

【案例 2.8.6】

巧搬图书

英国有一家大型图书馆要搬迁，由于该图书馆藏书量巨大，搬迁的成本算下来非常惊人。就在这时，有一位图书管理员想出一个办法，那就是马上对读者们敞开借书，并延长还书日期，只要读者们增加相应的押金，并把书还入新的地址。这一措施得到了采纳。结果不但大大降低了图书搬运成本，还受到了读者们的欢迎。这里图书的搬迁就是利用了现成能源资源——读者的"搬运能力"。

【案例 2.8.7】

潮汐发电

由于引潮力的作用，海水不断地涨潮、落潮，称为潮汐。海水在潮汐运动时所具有的动能和势能统称为潮汐能。

潮汐能的重要应用之一是发电（图 2.8.7）。1913 年德国在北海海岸建立了第一座潮汐发电站。1957 年我国在山东建成了第一座潮汐发电站。1978 年 8 月 1 日，山东乳山市后沙口潮汐电站开始发电，年发电量 230 万千瓦时。1980 年 8 月 4 日我国第一座单库双向式潮汐电站——江厦潮汐试验电站正式发电，装机容量为 3 000 千瓦，年平均发电 1 070 万千瓦时，其规模仅次于法国朗斯潮汐电站（装机容量为 24 万千瓦，年发电 5.4 亿千瓦时），是当时世界第二大潮汐发电站。

潮汐发电的优点是成本低，每度电的成本只相当火电站的 1/8。

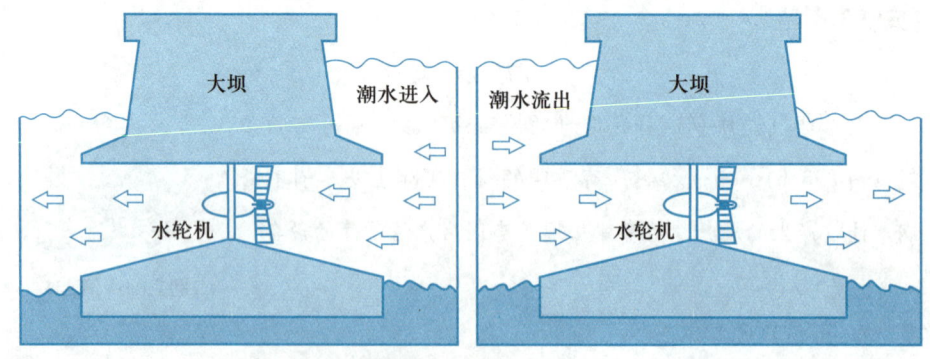

图 2.8.7　潮汐发电

(2) 派生能源资源，指现成的能源资源转变为其他形式的资源，或者改变其作用方向、强度和其他特性时形成的能源。

【案例2.8.8】

最早的动画

中国民间流行的走马灯（图2.8.8）是在800多年前（宋代）发明的，被认为是世界上最早的动画，至今仍有很多民间艺人在制作，成为精美的中国民间艺术品之一。走马灯是灯笼的一种，它的原理和近代的燃气轮机是一样的。它利用灯笼内部点燃的蜡烛所产生的上升热气流，推动灯笼内部上方的叶片，带动与叶片连接的轴承，令轴承转动。轴承连有剪纸玩偶，烛光将剪纸玩偶的影子投在灯笼四壁上，剪纸玩偶不断走动，形成了灯笼四壁上头的不断前进的影子，从而产生动画的现象。玩偶转动的动力就是由热派生的。

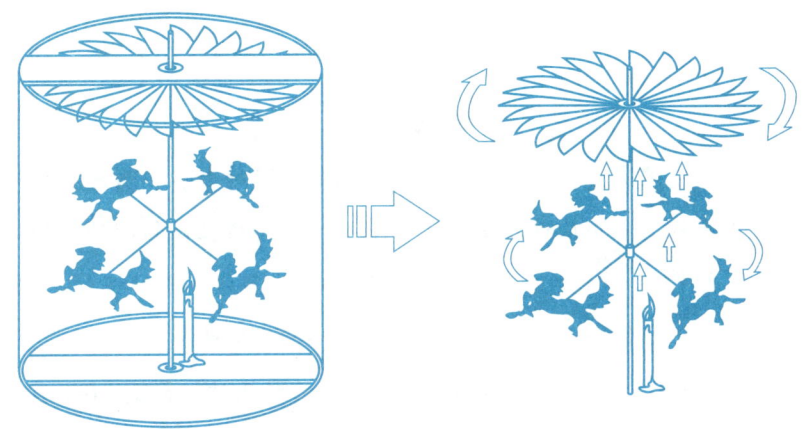

图2.8.8　中国民间流行的走马灯

【案例2.8.9】

闪　光　轮

现在的旱冰鞋轮子在使用者滑动的时候，通过轮内安装发电结构，将动能转换成电能以支持轮子内的彩灯工作，无须电池即可感受到脚踏风火轮闪光效果（图2.8.9）。按照人身体的力度均速滑行，使用方便，特别在黄昏或夜晚玩耍，显现出风火轮幻彩光芒。

图2.8.9　闪光轮

3．场资源

场通常是指分布在事物内部或环境（超系统）中的无形但又真实存在，蕴含能量，时刻起作用的物质。如引力场、地磁场。社会生活中某一地域、领域内长期形成的文化氛围、思维习惯乃至宗教等也具有"场"的特征,可视为场资源。如学习语言的母语环境、一个地方的习俗、一个公司的文化、一个学校的校风、一个行业的规则等。

"场"往往具有"能源"特性,所以有些资料将二者合而为一。但二者在概念上还是有一定的区别。例如,光可以发电,是一种能源资源。我们从教学楼回到宿舍,用的是生物能转化而来的机械能。这种生物能可以一直追溯到由植物光合作用"固定"下来的光能。但要看清从教学楼到宿舍的路,需要"光场"来辅助。

(1) 现成场资源,指原本存在,可以直接加以利用的场,如重力场、地磁场等。它是容易被忽略的"免费的"现成场资源,在对资源进行考察时应予以重视。

【案例2.8.10】

指南针的发明

指南针是中国史上的伟大发明之一,也是中国对世界文明发展的一项重大贡献。指南针是利用磁铁在地球磁场中的南北指极性而制成的一种指向仪器。磁石的这种特性,被古人利用来制成指南工具。最早出现的指南工具叫司南(图2.8.10),战国时已普遍使用。它是利用天然磁石琢磨而成,样子像一只勺,重心位于底部正中,底盘光滑,四周刻二十四向。使用时把长勺放在底盘上,用手轻拨,使它转动,停下后长柄就指向南方。东汉王充《论衡·是应篇》记载了它的形状和用法。《鬼谷子·谋篇》里还谈到郑国人到远处去采玉,就带了司南,以免迷失方向。另外,指南车的发明亦进一步把这种仪器提升至更高的境界。

但是,用天然磁石琢磨而成的司南,成品较低,磁性较弱。到了宋代,人们发明了人工磁化方法,制造了指南鱼和指南针,而指南针更为简便,更具实用价值。它是以天然磁石摩擦钢针制成,在地磁作用下保持指南性能,以后把它装置在方位盘上,就称为罗盘。这是指南针发展史上的一大飞跃。

北宋时期沈括对指南针放置方法也作过详细研究,总结出四种不同的方法,并作了比较:

图2.8.10 司南

水浮法。把指南针浮在水面以指示方向，至于具体方法，沈括没有说明。到北宋晚期，药物学家寇宗奭的《本草衍义·磁石条》才有介绍，原来是在指南针上穿上灯心草，就可以把针浮起。水浮法的缺点是磁针会随水摇荡不定。

指甲旋定法。把磁针放在指甲上，可以灵活运转，但缺点是容易滑落。

碗唇旋定法。把磁针放在碗口边缘上，也可以旋转自如，但同样易掉落。

悬丝法。取一根新棉丝，用一点蜡黏在磁针中央，悬挂在没有风的地方，磁针即可指示方向。比较之下，沈括认为这个方法最为理想。

指南针在11世纪时已是常用的定向仪器。指南针的最大贡献，是大大地促进了航海事业的发展。据考证，11世纪末，指南针就开始用于航海了。大约在12世纪末到13世纪初，指南针由海路传入阿拉伯，然后由阿拉伯传入欧洲。

(2) 派生场资源，指通过对现成场资源的变换，或改变其作用的强度、方向及其他特性所得到的场资源。

【案例 2.8.11】

爱迪生与无影灯

爱迪生小时候，一个大雪天的夜晚，妈妈突然生病了，爸爸急忙找来医生。医生说："得了急性阑尾炎，需要开刀做手术。"那时候只有油灯没有电灯，油灯的光线很暗，一不小心就会开错刀。爱迪生突然想起一个好办法，他把家里所有的油灯全都端了出来，再把一面镜子放在油灯的后面，让医生顺利地做完了手术。医生说："孩子你是用你的智慧和聪明救了你的妈妈。"后来，人们根据这个原理发明了手术用的无影灯。

4. 信息资源

世界是由物质组成的。物质是运动变化的。客观变化的事物不断地呈现出各种不同的信息。人们需要对获得的信息进行加工处理，并加以利用。信息是指运动变化的客观事物所蕴含的内容。信息只是客观事物的一种属性，能够传达事物运行的状态。

(1) 现成信息资源，指事物（系统）中已经累积或包含的任何知识、内容、属性，或运行的状态等传递出来的信息。

【案例2.8.12】

预 测 天 气

我国民间有很多利用云雾变化、动物行为等自然现象来预测天气变化的谚语，如：满天乱飞云，雨雪下不停；天上乌云盖，大雨来得快；有雨天边亮，无雨顶上光；蚯蚓路上爬，雨水乱如麻；蟋蟀唱歌，天气晴和；长虫（蛇）过道，下雨之兆；蛤蟆哇哇叫，大雨就要到；早雾阴，晚雾晴；日晕三更雨，月晕午时风。

【案例2.8.13】

对 症 下 药

中国传统医学承载着中国古代人民同疾病作斗争的经验和理论知识，是在古代朴素的唯物论和自发的辩证法思想指导下，通过长期医疗实践逐步形成并发展成的医学理论体系。中医通过望、闻、问、切，充分获取病人与疾病相关的各种信息，运用四诊合参的方法，探求病因、病性、病位，分析病机，诊断疾病，辩证地进行治疗。

华佗是东汉名医。一次，府吏倪寻和李延两人都患头痛发热，一同去请华佗诊治。华佗经过仔细地望色、诊脉，开出两个不同的处方，交给病人取药回家煎服。两位病人一看处方，给倪寻开的是泻药，而给李延开的是解表发散药。他们想：我俩患的是同一症状，为什么开的药方却不同呢？是不是华佗弄错了？于是，他们向华佗请教。华佗解释道：倪寻的病是由于饮食过多引起的，病在内部，应当服泻药，将积滞泻去，病就会好；李延的病是受凉感冒引起的，病在外部，应当吃解表药，风寒之邪随汗而去，头痛也就好了。两人听了十分信服。便回家将药熬好服下，果然很快都痊愈了。这就是"对症下药"的成语典故。

华佗为什么能够准确"对症"呢？实际上就是根据丰富的知识经验，充分利用不同病人表现出来的信息进行认真辩证分析处理的结果。

(2) 派生信息资源，指利用事物固有或变化中产生的某种属性表达或传递信息，或利用各种效应，将难于接受或处理的信息改造为有用的信息。

【案例 2.8.14】

烽火缘何戏诸侯

"烽火戏诸侯"讲的是西周的最后一位君主周幽王为了博得美人褒姒一笑而点燃了烽火台，诸侯带兵前来救驾，却发现上了当（图2.8.11）。后来犬戎真的来侵，诸侯看见烽火以为还是戏弄作乐而不来救，周幽王被杀，西周因此亡国的故事。

图 2.8.11　烽火戏诸侯

诸侯为什么看见烽火就会前来援救呢？原来，烽火是古代敌寇侵犯时的紧急军事报警信号。传说点燃烽火时加上狼粪，可以产生浓烟，直冲蓝天，因此又称狼烟。烽火传讯从商周开始一直延至明清，相习几千年之久，其中尤以汉代的烽火组织规模为大。在边防军事要塞或交通要冲的高处，每隔一定距离建筑一高台，俗称烽火台。高台上有驻军守候，发现敌人入侵，白天燃烧柴草以"燔烟"报警，夜间燃烧薪柴以"举烽"（火光）报警。一台燃起烽烟，邻台见之也相继举火，逐台传递，须臾千里，以达到报告敌情、调兵遣将、求得援兵、克敌制胜的目的。这种方式在通信手段极不发达的古代，显然是非常快速有效的信息传递方式。

烟或火都是燃烧柴草派生出来的，但平常并无传递情报的用途，而烽火台上的狼烟或烽火却由于事先的约定而派生出了敌人来犯的信息。

【案例 2.8.15】

王之涣审黄狗

《登鹳雀楼》在中国是一首耳熟能详的唐诗佳作："白日依山尽，黄河入海流。欲穷千里目，更上一层楼。"全诗四句二十个字，没有一个生僻字，更没有一句难懂。这首诗的作者就是唐代著名诗人王之涣。

王之涣在文安县做官时，受理过这样一个案子。

30多岁的民妇刘月娥哭诉："公婆下世早，丈夫长年在外经商，家中只有我和小姑相伴生活。昨晚，我去邻家推碾，小姑在家缝补，我推碾回来刚进门，听着小姑喊救命，我急忙向屋里跑，在屋门口撞上个男人，厮打起来，抓了他几下，

但我不是他的对手,让他跑掉了。进屋掌灯一看,小姑胸口扎着一把剪刀,已经断气。"

王之涣问:"那人长的什么样子?"

刘月娥说:"天很黑,没看清模样,只知他身高力大,上身光着。"

"当时你家院里还有别人吗?"王之涣又问。

"除了黄狗,家里没有喘气的了。"刘月娥答道。

"你家养的狗?"

"已经养3年了。"

"那天晚上回家,你没听见狗叫吗?"

"没有。"

这天下午,县衙差役在各乡贴出告示,县官明天要在城隍庙审黄狗。

第二天,好奇的人们蜂拥而来,将庙里挤了个水泄不通。王之涣见人进得差不多了,喝令关上庙门,然后让小孩、妇女、老年人都出去,只剩下一些年轻力壮的小伙子。王之涣命令他们脱掉上衣,面对着墙站好。然后逐一查看,发现一个人的脊背上有两道红印子,经讯问,是刘月娥的街坊李二狗,正是他行凶杀人。

5. 空间资源

事物(系统)内部及周围一切可以利用的各种空间。

(1)现成空间资源,指系统及周围存在的未被占用的闲置空间。

【案例2.8.16】

留白与空间资源

留白是中国艺术作品创作中常用的一种手法,极具中国美学特征。"留白"一词指书画艺术创作中为使整个作品画面、章法更为协调精美而有意留下相应的空白,留有想象的空间。由于留白本身是中国书画作品的有机组成部分,是经过构图设计,已经被"占用"的空间,所以不能称其为空间资源。而如果一幅国画,有人鉴赏之余在空白处题诗一首,与原作相得益彰,则可说是巧妙应用了画作留白处的空间资源。

【案例 2.8.17】

农作物间作套种 1

农作物间作套种是充分利用土地资源和气候资源来实现增产的重要途径（图 2.8.12）。方法是在主要作物的间隙种植其他作物，可用作绿肥，也可以两种作物兼收，比如棉花与花生间种、玉米与辣椒间种等。

间作套种时，作物种类和品种搭配要合理，一般应遵循的原则是高秆与矮秆作物搭配、深根与浅根作物搭配、喜光作物与耐阴作物搭配等。

图 2.8.12　农作物间作套种

（2）派生空间资源，指事物在变化中产生出来的未用空间；利用各种几何效应产生的再生空间。

【案例 2.8.18】

使用莫比乌斯环（弯曲空间表面）

莫比乌斯，德国人，1790 年 11 月出生，数学家、天文学家，被认为是拓扑学的先驱。莫比乌斯最著名的成就是发现了三维欧几里得空间中的一种奇特的二维单面环状结构——后人称为莫比乌斯环（图 2.8.13）。利用莫比乌斯环，可将任何环状构件（皮带轮、录音磁带、刃带刀等）的有效长度至少提高一倍。

 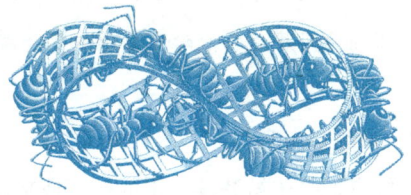

图 2.8.13　莫比乌斯环

6. 时间资源

时间资源是空闲的、尚未利用的时间。

（1）现成时间资源，指在事物发展、系统运行的各种流程、操作过程中、之前或之后，或利用部分使用的过程间的时间间隔。

【案例2.8.19】

船上的工厂

海产品从捕捞到运回陆地加工往往需要很长时间。为了保鲜，还需要加盐或加冰。理想的结果是：渔船出海捕鱼，回到陆地时已经变成加工好的海产品。于是，建在船上的加工厂应运而生。

2007年1月6日，"华盛渔加1号"海上水产干制品加工船在浙江瑞安下水。该船长65米，宽14米。船内设三条具有国际先进水平的自动水产干制品加工流水线，包括自动清洗机、冷却机、蒸煮机、干燥机等成套设备，可带领47对渔船出海作业，能在海上直接进行丁香鱼、虾皮等全自动流水线加工，确保水产品的新鲜和质量。"华盛渔加1号"的建造过程汇聚了多部门专家的智慧和努力，在海上直接加工水产品干制品，可以说是我国水产品加工业乃至整个渔业经济领域的一次创举，具有里程碑意义。

（2）派生时间资源，指加快、减慢、中断或转变为连续发生过程中的时间间隔。

【案例2.8.20】

复式教学

把两个或两个以上年级的学生编成一班，由一位教师用不同的教材，在同一节课里对不同年级的学生进行教学的组织形式称为复式教学。教师对一个年级的学生讲课，同时组织其他年级的学生自学或做课堂作业，并有计划地交替进行。复式教学非常适用于师资不足、教学空间和学生人数少的偏远地区。在复式教学中，授课的时间是由其他学生自学或做课堂作业派生出来的。

7．功能资源

功能资源是未被开发利用的作用或功能。

（1）现成功能资源，指事物（系统）内部及其周围已经存在但尚未被发现利用的功能，即：系统及其子系统兼有履行补充功能的能力，如相近的主要功能、新功能和意外功能等。

【案例 2.8.21】

农作物间作套种 2

农作物间作套种除能够充分利用水、土、光、热等资源，缓解土地资源相对不足的矛盾外，一些作物间套种还可以有效防治病虫害。

1. 玉米间种南瓜：南瓜花蜜能引诱玉米螟的寄生性天敌黑卵蜂，通过黑卵蜂的寄生作用，可以有效地减轻玉米螟的危害。

2. 玉米间种黄瓜：可使黄瓜花叶病减少 60% 以上。

3. 玉米与辣椒间作：由于玉米的遮阴作用，辣椒日灼病和病毒病比净种减少 70% 以上；玉米与辣椒隔行种植，可使辣椒病毒病减轻 50% 以上。

4. 玉米间作白菜：由于田间气温比净种田降低 0.5℃ 左右，地面温度降低 2℃ 左右，可使白菜病毒病减少 20% 以上，白斑病减少 15% 以上，白菜软腐病、霜霉病也明显减轻。

5. 麦烟套作：由于麦株能阻碍烟蚜迁飞降落，再加上麦田七星瓢虫等天敌的作用，可以有效控制烟蚜的危害。

6. 马铃薯与大蒜间作：可使马铃薯晚疫病受到抑制。

7. 冬瓜与番茄套种：使番茄日烧病明显减轻。

8. 葱与胡萝卜套种：各自发出的气味可以驱逐相互的害虫。

9. 大蒜与白菜套种：可使白菜软腐病减少 60% 左右。

10. 葡萄园里种黄瓜：可使葡萄褐斑病、霜霉病的发病率平均下降 40% 左右。

【案例 2.8.22】

阿司匹林的妙用

阿司匹林是人类常用的具有解热和镇痛等作用的一种药品，但它同时具有稀释血液的作用，并在某些情况下产生副作用。阿司匹林的这一特性用于预防和治疗梗死。此外，阿司匹林在农业上还具有多种用途，它能够提高农作物的抗旱能力，提高种子发芽率，预防农作物病害，减少作物落花落果，改善农作物品质，提高农作物产量等。

【案例 2.8.23】

巧救老妇

哥本哈根市报警中心接到一个老太太的求救电话，电话刚说了两句，老太太就倒地不省人事。警方该如何判断老太太的位置呢？

最好的办法就是通过电话局，但当时是凌晨两点一刻，找到电话局负责人再查号码，至少需要数个小时，很可能老太太现在已经生命垂危，急需抢救！

就在这时，一位警察想出一个办法，马上获得了同事们的认同。于是，警方要求哥本哈根所有正在值勤的警车，全部停在各居民区门口，依次拉响警报。

一直等到第12辆警车拉响警报时，报警中心的警察突然叫了起来："我通过话筒，听到你们的警车声了！"

到了那个街区，警方又通过扩音器向住宅楼喊话，向他们讲明原委，并请还没有休息的人家赶快把电灯关掉。最终，警方根据唯一剩下的灯光，很快就找到了那位老太太。因为发现及时，她被医生从死亡线上救了回来。

聪明的警察正是利用了现成的功能资源——没有挂断的电话的送音功能。而灯光又成了现成信息资源。

【案例 2.8.24】

风筝的妙用1

风筝是中国人发明的一种古老的玩具，源于春秋时代，至今已2 000余年。在古代，风筝曾多次用来传递消息和作为侦察的用具。刘邦和项羽决战时，刘邦手下的大将韩信曾放起一只风筝，根据线长来估测项羽军队驻扎地的距离，从而确定方位，开凿地道，攻破项羽大军。唐朝时，田悦率兵包围临洛城，唐朝将领令士兵放出一只风筝，可飞高百余丈，穿过围攻部队的上空，飘向城外，传达求援信息，终于引来了救兵解围。

富兰克林风筝引电实验是一个众所周知的故事。当时的人们以为雷电是宗教上神的怒吼而生恐惧，富兰格林则利用风筝，证明了雷电是空中放电的现象，而发明了避雷针。

人的先天本能、后天已经习得的技能都可以看作现成的功能资源。例如，电影采用每秒24帧画格，观众看不出画面闪烁，在高速行驶的地铁上我们能看清车窗外看似相对静止实则是一排飞掠而过的灯箱广告，就是利用了人眼视觉暂留现象（又称余晖效应）。

【案例2.8.25】

利用错觉资源

法国国旗旗面从左至右分别为蓝、白、红三色。蓝、白、红三色的宽度其实并不是相等的。法国国旗从左向右三色宽度分别为30∶33∶37（图2.8.14）。最初的法国国旗是按蓝、白、红三色同样宽窄的尺寸做成的。后来发现，由于中间的白色较两旁颜色明亮，

图2.8.14 法国国旗

使人眼产生一种错觉，看上去总觉得两旁的红色带没有蓝色带宽。后来，为了克服这种错觉，才把红色条带加宽，把蓝色条带缩窄，直到人眼看上去非常自然、匀称，从而成为今天的比例。这利用的就是视错觉。

（2）派生功能资源，指事物（系统）在经历一系列变化后产生的能够履行补充功能的能力。

【案例2.8.26】

风筝的妙用2

风筝还可以用来发电。荷兰科学家证实一只翱翔天际10平方米大小的风筝，足以产生上万瓦电力，约可满足10户家庭用电。科学家下一步的计划"阶梯型发电机"(Laddermill)风筝，预计可产生5万瓦电力。最终，科学家希望可以制造出亿瓦电力的大型风筝发电系统。高度是风筝发电的优势。一般发电风车的高度约80米，该高度的平均风速是每秒5米。随着高度不断增加，风速一方面增强，另一方面也较稳定，到了800米处的平均风速为每秒7米。风力所产生的电力与速度立方成正比，风筝在高处所产出的电力是低处的5倍之多。此外，建造一座高达800米的风车可能性相当低，但风筝却可轻而易举地达到这个高度，能充分利用该高度所产生的风力。

8. 系统资源

系统资源是事物（系统）新的特性或功能，它们可在事物组分（子系统）间

妙思偶得

关系变化或新的系统组合方法中获得。田忌赛马中，就是应用了系统资源（不同等级马的组合次序的改变）赢得了胜利。

【案例2.8.27】

纪晓岚巧改《凉州词》

纪晓岚是清乾隆年间有名的才子，曾任《四库全书》总纂修官。纪晓岚跟乾隆帝君臣之间流传许多轶事，例如他私下皆称乾隆帝为"老头子"，后事发，他竟能硬拗成"老"乃长寿之意，万岁长寿为"老"也；"头"为万物之首，天下的元首即"头"矣；"子"乃圣人之称，孔子、孟子均称"子"焉。万岁、元首、圣人连在一起，则是"老头子"！

传说有一次，乾隆皇帝来到纪晓岚家里，看到纪晓岚正在练习书法，便顺手把手中的纸扇交给纪晓岚，让他在上面题一首诗。纪晓岚接过纸扇，只见上面有远山、近城、杨柳春风。他略加思索，便龙飞凤舞写下了王之涣的《凉州词》："黄河远上白云间，一片孤城万仞山。羌笛何须怨杨柳，春风不度玉门关。"纪晓岚题完诗，乾隆拿起纸扇，大加赞赏："龙飞凤舞，一气呵成，妙！真妙！"乾隆再仔细一看，发现词中缺少了一个"间"字。大怒："你故意漏字欺骗朕，该当何罪！"说着，把纸扇扔给了纪晓岚。纪晓岚拿起纸扇一看，果真漏下了一个"间"字。他略加思索，镇定地说："万岁息怒！我写的不是王之涣的《凉州词》，而是根据他的词，重新写的一首词。"说罢，朗声读道："'黄河远上，白云一片，孤城万仞山。羌笛何须怨，杨柳春风，不度玉门关。'词是长短句，既然叫凉州词，应该这样改才是。"乾隆十分佩服，满意而去。

动画：系统资源

（三）企业的资源

企业的资源主要分为三种：有形资源、无形资源和组织资源。

1. 有形资源

有形资源是指可见的、能用货币直接计量的资源，主要包括物质资源和财务资源。物质资源包括企业的土地、厂房、生产设备、原材料等，是企业的实物资源。财务资源是企业可以用来投资或生产的资金，包括应收账款、有价证券等。有形资源一般都反映在企业的资产中。但是，由于会计核算的要求，资产负债表所记录的账面价值并不能完全代表有形资源的战略价值。

2. 无形资源

无形资源是指企业长期积累的、没有实物形态甚至无法用货币精确计量的资源，通常包括品牌、商誉、技术、专利、商标、企业文化及组织经验等。尽管无形资源难以精确量化，但由于无形资源一般都难以被竞争对手了解、购买、模仿或替代，因此，无形资源是一种十分重要的企业核心竞争力的来源。

例如，技术资源就是一种重要的无形资源，它主要是指专利、版权和商业秘密等。技术资源具有先进性、独创性和独占性等特点，使得企业可以据此建立自己的竞争优势。

商誉也是一种关键的无形资源。商誉是指企业由于管理卓越、顾客信任或其他特殊优势而具有的企业形象。它能给企业带来超额利润。对于产品质量差异较小的行业，如饮料行业，商誉可以说是最重要的企业资源。

这里需要注意的是，由于会计核算的原因，资产负债表中的无形资产并不能代表企业的全部无形资源，甚至可以说，有相当一部分无形资源是在企业资产负债表之外的。

3. 组织资源

组织资源是指企业协调、培植各种资源的技能。它将企业的有形资源或无形资源整合在一起，以实现投入向产出的转化。组织资源比有形资源和无形资源更加难以准确界定，它蕴含于企业的规章制度、组织结构、业务流程和控制系统中，是企业实现目标的经营风格或行为方式，决定着企业内个人互动、协作和决策的方式。

企业的内部资源条件决定了其能否和如何有效利用外部环境提供的机会并消除可能的威胁，从而获取持久的竞争优势。在战略分析中，企业应当全面分析和评估内部资源的构成、数量和特点，识别企业在资源禀赋方面的优势和劣势。

（四）创业中的资源

创业的过程就好比一次鲁滨逊式的冒险旅程。创业者都期望自己的抱负早日实现，但创业初期往往势单力薄，资源有限。如何扭转这一劣势？最好的办法就是"借势"。学会整合内外部资源和拓宽融资渠道，通过借势来壮大自己，成就创业理想（见表2.8.1）。

表2.8.1 创业资源类型与获取途径

资源	主要内容	获取途径
人力资源	创业者与创业团队的知识；训练、经验，以及组织和成员的专业智慧、判断力、视野	家人、朋友、同学、同事等；招聘与内部培养

续表

资源	主要内容	获取途径
社会资源	人际和社会关系网络形成的关系资源	熟人圈子、政府、社区和其他利益相关者
财务资源	资金、资产、股票和外部资金	自有资金与外部融资
物质资源	创业和经营活动所需的有形资产，如厂房、土地、设备等	购买、设备租赁和战略合作
技术资源	关键技术、制造流程、作业系统等	创业者和企业自有核心技术；技术购买或技术入股
组织资源	组织结构、工作规范、作业流程、质量系统	企业自建或外部咨询机构设计

微课：好资源在哪里？

二、资源分析

资源分析是解决问题过程的重要一环。要实现创新问题的最后解决，我们必须擦亮眼睛，找到合适的资源。我们拥有哪些资源？都在哪里？哪些是可用的？够不够用？使用成本高不高？……这个资源的查找、考察的过程我们称为资源分析。

（一）资源在哪里

在寻找资源时，要求一定要全面仔细，不应有遗漏，这样才能为更好地解决问题创造条件。那么，我们应该到哪里、依据什么样的次序去查找可能的资源呢？

（1）资源可能处于问题产生的区域内（TRIZ 称之为操作区）。

【案例 2.8.28】

高压锅"高压"的来源

300多年以前，法国青年医生帕平因故被迫逃往国外。他沿着阿尔卑斯山艰难跋涉，打算去瑞士避难。有一天，帕平走到一座山峰附近，觉得饿了，于是找了一些树枝，架起篝火，煮起土豆来。水滚开了几次，土豆依然不熟。为了肚子，他无可奈何地把没熟的土豆硬吃了下去。这件事给他留下了极为深刻的印象。

几年后，帕平的生活有了转机，他来到英国一家科研单位工作。阿尔卑斯山上的往事总是让他百思不解：为什么平时开水煮熟土豆很容易做到而在高山上却不行？经过研究帕平终于发现水的沸点原来与大气压有关：高山上气压低，水的沸点就低，在平地上100℃才能烧开的水，在高山上远没达到100℃就沸腾了。而一旦水沸腾后，由于蒸汽不断带走多余的热量，水就始终保持沸腾时的温度。那么，如果用人工的办法让气压加大，水的沸点更高些，水温也会随之高于平常的100℃，煮东西不就熟得更快了吗？

可是，怎样才能提高气压？

帕平自己动手做了一个密闭容器，他要利用加热的方法，让容器内的水蒸气不断增加，又不散失，使容器内的气压增大，水的沸点也越来越高。可是，当他睁大眼睛盯着加热容器的时候，容器内发出咚咚的声响。帕平吓坏了，只好暂时停止试验。

又过了两年，帕平按自己的新想法绘制了一张密闭锅图纸，请技师帮着做。另外帕平又在锅体和锅盖之间加了一个橡皮垫，锅盖上方还钻了一个孔。这样一来，就解决了锅边漏气和锅内发声的问题。帕平把土豆放入锅内，点火，10多分钟之后土豆就煮烂了。然而，他仍不满足，他想：煮鸡行不行？煮排骨行不行？

1681年，帕平造出了世界上第一只压力锅——当时叫作"帕平锅"。他邀请英国皇家学会的会员们来参加午餐会，实际上是对压力锅进行鉴定。带着高高白帽子厨师，当着众多科学家的面，把几只活蹦乱叫的鸡宰了，塞进压力锅里，然后架到火炉上。那些满腹经纶的专家一杯茶还没有喝完，一盘盘热气腾腾、香味扑鼻的清蒸鸡，已经摆在他们的桌上了。哈哈！鸡肉全烂熟了，鸡骨头也软了。"这是在变魔术吗？"这些老资格的、又爱挑眼的科学家们被折服了。从此，帕平和高压锅一起，名扬四方。

如今，高压锅（图2.8.15）已经是非常普及的厨房炊具，它增压的资源来自于系统内部——加热时不可避免产生的水蒸气。此外，蒸汽在达到一定压力时顶起浮子，气压连锁装置起到了保险作用；当锅内压力过高时，蒸汽又作为推动限压阀进行排气的资源。这样，利用来自作用区域的蒸汽资源的压力差动，同时实现了增压、限压、保险三个重要作用。

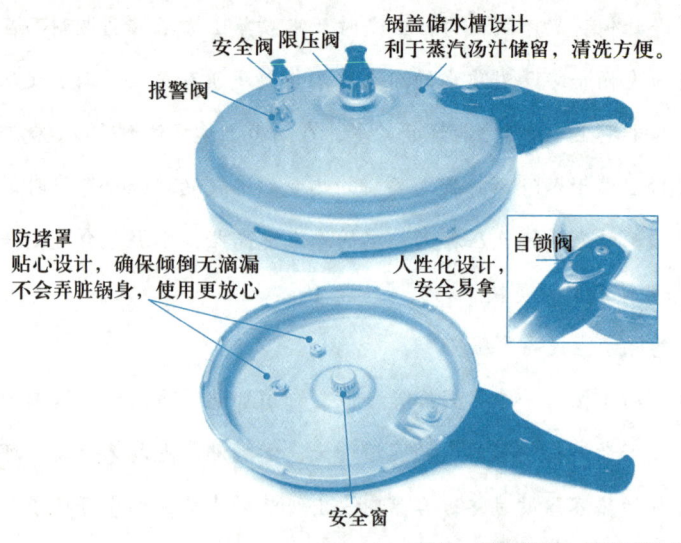

图 2.8.15 高压锅

（2）系统、超系统的相邻系统、产品或废料以及外部环境（空气、水、土壤、各种场——重力场、电场、磁场、热场等）都可以成为资源的来源。

【案例 2.8.29】

自 动 分 拣

汉斯是德国的一个农民，他很爱动脑筋，所以常常花费比别人更少的力气有更大的收获。一次又到了土豆收获的季节，村里的农民进入了最繁忙的工作期。他们不仅要把土豆从地里收回来，还要分成大、中、小三类，劳动量很大。但为了早点运到城里去卖个好价钱，大家只好起早贪黑地干。

汉斯则与众不同，他根本不做土豆分拣工作，而是直接把土豆装车运走，运送时由于车子不可避免地颠簸，到达城里时，小土豆就落到了最底部，而大的自然就留在了上面。到了市场，汉斯很轻松地就将土豆分类出售。由于节省了时间，汉斯的土豆总是上市最早，卖出比别人更理想的价格。

我们按照汉斯的思路来分析一下：土豆分拣需要耗费时间，能不能既分拣又不耽误上市的时间呢？可以一边运输一边分拣（现成时间资源）。谁去分拣呢？在颠簸的路途上靠增加人手手工分拣显然不是个好办法。能不能让土豆按照大小自动分开呢？谁能自动去"搬动"土豆？颠簸时土豆始终在"动"，只要不像分拣好那样装袋，土豆就会在颠簸中自动分开！这是在超系统中获得的免费的现成功能资源。

【案例 2.8.30】

二代身份证为什么能自动取票？

我们都有过这样的经历吧？放假要回家，在网上订票，然后在车站自动取票机上一刷身份证，车票就自动打印出来了，绝不会取错。取票机是如何鉴别身份证的呢？这要从非接触式IC卡说起。

我们生活中使用的很多卡，如"一卡通"卡、公交卡、银行卡等，大多数都已经采用射频IC卡了。与磁卡不同，IC卡是通过卡里的集成电路存储信息。当然，既然采用电路，在使用时就一定要有电才能正常工作。可是我们用卡都是非接触式的，卡上又没有电池，它的电路是怎样工作的呢？

原来，IC卡的工作电力来源于读写器。在IC卡与相应的读写器共同组成的系统中，读写器向IC卡发一组固定频率的电磁波，卡片内有一个LC串联谐振电路，其频率与读写器发射的频率相同，这样在电磁波激励下，LC谐振电路产生共振，从而使电容内有了电荷；在这个电容的另一端，接有一个单向导通的电子泵，将电容内的电荷送到另一个电容内存储，当所积累的电荷达到2V时，此电容可作为电源为其他电路提供工作电压，将卡内数据发射出去或接受读写器的数据。这样就成功地解决了无源（卡中无电源）和免接触这一难题，是电子器件领域的一大突破。

2004年3月29日起，中国大陆正式开始为居民换发内置非接触式IC卡智能芯片的第二代居民身份证，二代身份证表面采用防伪膜和印刷防伪技术，使用个人彩色照片，并可用机器读取数字芯片内的信息。这样，在很多场合，通过身份证就可以方便快捷地应用电子、网络手段办理事情，取车票更是小菜一碟喽。

(3) 在解决技术系统问题时，包括物理、化学和几何效应的信息都是非常重要的资源。

【案例 2.8.31】

奇妙的电磁波

我们周围充满了电磁波，从波长上千米的无线电波一直到波长短于0.01埃的伽马射线，构成了一个庞大的电磁波家族。能让我们看见东西的可见光只占其中非常小的一个波段。不同波长的电磁波具有不同的物理特性（效应），对于这些物

理特性的开发利用大大改变了我们的生活,电磁波已经成为现代人类不可或缺的重要资源之一。电磁波谱如图 2.8.16 所示。

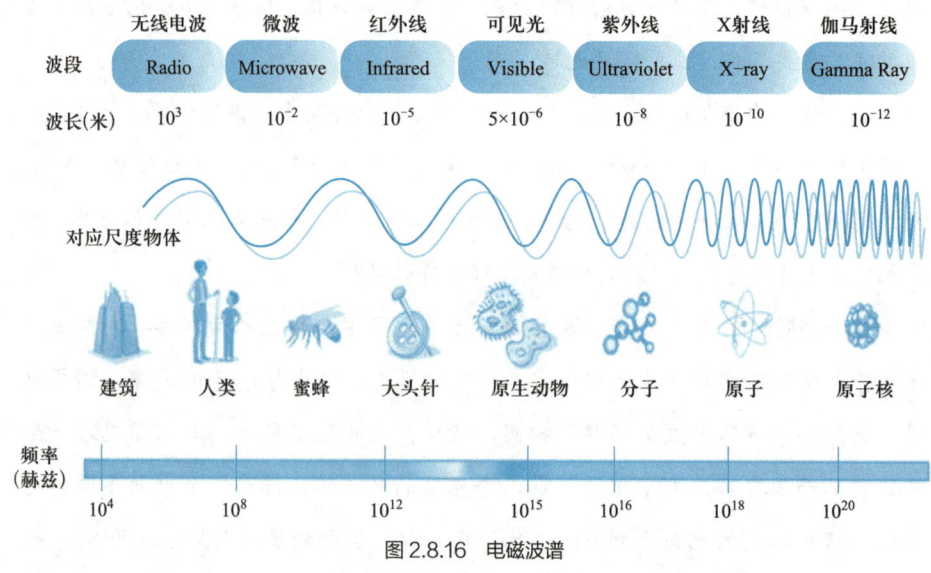

图 2.8.16 电磁波谱

1. 无线电波

无线电波因波长长,更容易绕过障碍物继续传播,所以与我们日常生活关系紧密的应用便是公众移动通信。如手机、寻呼机、用于调度指挥的对讲机、用于短距离无线通信的蓝牙、用于无线局域网的 Wi-Fi 以及卫星电话等。

现在,以采用无线射频识别技术(RFID)的电子标签为代表的物联网应用让我们的生活变得更加智慧。像交通卡、食品安全溯源芯片、一些小区的门禁系统,都采用了电子标签技术。人们还可以把比米粒还小的 RFID 芯片注射到宠物体内,这样宠物就不会走失了。

现代汽车生活也离不开无线电技术。我们会用汽车遥控钥匙打开车门,用倒车雷达辅助把车子停入车位,打开 GPS 汽车导航系统查找行驶路线,打开收音机收听道路交通情况,还能用车载蓝牙电话与外界取得联系。

无线电监控系统还可以帮助婴幼儿进行日常护理,看护器(婴儿端)会实时把婴儿的图像通过无线电波传送到显示器(父母端)上,供父母及时了解婴幼儿的情况。

对于人造卫星，地面控制中心通过无线电波向人造卫星发布命令，人造卫星利用无线电波探测地面和海洋，通过无线电波向地面发送获取的信息，转播电视广播节目，传输电话和数据信息。

对于宇宙飞船，通过无线电波可以准确控制飞船的飞行姿态和运行轨道，还能把宇航员在舱体内的一举一动准确无误地传输到地面。宇宙飞船上使用了多个频段的无线电频率，以确保飞船安全飞行。

2. 微波

在我们生活中除用微波来加热食物以外，微波在食品行业中的应用也相当广泛。鉴于微波具有加热迅速、均匀、节能高效、防霉保鲜、可连续生产、安全无害、设备占地面积小、改善劳动条件等优点，微波已被广泛应用于粉状、颗粒、片状等各种食品、营养品、调味品等的干燥、杀菌。

微波杀菌是微波的热效应和生物效应共同作用的结果。微波对细菌的热效应是使蛋白质变性，使细菌失去营养、繁殖和生存的条件而死亡；生物效应是微波电磁场改变细胞膜断面的电位分布，影响细胞周围电子和离子浓度，从而改变细胞膜的通透性能，细胞因此营养不良，不能正常新陈代谢，细胞结构功能紊乱，生长发育受到抑制而死亡。

3. 红外线

生活中最常用到红外线的地方，大概就是遥控器了。现在只要是具有遥控功能的家用电器，几乎都是利用红外线进行遥控。除了遥控家电、拍摄影像和量体温之外，在生活中另外一个经常会用到红外线的地方，就是电动门。大家应该都有到便利超市买东西的经验，当我们来到超市门口时，店家的玻璃门就会自动打开，并且发出"欢迎光临"的声音。在军事用途上，红外线常常因为肉眼不可见的特性，而被用于夜间突袭和侦察——红外热像仪，该科技在军民两方面都有应用，最开始用于军用，现逐渐转为民用。在民用中一般叫热像仪，主要用于研发或工业检测与设备维护中，在防火、夜视以及安防中也有广泛应用。

4. 可见光

可见光是我们最熟悉也是最早被人类利用的电磁波资源。

作为光的一个基本性质，光的直线传播在我们的日常生活中有着广泛的应用。比如士兵打枪瞄准、站队时判断队伍是否整齐、驾车行驶时判断是否直行等。这

主要是激光准直技术。

根据镜面反射、漫反射特点,反射在我们的日常生活中有着极其广泛的应用。我们每天都接触的镜子、汽车后视镜、自行车的尾灯、公路上的标志牌、潜望镜等都是光的反射应用。

眼镜、放大镜、相机镜头、凸透镜等都是生活中常见的物品,这些都是光的折射在生活中的具体应用。

天空之所以是蓝色的是因为光的色散。生活中由于红光不易被散射,因此被广泛应用于交通领域的雾灯、车牌、警示牌等方面;在拍照摄影领域,利用光的散射可以拍摄出更加有意境的场景;在科研领域,光的散射被大量应用于微小粒子分析当中。

我们在家里或宿舍对着灯棍瞪大或眯小眼睛时,会发现周围的辐射光芒,这是我们经常观察到的现象,这种现象产生的本质便是光的衍射。全息照相、电子显微镜、光谱仪等都是其重要应用。

5. 紫外线资源

谈到紫外线更多的就是它能透过空气起杀菌的作用,太阳光有杀菌的能力就是靠的紫外线。日光中的紫外线能提高中枢神经系统的紧张度,增强全身各器官的功能。久雨后的晴天,寒冬清晨的日出,使人顿时觉得身体舒坦,精神振奋,就是由于紫外线的刺激,使神经系统的兴奋度增强。

6. X 射线

因为 X 射线的波长很短,因此穿透本领很强。

X 射线在军事、医疗卫生、科学及工农业各方面有着广泛的应用。与我们生活密切相关的就是在火车站和机场里,X 光被用于检查旅客的行李中是否带有危险品。在工业上用作零件探伤,检查金属部件有没有砂眼、裂纹等缺陷。在医学上可以用作人体的透视,检查体内的病变和骨骼情况,例如在医院中医生利用 X 光片查看病人的骨头是否折断。

7. γ 射线

γ 射线是电磁波中离日常生活较远的资源。根据 γ 射线具有波长短、能量高、穿透能力强和对细胞有很强的杀伤力的特性,γ 射线在农业中可以为农作物辐射育种、引起害虫绝育和刺激生物生长。工业上可以探伤和检测放射性物质。医疗上，γ射线应用于治疗肿瘤、对动物死后经过时间的推断、对废水的净化处理，还不会造成二次污染。

电磁波看不见、摸不着，但在我们周围的空间到处都充满了电磁波，信息时代的今天它正在发挥着越来越神奇的作用。

(4) 在社会学、心理学研究里有许多耐人寻味的定律、原理或效应，包含它们的信息都是非常重要的资源。

【案例 2.8.32】

邦尼定律与小矮人

一个人一分钟可以挖一个洞，六十个人一秒钟却挖不了一个洞。这种人力资源调配或团队协作中出现的内耗现象被称为邦尼人力定律。合作是一个问题，如何合作也是一个问题。一个团队不是人越多越好，而是做到资源的合理分配，人尽其才，协同和合作产生力量。

有这样一个故事：在古希腊时期的塞浦路斯的一座城堡里住着七个小矮人，他们是受到诅咒被关在一间潮湿的地下室里，找不到任何人帮助，没有粮食，没有水。这七个小矮人越来越绝望。

小矮人中，阿基米德是第一个受到守护神雅典娜托梦的。雅典娜告诉他，在这个城堡里，除了他们呆的那间房间外，其他的 25 个房间里，一个房间里有蜂蜜和水，另 24 个房间有石头，其中有 240 块玫瑰红的灵石，收集到这 240 块灵石，并把它们排成一个圈的形状，可怕的咒语就会解除，他们就能逃离厄运，重归自己的家园。

阿基米德把这个梦告诉了其他六个伙伴，但只有爱丽丝和苏格拉底愿意和他一起努力。开始的几天里，爱丽丝想先去找些木材生火，苏格拉底想先去找那个有食物的房间，阿基米德想快点把 240 块灵石找齐，好快点让咒语解除。但三个人无法统一意见，于是决定各找各的，几天下来，三个人都没有成果，反而耗得筋疲力尽。

但是，三个人没有放弃，失败让他们意识到应该团结起来。他们决定，先找火种，再找吃的，最后大家一起找灵石。这是个灵验的方法，三个人很快在左边第二个房间里找到了大量的蜂蜜和水。

美好的远景是团队合作的基石，明确的目标是团队成功的基础，团结协作则

是团队合作的关键。在经过了几天的饥饿之后，他们狼吞虎咽地大吃了一番，然后带了许多蜂蜜和水分给特洛伊、安吉拉、亚里士多德和美丽莎。温饱的希望改变了其他四个人的想法。他们主动要求和阿基米德他们一起寻找灵石。

为了提高效率，阿基米德决定把七个人兵分两路：原来三个人，继续从左边找，而特洛伊等四人则从右边找。但问题很快就出来了：由于前三天一直都坐在原地，特洛伊等四人根本没有任何方向感，他们几乎就是在原地打转。阿基米德果断地重新分配：爱丽丝和苏格拉底各带一人，用自己的诀窍和经验指导他们慢慢地熟悉城堡。

事情并不像想象中那么顺利，先是苏格拉底和特洛伊那组总是嫌其他两个组太慢。最后由于地形不熟，大家经常日复一日地在同一个房间里找灵石。大家的信心又开始慢慢丧失。

阿基米德非常着急。这天傍晚，他把六个人都召集在一起商量办法。可是，交流会刚刚开始，就变成了相互指责的批判会。经过交流，大家才发现，原来他们有些人找准房间很快，但在房间里找到的石头都是错的；而那些找得非常准的人，往往又速度太慢。

于是，这七个小矮人进行了重新组合。在爱丽丝的提议下，大家决定每天开一次交流会，交流经验和窍门。

在七个人的通力协作下，他们终于找齐了所有的240块灵石，但就在这时，苏格拉底停止了呼吸。大家震惊和恐惧之余，火种突然又灭了。

没有火种，就没有光线；没有光线，大家就根本没有办法把石头排成一个圈。

大家纷纷来帮忙生火，哪知道，六个人费了半天劲，还是无法生火——以前生火的事都是苏格拉底干的。阿基米德非常后悔当初没有向苏格拉底学习生火。

在团队共同努力下，最终火还是被生起来了。240块灵石顺利排成了一个圈，诅咒被解除了，小矮人们胜利了。

（二）查找资源的一般次序

通常情况下，按照先内部后外部、先现成资源后派生资源的顺序查找和使用资源。

1. 内部资源→外部资源

查找使用资源时，应首先考虑内部资源，而后由近及远考虑周围的资源、超系统、环境中的资源。一件事物、一个机构、一个系统理想化程度越高，则意味着其自身资源应用程度越高。换句话说，要想实现系统的最优化运行，就必须充分发掘、调动其内部的各种资源使其作用达到最大化和最优化。

【案例 2.8.33】
iPhone4 "死亡之握"公关中的资源使用

曾几何时，手机顶部都会有一个伸在外面的"小犄角"，那就是天线，是手机必备的结构，用于发射和接收信号。后来，为了美观，天线逐渐缩进了手机内部。当然，手机外壳一定是非金属结构，否则信号就会被屏蔽，产生"法拉第笼"现象。

苹果在 2010 年 6 月 7 日发布了 iPhone4。乔布斯曾盛赞 iPhone4 的设计，因为它提供了全新的工业设计，其中之一就是：为了解决金属外壳手机天线"既要在内部又不能在内部"这一物理矛盾，iPhone4 巧妙地应用了手机中的一个内部资源：边框。起初，iPhone 的设计是在底部使用塑料壳，但是这会破坏设计的完整性，于是，iPhone4 的设计中将边框改成了钢圈。这个钢圈被分成两个部分，一个是负责 GSM 和 3G 的天线，一个是 WIFI 和蓝牙天线，两条天线之间必须留有一个微小的缝隙，由一个塑料条隔开避免互相接触后产生短路干扰（见图 2.8.17）。

图 2.8.17 iPhone4 的天线

一般情况下，人们使用 iPhone4 不会出现太大的信号不良问题，但如果手在汗湿状态握持手机的左下角（天线缝隙处）时，两条天线就会短路而大大削弱手机的信号。一个普通手机出现一些信号丢失问题根本不会成为新闻，但这是 iPhone4，是让所有人惊叹的产品。因而这个缺陷让苹果公司在 iPhone4 发布不久便陷入了前

所未有的公关危机,即所谓 iPhone4"死亡之握"或"信号门"。

面对诺基亚、谷歌、摩托罗拉等强敌环伺,如此危机应该如何公关呢?换作其他公司,无非就是道歉,承认产品缺陷,然后召回问题产品。而苹果如果这样做了,就等于自己走下了神坛。

看看乔布斯是怎样解决的吧。苹果在公司礼堂举办了新闻发布会,乔布斯没有卑躬屈膝,也没有道歉,只表示苹果理解这个问题并会尽力改正,这样他就得以平息问题。接着,他话题一转,称所有手机都有些问题。乔布斯用了四个简短的陈述句:"我们不完美。手机不完美。我们都知道这一点。但是我们想要让用户满意。"乔布斯表示,如果有人不满意,可以退货或者免费获得苹果提供的胶套。iPhone4 的退货率只有 1.7%,还不到 iPhone3GS 和大多数其他手机退货率的 1/3。在发布会上,他接着又报告了一些数据,表明其他手机也有类似问题。苹果的天线设计让 iPhone4 比大多数手机的天线都要差一点,包括之前的 iPhone 版本。但是,媒体对于 iPhone4 信号丢失的报道确实夸大其词了。"这捏造出来的数据令人难以置信。"他说。

对于乔布斯既没卑躬屈膝,又没有责令召回,大多数消费者并没有感到震惊,相反他们认识到乔布斯是对的。iPhone4 的存货已经售罄,排在等候名单上的人们现在要等上三周时间——之前还只需要两周的时间。它成为苹果历史上销售最快的产品。乔布斯在发布会上断言其他智能手机也有同样的天线问题,媒体遂将话题转移至他的说法是否正确。即使乔布斯所言不实,这也比讨论 iPhone4 是否是个有缺陷的无用产品要好。一些媒体观察家对此感到难以置信。迈克尔·沃尔夫写道:"通过一场大胆的表演,乔布斯向人们展示了他的坚定、正义及无辜,从而成功地回避了问题,消除了批评,并将火引到了其他智能手机厂商身上。"

在这场化解危机的过程中,乔布斯找到了哪些有效的资源呢?

首先是内部资源。乔布斯调动了身边最有力的智力资源——召集了几个值得信赖的老手,如:公关老手里吉斯·麦肯纳、广告人李·克劳、詹姆斯·文森特,当然还有苹果公关主管,沉着冷静的凯蒂·科顿以及其他七名高管,召开了后来被乔布斯称为"人生中最棒的会议之一"的会议。会议上,麦肯纳说:"只需摆出事实和数据,不要表现得傲慢狂妄,但要坚定和自信。"所有人都劝乔布斯表现得更有歉意些,但是麦肯纳不同意。他建议道:"不要夹着尾巴召开新闻发布会，你应该直接跟他们说，'手机不完美，我们也不完美。我们是凡人，在尽自己最大的努力做事，而数据在这里。'"麦肯纳的提议被采用了。讨论到乔布斯的傲慢形象时，麦肯纳劝他不必多虑。"我不认为让乔布斯表现得谦卑一些就能解决问题。"

乔布斯狂傲不羁、坚定自信的性格本身就是重要的资源。麦肯纳的建议也正是基于此。对于乔布斯，如果突然"谦卑"了，那么公众的反应一定是："他真的犯错了"。因此，沃尔夫称乔布斯是"最具有魅力的人"。换作其他CEO会卑下地进行道歉，并大量召回问题产品，但乔布斯不必如此。"他冷酷瘦削的外表，他的专制，宗教般的影响力，神一样的地位，使他有特权决定什么东西重要什么东西微不足道。"

当然还有苹果以往积累下来的形象和信誉资源——用户的信赖。人们可以相信苹果不完美，苹果手机不完美。但更重要的是人们愿意相信苹果"想要让用户满意"。

数据是最能说明问题的资源。乔布斯用"iPhone4的退货率只有1.7%，还不到iPhone3GS和大多数其他手机退货率的1/3"等有力数据，驳斥了媒体的夸大其词。

乔布斯还巧妙地应用了外部资源，一个不争的事实：所有智能手机都存在问题。漫画《呆伯特》的创作者斯科特·亚当斯在自己的博客文章中惊叹乔布斯"占据制高点的举动"，称其将会成为新的公关标准。"苹果对iPhone4问题的回应并未遵循公关套路，因为乔布斯决定重新改写规矩。"亚当斯写道，"如果你想知道天才什么样，研究一下乔布斯的措辞吧。"通过宣称手机都不完美，乔布斯用一个不争的事实改变了争论的语境。"如果乔布斯没有把问题从iPhone4引向所有智能手机，我可能会画一幅爆笑漫画，展示一款一拿到手里就无法使用的手机。但是，一旦问题变成了'所有智能手机都存在问题'，幽默的机会也就随之溜走了。没有什么能比一般性的枯燥事实更能扼杀幽默了。"

2. 现成资源→派生资源

现成资源是原本存在的，容易被发现和直接利用，查找使用资源时，应首先予以考虑；派生资源是事物演化、系统运行过程中"后来产生"的，或是对现成资源进行"再造"而产生的，因而在查找和使用时往往后于现成资源。

【案例 2.8.34】

麻秆如何打狼

中国有句俗语:"麻秆打狼两头害怕。"麻是常见纤维植物,它的纤维用来制麻袋、麻绳等。剥去纤维的秆就是麻秆,手指粗细,质地轻而松脆,看起来是个笔直的棍子,却无法承受大力,不能作为武器。但是狼会误认为是一个棍子,担心被拿"棍子"的人打中。所以狼不敢轻易上前,人也不敢用麻秆出手。通常引申为对峙双方都有顾忌,不敢轻动。

这句俗语是比喻对立的双方都有所顾虑。但单就故事情节来说,人遇见了狼,赤手空拳肯定不行,一定要找可以自卫的资源。用的是什么资源呢?就近找不到别的,只有现成资源"麻秆"。麻秆可以吓阻,却不能真正用于打狼。

如果进一步分析:现成资源不能很好地解决问题,有没有派生资源?现成的资源能否派生出更加有用的资源?答案是肯定的。众所周知,野生动物都非常怕火,而麻秆是易燃物,点燃麻秆就可以获得更有效的驱狼资源。

(三)应用资源

1. 选择资源的顺序

TRIZ 理论给出了一些使用资源的实用化建议(见表 2.8.2)。通常,我们倾向于选择具有同第一个值(最左边)相符的属性的资源。

表 2.8.2 选择资源的顺序

资源属性	选择顺序
价值	免费→廉价→昂贵
质量	有害→中性→有益
数量	无限→足够→不足
可用性	成品→改变后可用→需要建造

2. 如何用好资源的关注点

(1) 要特别关注不易被觉察的、被忽视的、免费的或是非常廉价的资源的利用。

(2) 若能成功利用有害资源,变害为利,则解决问题会更有成效。

(3) 如何充分发挥人的技巧及能力自助服务、自我教育、自我诊断、自我设计。

(4) 利用环境中不易被察觉却很重要的资源如：空间、空隙、孔洞，它们是有一定结构和特性的。

(5) 关注资源的综合应用，是最有效地利用资源的方法。

【案例2.8.35】

日本蜗居里的"大生活"

长久以来，日本人便一直忍受着拥挤的城市和严重不足的居住空间，他们的房子小得可怜，以至于一名傲慢的欧洲官员一度将日本房子称为"兔笼"。但最近几年，日本建筑师却正将这种"不得不小"变成一种优势，你追我赶地为极其狭小的地带设计非传统且在外观上令人称奇的房屋。

在日本一些房屋的面积只有约28平方米在极为狭小的地带拔地而起，它们往往采用闪闪发光的玻璃立方体、纤维增强塑料以及超薄钢膜等高科技建筑材料，堪称引人注目的建筑界瑰宝。

"利用更小空间做更多事情"已经成为日本房屋设计的一种潮流，此时的房屋不但可爱同时也富有智慧，让居住在里面的人感到舒适和惬意。超小屋通过摒弃入口、走廊、内墙、壁橱等传统要素尽可能节省空间。房屋的窗户大小形状不一，散布在墙壁上，浴室被一道帘布隔开，家具则可以折叠并塞入墙内，从而让房间拥有多种用途。此外，设计师还为房子覆盖上一层透明皮肤以在最大限度上利用自然光（图2.8.18）。

在一个只有约12米宽的狭长地带，东京建筑师山下泰裕建造了一座主打"狭长牌"且类似大教堂的未来派房屋，取名为"Lucky Drops"。他说：Lucky Drops（幸运降临屋）建在一个非常狭长的空间上，光线只能从天花板射入。所有光线都来自于顶部，整座房子就像是日本的一盏纸灯。

山下泰裕说："一提房子，人们往往首先想到房屋面积，而作为建筑师的我们想到的则是3D空间，充分利用所有3个维度，我们便可以让空间看上去很大，同时拥有更多的功能。"

图2.8.18 充分利用空间的蜗居房

技法训练

训练一：智过哨卡

1. 训练目的

掌握查找和应用资源的一般步骤。

2. 内容步骤

电影《闪闪的红星》中有这样一段故事：因红军主力战略转移，留下来坚持战斗的红军和赤卫队员被以胡汉三为首的国民党反动派围困在山上，时间一长，红军便缺少食盐。为了生存，红军派了十来岁的儿童团员潘冬子和一位老大爷下山买食盐，他们在乡亲们的帮助下很快就买到了食盐，并把食盐装进了竹筒做的茶壶中，扮作上山砍柴人来到了敌人设的关卡前。不料敌人盘查很严，冬子一看，知道提着竹筒是过不了关卡的。只见冬子眼睛一转，飞快地向河边跑去，不一会儿，冬子回来并顺利地通过了关卡。过了山坳，老大爷问冬子，你刚才去河边干什么。只见冬子解开棉袄，大爷用手一摸，湿润润的，一尝，咸的。大爷高兴地大叫起来："冬子，你真聪明！"

请分析：潘冬子应用了哪些资源？

训练二：将有害的物质转变成有用的资源

1. 训练目的

掌握查找和应用资源的通用技巧。

2. 内容步骤

(1) 现在教室内有哪些有害的事物？

(2) 这些有害的事物在什么情况下或环境下被视为有利的资源？

(3) 如何将教室内这些有害的事物转变成有利的资源？

技法延伸

课后作业：应用资源技能提升训练

1. 训练目的

提升资源查找能力。

2．内容步骤

以小组为单位，提出一个问题案例（或以抽签方式），结合技法四—九屏幕法，进行资源分析练习，填写下表。

示例：如何区分三胞胎。

种类	物质资源	能源资源	空间资源	时间资源	信息资源	场资源
系统						
子系统						
超系统						
系统过去						
系统未来						
超系统过去						
超系统未来						
子系统过去						
子系统未来						

融：融合心法技法
通：贯通理论实践

第三篇
战法篇——创新实训
战法要诀——融通

融通创新实践　　战

创造实训
创意实训
创思实训

法　　综合应用　学会贯通

战法一

创思实训

战法导图

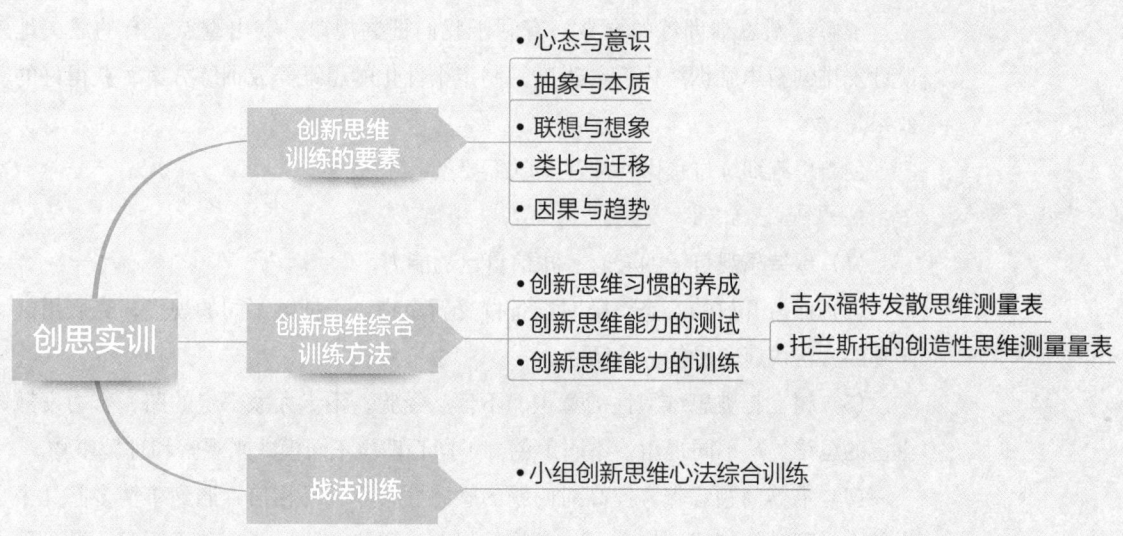

战法目标

1. 知识目标：融会贯通各种创新思维方式。
2. 技能目标：掌握综合运用创新思维分析问题的能力。
3. 体验目标：养成良好的运用创新思维的习惯。

战法内容

创新故事16：给鸡"戴眼镜"和"穿鞋子"

在心法篇中，我们通过感悟、体验和训练，已经初步获得了打破思维惯性，实施发散思维、联想思维、想象思维、逆向思维和捕捉灵感的基本能力和技巧，并在技法篇中，实践了创新性思维指导下发现问题、分析问题、解决问题的一般创新方法。

思维是方法的灵魂，而创新思维能力可以通过后天努力习得，通过养成训练内化为一种个人习惯。那么，如何才能综合创新思维心法，有效地训练自己的创新思维，获取创新的灵感呢？秘密等待着我们去揭晓，让我们一起行动吧。

一、创新思维训练的要素

了解创新思维训练的要素，有利于我们把握规律，突出重点，有的放矢地设计安排创新思维训练内容与进度，制定个性化的思维养成训练方案，获得好的效果。

创新思维训练过程中，应注意以下要素：

（一）心态与意识

（1）保持乐观自信的心态，相信自己的能力。

（2）保持开放的心态，随时准备接受新事物，不抵触不同的观点，克服用最简易的方法快速完成任务的倾向。

（3）树立打破思维惯性的意识。不盲从经验，不走大家都走的路，努力发散自己的思维，从不同视角、不同角色、不同心理、不同模式来观察和理解事物。

（4）培养问题意识，提高对问题的敏感性，不轻易相信，遇到事情多问几个为什么，要学会刨根问底，寻求事物的根源，还要大胆质疑，善于观察，勤于思考，有怀疑的精神。

（二）抽象与本质

提升在抽象层面上把握事物与观点本质的能力。抽象思维对于创造性地解决问题有积极的作用，它赋予人类自由思考的能力，使人更有可能捕捉到事物的本质。

（三）联想与想象

（1）注重联想能力训练，通过联想揭示事物之间的联系。

（2）注重想象能力训练，通过想象（幻想）提高产生新想法、创造新事物的能力。

（四）类比与迁移

（1）注重培养在不同事物间发现相似点的能力。他山之石可以攻玉，类比带来了跨领域的思考，这种交叉的思考对创新是十分宝贵的。

（2）注重培养将其他领域解决问题的原理迁移至本领域的能力。不同领域解决不同问题的原理有时是相通的，可将这些原理从一个领域迁移到另一个领域来解决问题，提升个体跨界思考的能力。

（五）因果与趋势

（1）注重培养溯因索果的能力。创新思维的过程是全脑思维的过程，逻辑思维在创新中起着重要作用。客观事物之间有着奇妙的因果关系，在分析创新问题过程中，正确揭示这些关系非常重要。

（2）注重培养把握事物发展脉络，预测未来的能力。趋势预示着事物未来的发展方向。我们可以依据客观规律或事物过去、现在的状态探索、预测未来，也可以想象、幻想尚不存在的东西，想象事情的可能性。

二、创新思维综合训练方法

（一）创新思维习惯的养成

思维习惯对创造力的影响巨大。依据创新思维训练的要素开展持续的、大量的练习，可以有效培育和养成创新性思考的思维习惯。

可以每天花费 15～20 分钟的时间，练习思维的训练题。要记住，开始训练后就不要停止，要持续训练一段时间。虽然我们现在还不能明确每个人的训练时间多长为最佳，但是持续地训练是必要的，如坚持 1～2 个月。能力培养的训练通常会经历以下三个阶段：

第一阶段，刻意、不自然。需要十分刻意地提醒自己进行训练，如果觉得有些不自然和不舒服是很正常的。

第二阶段，刻意、自然。已经觉得比较自然，比较舒服了，但是一不留意，还会退回去。因此，还需要刻意提醒自己保持练习。

第三阶段，不经意、自然。这是习惯的稳定期，说明这项习惯已经成为日常思维的一个有机组成部分，它会自然而然地、不停地为创造力"效劳"。

（二）创新思维能力的测试

创新思维能力的测试内容直观反映着创新思维训练的重要指标。了解这些内

容有助于我们更好地开展创新思维能力的综合训练。应用比较普遍的思维能力测试表有吉尔福特发散思维测量表和托兰斯托的创造性思维测量量表。

1．吉尔福特发散思维测量表

吉尔福特是美国心理学会主席，他与同事创编了一套测验题，共有 13 个部分。其中前 10 个要求言语反应，后 3 个为图形内容的非言语测验。年龄适用范围主要是初中以上水平的青少年及成人。其主要内容如下：

(1) 词语流畅性测验。要求被试者迅速写出包含某一特定字母的单词。例如"a"。

(2) 观念流畅性测验。要求被试者迅速写出属于某种特殊类别的事物。例如"半圆结构的物体"。

(3) 联想流畅性测验。要求被试者列举某一词的近义词。例如"承担"。

(4) 表达流畅性测验。要求被试者写出具有 4 个词的一句话，这 4 个词的词头都指定某一个字母。例如"k-u-y-i"。

(5) 非常用途测验。要求被试者列举出某种物体通常用途之外的非常用途。例如"砖头"。

(6) 比喻解释测验。要求被试者填充意义相似的几个句子。如"这个妇女的美貌已是秋天，她……"。

(7) 用途测验。要求被试者尽可能列举出某一件东西的用途。如"空罐头瓶"。

(8) 故事命题测验。要求被试者写出一个短故事情节的所有合适的标题。例如："冬天到了，一个百货商店的新售货员忙着销售手套，但他忘记了手套应该配对出售，结果商店最后剩下 100 只左手手套。"

(9) 后果推断测验。要求被试者列举某种假设事件的所有不同的结果。例如："如果每周再多一天休息，那么会发生什么结果？"

(10) 职业象征测验。要求被试者根据某一个称呼列举出它代表或象征的所有可能的工作。如"灯泡"。

(11) 绘图测验。要求被试者把某一个简单图形复杂化，组成尽可能多的可辨认的物体。

(12) 装饰测验。要求被试者在普通物体的轮廓上尽可能多地设计出不同的装饰方案来。

(13) 加工物体测验。要求被试者利用一套简单的图案，如圆形、三角形、长方形、梯形等，画出指定的事物。在画物体时，可以重复使用任何一个图形，也可以改变其大小，但不能添加其他图形和线条。

2．托兰斯的创造性思维测量量表

该测验由美国明尼苏达大学心理学教授托兰斯编制，是目前应用最广泛的创造力测验，适用于从幼儿园到研究生水平的个体，但对四年级以下的儿童需要个别口头施测。

该测验由三套创造力量表构成：

（1）言语创造思维测验。包括七个分测验：

① 提问题。要求被试者列出他对图画内容所想到的一切问题。

② 猜原因。要求被试者列出图画事件的可能原因。

③ 猜后果。要求被试者列出图画中所发生的事情的各种可能后果。

④ 产品改造。要求被试者对一个玩具图形列出所有可能的改进方法。

⑤ 非常用途测验。其原理与吉尔福德的第五项测验相同。

⑥ 非常问题。要求被试者对同一物体提出尽可能多的不同寻常的问题。

⑦ 假想。要求被试者推断一种不可能发生的事件将出现的各种可能后果。

（2）图画创造思维测验。由三个分测验组成：

① 图画构造。呈现一个蛋形彩图，让被试者以此为基础去构造富于想象的图画。

② 未完成图画。向被试者提供十个由简单线条勾出的抽象图形，让他们完成这些图形并加以命名。

③ 圆圈（或平行线）测验。共包括30个圆圈（或30对平行线），要求被试者据此尽可能多地画出互不相同的图画。

（3）声音和词的创造思维测验。由两个分测验组成：

① 音响想象。采用四个被测者熟悉和不熟悉的音响系列，各呈现三次，让被试者分别写出所联想到的物体或活动。

② 象声词想象。采用十个模仿自然声响的象声词各呈现三次，让被试者分别写出所联想到的事物。

三套测验的记分标准是不同的。言语测验从流畅性、变通性、独特性三方面记分；图画测验除从以上三方面记分外，还对精致性记分；声音和词的测验只记独特性得分。托兰斯创造性思维测验的特色在于其操作过程的游戏性，即用游戏的形式将各项测验组织起来，显得轻松愉快，适合儿童的身心特点。

（三）创新思维能力的训练

创新思维能力的训练应该在保持乐观自信的心态基础上，有意识地针对发现问题能力、抽象概括能力、思维发散能力等要素进行系统的或有选择性的练习，提倡根据自身特点制定个性化的训练计划。

表3.1.1按创新思维训练和思维能力测量要素，列出了创新思维能力训练的一般内容示例。

表 3.1.1　创新思维训练项目与内容示例

训练类别	训练内容（示例）
打破思维惯性	1. 寻找非常答案 （1）把七棵树围在五个栅栏里，每个栅栏中树的数量相同，怎么办？ （2）如何用一只手砸开椰子？ …… 2. 火柴问题 （1）如何用 6 根火柴排成四个等边三角形？ （2）9 根火柴摆成三个三角形。请移动二根火柴，使所有的三角形都变得不存在。 …… 3. ……
问题意识训练	1. 随机选取身边的一件物品（如笔、水杯、书包），针对所选物品提出 10 个不同的问题。 2. 请在 2 分钟内就下图提出尽可能多的意想不到的问题。 ……
抽象与本质思维训练	1. 随机选取身边的一件物品，然后分别用一个词概括它的外观、功能、原理。 2. 用一句话将下列对象归为一类： 帽子、自行车、太阳镜、蜗牛 ……

续表

训练类别	训练内容（示例）
联想与想象能力训练	1. 请在 2 分钟内从以下词汇开始联想，编出一段故事。 面包　梦　房子　枪　牛　风　水　游戏厅　助学金　着急 2. 设计新产品 （1）请在 1 分钟内，设计一款有以下功能的牙膏。 　　功能：应用于滑翔翼或是太空站 　　功能：冰冻 （2）请在 1 分钟内，设计一款有以下功能的水杯。 　　功能：可伸缩 　　功能：应用于教学活动中 （3）请在 1 分钟内，设计一款有以下功能的计算器。 　　功能：预防近视 　　功能：可穿戴 ……
类比与迁移思维训练	1. 请阅读下面两列词汇，将存在类比关系的词汇用线连起来，越多越好。 做饭　　　　　　　　　白酒 考试　　　　　　　　　激光 面谈　　　　　　　　　跳摇滚 做研究　　　　　　　　研究哲学 打电子游戏　　　　　　金手指 2. 请用一句话概括跑步机的原理，然后将此原理用于以下产品的创新： 自行车　驾驶训练　明信片　石英钟　房子 ……
因果与趋势思维训练	1. 为什么所有的星球都是圆的？如果地球是方的会怎么样？ 2. 研究表明，过去 25 年海平面上升了 7 厘米，平均每年上升大约 0.3 厘米。到 2100 年时，海平面的上升速度可达到每年 1 厘米，高度比现在额外上升 65 厘米。如果你住在一个海拔只有 1 米的小岛上，你该怎么办？ ……

战法训练

小 组 练 习

训练目的：创新思维心法综合训练。

战法一　创思实训

问题来源:有一个魔术,可以根据五张卡片中是否有你的年龄数字,推断出人的年龄,被试者告诉哪几个卡片有年龄数字就好。韩国产业技术大学机械设计工程系 LEE Kyeonwon(李敬元),在第十四届中国 TRIZ 高级研讨会交流中分析了利用卡片猜年龄的小游戏。想想背后的规律是什么?

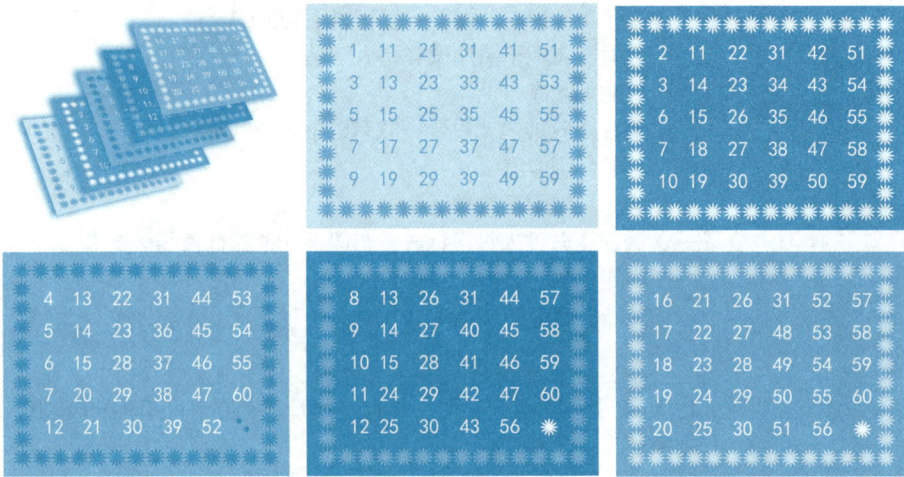

内容步骤:

1. 这五个卡片中数字分布存在规律,可以用思维的方法分析出来,因为每张卡片上的数字组合并不相同,启动大脑,快快来练习。

2. 打破思维的惯性。每张卡片的数字不是都从 1 开始。尝试利用卡片上第一个数字来编号,得到 1、2、4、8、16 这样的序列,即按照 2 的指数次方来给卡片排序,第一张卡片 1(2^0),第二张卡片 2(2^1),第三张卡片(2^2),第四张卡片(2^3),第五张卡片 1(2^4),打破常规 1、2、3、4、5 的分布,按照 2 的指数次方,从 0、1、2、3、4 来分布。

3. 突破思维界限。采用组合发散法,以第一个数字为发散点,尽可能多地把它与别的数字进行组合,以形成新卡片。如第一张、第二张卡片按照第一个数字按照 Step2 的规律,第二个数字定位 11,而第三张、第四张卡片则是按照第二位数字 13,第五张卡片第二位数字为 21,依次类推。

4. 架起思维桥梁。采用联想法,是根据事物之间这样或那样的联系,一环紧扣一环地进行联想,从而引发出新的设想的思维方式。

将五张卡片第 1 位数字排列 1、2、4、8、16,第二位数字排列 11、11、13、13、21,进而联想到第六张卡片中第二位按照此规律,为数字 21。

5. 展开思维的翅膀。在做年龄测试时候,预先根据面向、衣着、谈话了解被试者年龄的初步范围,再根据卡片上出现的数字进行排除。比如 23 岁,23 分解为 1+2+4+16，可以找出四张卡片，几个卡片相加不需要再加 32，然而如果测试者为 55，同样出现在四张卡片上，但是需要根据想象来判断 23 还是 55。

6．倒转思维的翅膀。按照倒叙的规律，在几张卡片中找答案。比如 35，在第一张、第二张卡片里面出现，然后找到规律，35−1−2=32，检查出卡片序号，$32=2^5$。

7．捕捉思维的火花。年龄测试卡片让某些被试者觉得神秘，看不出卡片数字后面的规律，有些聪明的人可以猜测出几个数字，但是大多数都被我们忽视了。如果善于捕捉和利用数字间的规律，则它会变成创新的有力武器。

战法二
创意实训

战法导图

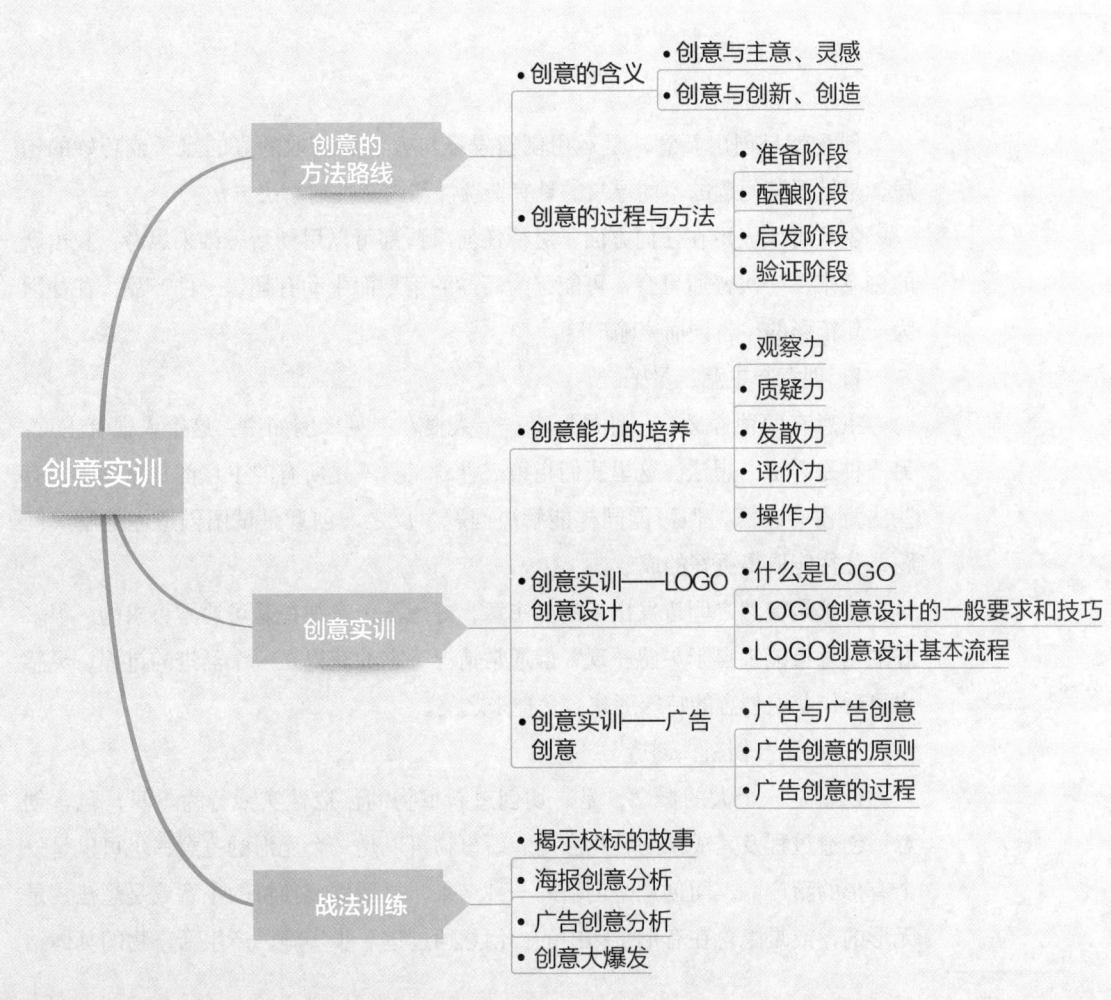

战法目标

1. 知识目标：了解创意的含义与应用；进一步融合理解创新思维与方法。
2. 技能目标：掌握综合运用创新思维和方法进行创意的一般方法和基本技巧。
3. 体验目标：通过创意实践体验创新思维指导下的创新方法的神奇。

战法内容

创意是创新思维与方法开出的绚丽花朵。有了好的创意，才有可能结出发明创造的果实。能够在创新思维的引导下，发挥团队创新优势，运用各种创新方法和工具，快速高效地产生新的想法、新的点子、新的思路，是本课程重要的目标之一。

一、创意的方法路线

（一）创意的含义

创意就是创出新意，是运用创新思维与方法所获取的好的点子或巧妙的构思，是针对某问题的不同寻常的具有新颖性和创造性的解决方法。

创意可以应用在任何方面，对待任何事情都可以用创新思维来思考，找出新的创意来。一次普通班会，可能因为巧妙的策划而生动有趣；一件产品，往往因为一句精彩的广告词而家喻户晓。

1. 创意与主意、灵感

主意有两种含义：一种是形容一个人很有主见，例如说：这个人很有主意；另一种是办法、想法。这里我们指第二种含义。不是所有的主意都是新颖的，有些主意没有新意，但可能同样能解决问题。反之，创意是试图创造性地解决问题，往往能取得更好的成效。

灵感是突然之间迸发出来的好主意、好想法，它往往是可遇不可求的。很多好的创意可能来自于灵感一现，但通常情况下它的获得是一个渐进的过程。灵感也可看作获取创意的特殊形式，是神来之笔。

2. 创意与创新、创造

创新是一个大的概念，是一切创造新事物的创造性实践行为本身，包含创意、创造过程及其成果的转化应用。新事物可以是一个无形的主意，也可以是一个有形的新产品。而创意是创新的一种结果，是新颖、独特的主意或是想法，是无形的，或是隐含在有形事物中的。创意通过进一步实施，产生新事物的具体结果，就是创造。

（二）创意的过程与方法

创意的过程是综合运用各种思维方式与方法的过程。了解创意的基本过程，及创意过程中各个阶段的任务与特点，有利于我们在创意实践中统揽全局，规划阶段任务，选择正确的方法，提高创意效率和质量。

美国心理学家华莱士认为，无论是科学还是艺术，或者其他创新性活动，其过程大体上都包括4个阶段：准备阶段、酝酿阶段、启发阶段、检验阶段。结合本课程学习内容，各阶段主要特点和适用的创新思维方法简介如下：

1．准备阶段

这是创意过程的基础阶段。准备阶段主要是提出问题、调查研究、收集资料、获取数据等，并初步确定创意活动的方向和目标，为下一阶段做充分准备。

在这一阶段，检查和清理问题非常重要，是解决问题的重要前提。可以运用5W2H法来提出疑问，厘清问题。对于团队创意活动，可以运用平行思考法，在5W2H基础上通过蓝色思考帽规划创意任务，通过白色思考帽有效收集必要的资料、信息、数据。需要强调的是：要树立资源意识，掌握的原始信息越多，就越容易产生创意。

创意的产生并不是闭门造车、空穴来风般的主观臆想，它不但需要创意者有足够的知识、经验积累，还需要联系实际，因事制宜，与时俱进。因此，在这一阶段调查研究也非常重要。

2．酝酿阶段

这是创意过程的运作阶段。在创意活动开始之初，我们对问题的理解往往并不十分透彻，常会经历许多艰难困苦的探索，可能重新确定创意的设想，也可能局部修订甚至全部改变，有"众里寻他千百度""山重水复疑无路"的感觉，必须经过充分酝酿才能逐渐明确起来。

这一阶段应充分发散思维，不断克服思维惯性。洞察力和联想思维、想象思维、逆向思维等在这一阶段发挥着重要作用。为避免盲目性，本阶段可以应用最终理想解来进一步明确创意的宏观目标；对于团队创意活动，平行思考法的红帽思维、黄帽思维、绿帽思维可以经常运用；这一阶段的团队活动是集思广益，可以经常召开头脑风暴会议，围绕理想解提出各种各样的想法。

3．启发阶段

这一阶段又称顿悟期或灵感期，是创意过程的收获阶段。经过长期酝酿之后，随着创意活动的深入开展，一次次的探索和逼近，终于使创新过程临近了成功的大门。进入这一阶段，人们往往会有柳暗花明、茅塞顿开、"蓦然回首，那人却在灯火阑珊处"的感觉。

这一阶段应特别注意潜意识的作用和灵感的捕获。

4. 检验阶段

这是创意成果的加工和验证阶段。通过顿悟或捕捉灵感而来的东西可能极具创意，也可能存在经验性错误，还必须经历一个仔细琢磨、具体加工和验证的过程。这个过程是在意识支配下对整个创意过程的反思，对顿悟所得进一步推敲、检验，并形成具体的成果。在这一阶段，人们要把创意所得与预期目标进行对比，看是否达成所愿，还要用事实来检验其可行性。

六顶思考帽的黄色思考帽和黑色思考帽可以发挥很好作用；对于仍存在突出的对立性矛盾尝试应用物理矛盾分离方法（技法七）获取解决思路；本阶段挖掘和利用派生资源有时具有特别重要的意义。

二、创意实训

（一）创意能力的培养

创意能力决定着创意水平，所以提高创意能力尤为重要。创意是一个疑问、分析、构思、想象、加工、评价的过程，对相应能力的培养可以有效提高创意能力。应注意以下能力的培养：

1. 观察力

敏锐的观察力是创新必备的素质之一。它能让我们洞悉事物的本质和变化的因由，从而在纷繁复杂的世界中及时、准确地把握住脉络，捕捉到机遇，碰撞出创意的火花。要学会积极主动地观察、思考，培养浓厚的观察兴趣、良好的观察方法。

目的性是观察力的最显著的特点，有目的观察才会对自己的观察提出要求，获得一定深度和广度的锻炼。所以，对一个事物进行观察时，要明确观察什么、怎样观察、达到什么目的，以做到有的放矢，这样才能把观察的注意力集中到事物的主要方面，从现象乃至隐蔽的细节中探索出事物的本质。

2. 质疑力

创新从疑问开始。英国哲学家培根说："如果一个人从肯定开始，必将以疑问告终；如果他准备从疑问着手，则会以肯定结束。"技法三中介绍了质疑思考的方法和5W2H提问法，可以经常用来练习质疑能力。

3. 发散力

思维的发散力对创意起着决定性作用。思维发散的关键之一是有效克服思维惯性，方式包括联想、想象、逆向思维等，其中想象对于创造性思维具有极大的开发作用。发散力的培养可以应用本课程心法二至心法六介绍的基本方法。

4．评价力

评价力即分析、判断力，它是运用逻辑思维对现成的信息评定其优劣性、正确性、适用性和稳定性等工作的能力。在创意的形成和发展阶段，需要用它收敛性的分析思考，进行去粗取精、去伪存真、由此及彼、由表及里的判断筛选，评估选优，最终确定可行性方案。要培养准确的评价力，就必须养成抽象思维的习惯，凡事多问几个为什么，并善于从日常的琐碎事务中，总结和概括出共同的特征。

5．操作力

观察力、质疑力、发散力和评价力是属于认知与思维层面的创新能力，而操作力则属于行为层面的创新能力。要进行创造性实践，就必须掌握娴熟的操作能力。创意活动的操作力即是观察力、质疑力、发散力和评价力的综合应用能力，也包括运用知识、驾驭方法、应用技能等的能力，需要在长期创新训练和实践中获得。

（二）创意实训——LOGO 创意设计

1．什么是 LOGO

LOGO 是徽标或者商标的英文说法。LOGO 设计即标志设计，是指单位、企业、网站、商品、会议等为自己主题或者活动等设计标志的一种行为，具有传媒特性。LOGO 的设计过程将具体的事物、事件、场景和抽象的精神、理念、方向通过特殊的图形固定下来，使人们在看到 LOGO 的同时，自然地产生联想，从而产生认同感。LOGO 的创意设计要求简练、概括、独特、醒目，在有限空间内实现所有视觉识别功能，准确表达被标志体价值取向、文化特色等，从而引导受众的兴趣，达到增强美誉、记忆等目的。

以创意为中心是 LOGO 设计的灵魂。标志设计要具有提出新思想、新意境，想出新形象、新方法的能力。现代标志的基本目的，是创造形象、创造效益、创造未来。因此，创新能力在整个标志设计者的智能结构中占有重要地位。

LOGO 的特殊属性使之成为创意设计训练的很好方式——不是必须设计出精彩绝妙的徽标，而是通过这种形式训练提高我们的概括能力和创意能力。

LOGO 的表现形式一般分为特示图案、特示字体、合成字体。

（1）特示图案属于表象符号。图案本身易被区分、记忆，通过隐喻、联想、概括、抽象等绘画表现方法表现被标志体，对其理念的表达概括而形象，但与被标志体关联性不够直接，受众容易记忆图案本身，但对被标志体的关系的认知需要相对较曲折的过程，但一旦建立联系，印象较深刻，对被标志体记忆相对持久。

（2）特示文字属于表意符号。在沟通与传播活动中，反复使用的被标志体的

想一想

生活中有哪些令人印象深刻的LOGO？为什么能够对它印象深刻？

名称或是其产品名，用一种文字形态加以统一。含义明确、直接，与被标志体的联系密切，易于被理解、认知，对所表达的理念也具有说明的作用，但因为文字本身的相似性易模糊受众对标志本身的记忆，从而对被标志体的长久记忆发生弱化。所以特示文字，一般作为特示图案的补充，要求选择的字体应与整体风格一致，应尽可能做全新的区别性创作。

（3）合成文字是一种表象表意的综合，指文字与图案结合的设计，兼具文字与图案的属性，但都导致相关属性的影响力相对弱化。为了不同的对象取向，制作偏图案或偏文字的LOGO，会在表达时产生较大的差异。

2. LOGO创意设计的一般要求和技巧

（1）应在详尽明了设计对象的使用目的、适用范畴及有关法规等有关情况和深刻领会其功能性要求的前提下进行。

（2）充分考虑其实现的可行性，针对其应用形式、材料和制作条件采取相应的设计手段。同时还要顾及应用于其他视觉传播方式（如印刷、广告、视频等）或放大、缩小时的视觉效果。

（3）要符合作用对象的直观接受能力、审美意识、社会心理、禁忌和使用方式。

（4）树立"为未来设计"理念，用发展的眼光保持创意的相对持久性。

（5）构思须慎重考虑，力求深刻、巧妙、新颖、独特，表意准确，能经受住时间的考验。

（6）构图要凝练、美观，保持视觉平衡、线条流畅。

（7）图形、符号既要简练、概括，又要讲究艺术性。

（8）注重色彩运用技巧，色彩要单纯、强烈、醒目。

（9）选择恰当的字体。

（10）遵循标志艺术规律，创造性地探求恰当的艺术表现形式和手法，锤炼出精当的艺术语言使设计的标志具有高度整体美感、获得最佳视觉效果，是标志设计艺术追求的准则。

了解一些色彩知识对于LOGO创意会有很大帮助。

色彩的感情： 红色——热烈、刺激、温暖；黄色——中性、高贵、较安静；绿色——中性、活力、青春、和平、较安静；蓝色——清冷、恬静、深远；白色——纯洁、干净、凄凉；黑色——庄重、朴实、悲哀。

色彩的冷暖与味觉感： 红色、橙色、黄色为暖色，给人温暖、快活的感觉；

> 紫色、蓝色、青色、绿色等冷色及中间色，给人以清凉、寒冷和安静的感觉。如将冷、暖两色并用，给人的感觉则是暖色向外扩张、前移，冷色向内收缩、后移。黄色、蓝色、绿色，给人酸味感，白色、乳黄色、粉红色给人甜味感，茶色、暗绿色、黑色给人苦味感，红色给人辣味感。

妙思偶得

3．LOGO创意设计基本流程

真正的LOGO设计需要大量认真仔细的工作。这里仅从创意训练的角度简要描述LOGO创意设计的基本流程：

（1）前期准备。一是确定主题，运用质疑思考的方法厘清主题；二是围绕主题调查研究，获取准确的数据与信息，力求准确有效地把握被标志体的理念、价值观与独特性格。

（2）创意构思。确定理念、指导思想，确定选题及定位，寻求各种可表达设计主题的可能性和资源，根据不同载体及掌握的全部资料制定出艺术设计方案。这一阶段要充分发挥联想力和想象力，集体创意构思可以应用头脑风暴法进行充分的思维激励，寻找最佳创意点。在创意构思时要用粗略的草图记录每个创意，经过再三修改之后，形成初步的设计。

（3）调整完善。按照标志艺术规律和要求对创意构思阶段获得的设计进行认真推敲、精细调整，确定最终图案。

（4）评价验证。对设计方案进行评价和验证，看是否达到了设计目标，是否准确地表达了诉求，是否符合艺术规律等。

（三）创意实训——广告创意

1．广告与广告创意

广告的中文含义就是"广而告知"，是为了某种特定的需要，以可控的宣传形式付诸一定的媒体，公开而广泛地向公众传递信息的宣传手段。广告进行的传播活动最重要的特征之一就是带有劝诱性，劝诱人们的态度和意见向其推销目标趋近。但广告不能进行欺骗，不能无中生有，不能误导消费者。

广告有广义和狭义之分。广义广告包括非经济广告和经济广告。非经济广告指不以营利为目的的广告，如政府行政部门、社会事业单位乃至个人的各种公告、启事、声明等。狭义广告仅指经济广告，又称商业广告，是指以营利为目的的广告，通常是商品生产者、经营者和消费者之间沟通信息的重要手段，或企业占领市场、推销产品、提供劳务的重要形式。

广告创意是指以目标受众心理为基础，通过新颖、独特的构思或技术设计表达广告策略，以达到巧妙传达宣传主题的信息、特性和内涵的创造性思维活动。

从整体上说，广告创意由两大部分组成：一是广告诉求；二是广告表现。广告诉求就是使目标受众理解并接受广告所传达主题的这些形象或内涵，它体现了整个广告的宣传策略。广告表现即广告创意表现，是传递广告创意策略的形式整合，即通过各种传播符号，形象地表述广告信息以达到影响目标受众的目的。广告创意表现的最终形式是广告作品。广告创意表现在整个广告活动中具有重要意义：它是广告活动的中心，决定了广告作用的发挥程度，广告活动的管理水平最终由广告表现综合体现出来。

2. 广告创意的原则

广告创意应把握以下原则：

（1）冲击性原则。在令人眼花缭乱的广告中，要想迅速吸引人们的视线，在广告创意时就必须把提升视觉张力放在首位。

（2）新奇性原则。"新"就是前所未有、前所未用、前所未变，"奇"就是别具一格、不同寻常。新奇是广告作品引人注目的奥秘所在，它可以打破思维的惯性，使广告作品波澜起伏，奇峰突起，引人入胜，进而深化广告主题，提升广告境界。

（3）包蕴性原则。冲击性和新奇性都是表现形式上的，可以引人注目。而真正打动人心的是内容。独特、醒目的形式必须蕴含耐人思索的深邃内容，才拥有吸引人一看再看的魅力。这就要求广告创意不能停留在表层，而要使本质通过表象显现出来，这样才能有效地挖掘读者内心深处的渴望。

（4）渗透性原则。广告创意必须以目标受众的心理为基础，充分调动人的感觉、意识乃至潜意识。人最美好的感觉就是感动。出色的广告创意往往把"以情动人"作为追求的目标。

（5）简单性原则。简单意味着精练，意味着清晰、明快，意味着深入主题。广告创意除了从思想上提炼，还可以从形式上提纯。简单明了绝不等于无须构思的粗制滥造，构思精巧也绝不意味着高深莫测。平中见奇，意料之外、情理之中往往是传媒广告人在创意时渴求的目标。

3. 广告创意的过程

根据华莱士的四阶段说，广告创意过程可分为以下几个阶段：

（1）收集资料阶段。在收集原始资料时，有两个方面的内容是需要格外注意的：一方面是眼前问题所需特定知识的资料；另一方面是在平时积累中储存的一般知识资料。特定资料是指那些与产品有关的资料，以及那些计划销售对象的资料。我们都了解要拥有对象产品资料和消费者资料的重要性，而事实上，大家却很少为此事努力。如果我们为此研究得够深远，会发现每种产品和某些消费者之间都有其相关联的特性，这种相关联的特性就可能导致创意。

（2）分析资料阶段。用心去仔细检查分析这些资料，这是一个内心消化的过程，正如要对食物加以消化一样。此阶段要寻求的是事物之间的相互关系，以使每件事物都能像拼图玩具那样，汇聚综合后成为贴切的组合。最后寻找出资料间互相的关系和广告的主要诉求点。

（3）酝酿组合阶段。发挥创造力，通过对资料的分析、综合、整理和理解，努力发现一些有效的信息。这是创意过程中最艰苦的阶段。

（4）产生创意阶段。通过对前三阶段资料的整合，运用创新方法得到一些相对完整的创意。

（5）评价决定阶段。对已形成的创意进行评价、补充、修改，使之更加完善和有针对性。

战法训练

训练一：揭示校标的故事

找到本校校标的清晰图案，查找有关该校标设计的相关资料，结合自己的理解写一篇说明短文，进行详细释义。

训练二：海报创意分析

1. 这张图片广告想表达的是什么？请分析该图片有什么创意特点，并做出详细说明。

2. 这三张图片广告想表达的是什么？请分析该图有什么创意特点，并作出详细说明。

妙思偶得

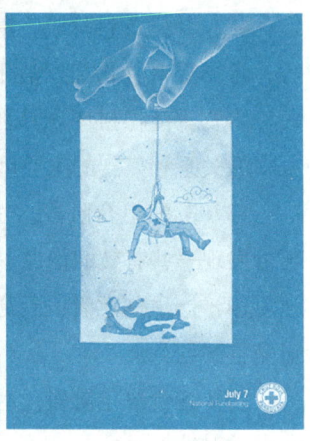

训练三：广告创意分析

　　这组广告是一个户外广告与真实环境相结合的创意案例，由印度尼西亚的 The Lovemarks 公司创作的耳鼻毛修剪器创意广告。广告很好地利用了电线这种生活中常见的东西充当广告中的毛发元素，生动有趣，让人印象深刻。

　　1. 我们身边还有类似这样的广告与真实环境相结合的创意广告吗？请举例。
　　2. 请试着设计一个广告与真实环境相结合的创意广告。

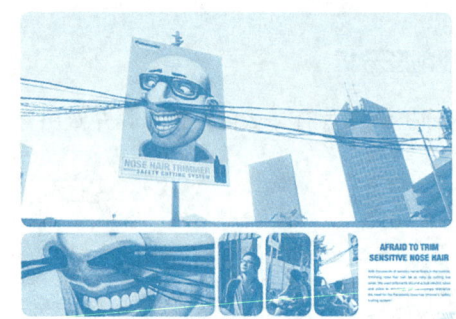

训练四：创意大爆发

　　1. 训练目的
　　体验创意的来源、过程。
　　2. 内容步骤
　　(1) 首先从下列两个广告文案创意中选择一个；
　　(2) 选择广告中 2 个或几个关键词；

（3）小组以头脑风暴会议讨论，通过关键词赋予一个新的创意；

（4）创意中可以加入新的元素，但至少要保留2个关键词。

广告文案创意一：医生不懂病人的心

医院的危重病人监护室里，护士正在查房。一个全身无法动弹的病人忽然眨了几下眼睛，女护士赶紧叫来大夫会诊。当医生、护士们一齐围拢在患者的床前时，患者的手指又轻微地动了几下，像是要表达点什么。医生赶忙将纸和笔递过去，患者写下一行字：不要挡住电视！原来医护人员所站的位置正好挡了病人看电视的视线，所以他要求大家让开，不要打扰他看体育台的节目。

主要关键词：危重病人、护士、大夫、纸、笔、电视、病房、床。

要求：必须是电视频道或节目的广告。

广告文案创意二：比你想象的还要低

深夜，一位白衣女子被一个陌生男子跟踪。为了躲避，她跑进了一个尚未完工的建筑工地，但陌生人还是紧紧地尾随而来。工地里一片漆黑，地上积着水，白衣女子跌跌撞撞地跑着，可跟踪者还是追得越来越近。就在马上要抓住她的时候，突然，陌生人的头撞到一根横贯的钢管上。原来，钢管的高度正好是跟踪者额头的高度，他没有发现，所以没有低头而是直着走过去，结果一下子被撞晕了。姑娘总算幸免于难。这时字幕打出："××电信新资费，比你想象的还要低。"

主要关键词：白衣、女子、男子、陌生人、建筑工地、漆黑、跟踪者、钢管、额头、晕。

要求：必须是电信广告。

战法三
创造实训

战法导图

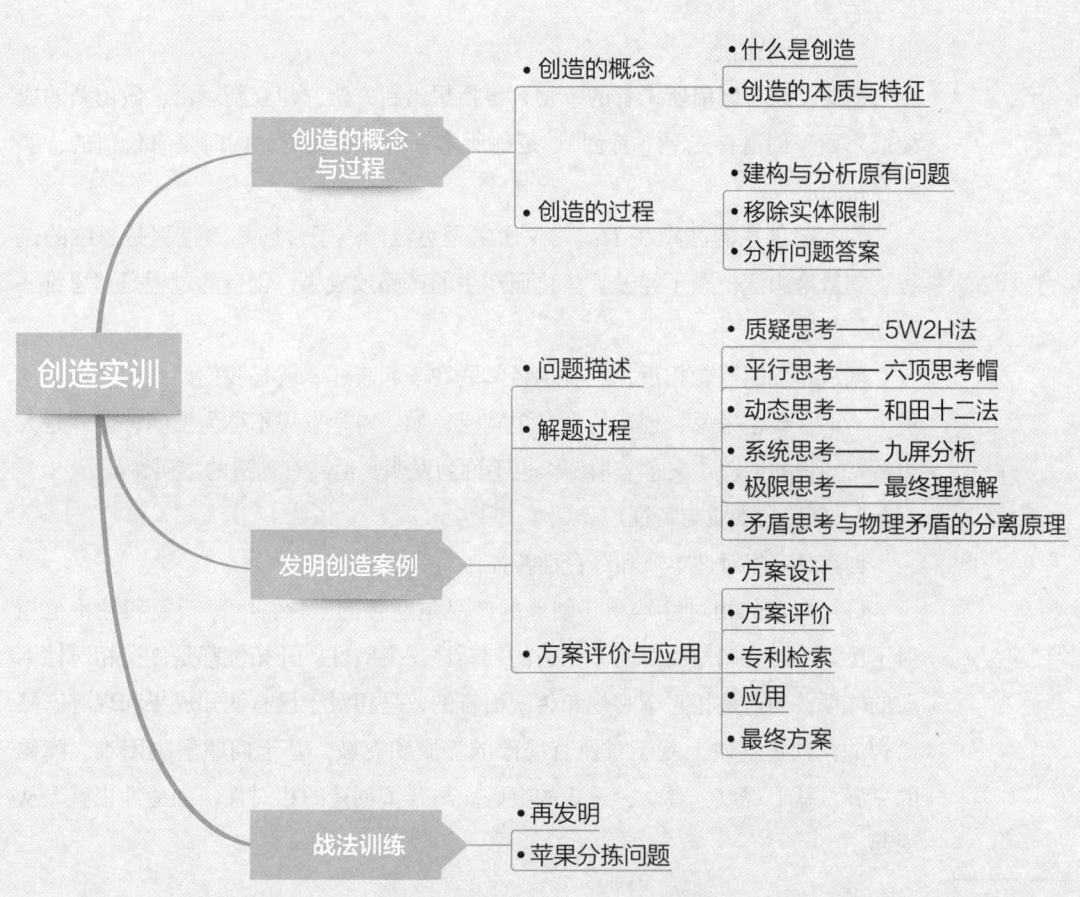

妙思偶得

战法目标

1. 知识目标：了解发明创造相关的基础知识。
2. 技能目标：通过发明创造案例，将创新思维心法知识和创新思维技法知识融会贯通，能灵活应用于学习生活实践中创造性解决问题。
3. 体验目标：体会发明创造的思维过程。

战法内容

创新故事18：小产品大创新

创造力的提升是创新思维训练所追求的最终目标，创新思维开出的创意花朵只有通过创造才能结出新事物的果实。创造力需要不断地创新实践才能获得有效提升，而思维与方法的应用水平是创造力水平的重要指标之一，需要在实践中融会贯通，达到运用自如的程度。

一、创造的概念与过程

（一）创造的概念

1. 什么是创造

创造就是首创前所未有的事物，包括想出新方法、建立新理论、做出新的成绩或东西。创造首先是"首创"，是前所未有的、全新的，同时是有价值的、实实在在的成果。

创造与创意的区别在于：创意通常是想法、点子，创意的过程是思维的过程；创造是想法、点子经过具体化而产生的产品或成果，创造的过程是"思维+行动"的过程。

创造和发明概念相近，二者也经常联在一起表述，就是我们熟悉的"发明创造"一词。严格来说，创造的含义更宽泛，如：科学发现不称为发明，但却是人类对新知识的创造；文学艺术创作也不称为发明，但具有创造的本质特征。

2. 创造的本质与特征

创造具有相对性本质和综合性特征。

（1）创造的相对性本质。创造的产品是新颖的、独特的，新颖和独特是相对于已知、原有属性而言的。创造的创新性、突破性、开拓性都是创造相对性本质的体现。创造是相对于常规和传统而言的，是相对于已有认知成果和现有产品而言的，创造本质上基于对原有局限的克服和突破，基于问题解决困难、障碍的克服，基于观点、观念、意识的突破。离开了创造的相对性，创造性也就无从谈起。

(2) 创造的综合性特征。创造性思维涉及逻辑思维和非逻辑思维的综合应用，涉及多种创造性思维方式和方法的综合应用，涉及直觉、灵感、顿悟等不同创造性思维形式的参与，涉及获取新信息、新思维材料和思维加工的有机统一过程，涉及发现、发明、创造过程的统一，涉及认知创造性、问题解决创造性和发明创造性的综合，涉及创造性思维、创造人格和创造环境的有机统一。因此，创造具有综合性的特征，创造的综合性是创造的一个基本特征。

（二）创造的过程

创造的相对性本质决定了它的过程是一个打破常规、突破传统，创造性地解决问题的过程。创造的综合性特征决定了它的过程是一个创新思维与方法综合应用的过程。这一过程可以分为若干阶段，各种思维模式与方法分别在不同阶段发挥各自作用。

美国创造工程学家奥斯本认为创造的基本过程可分为三个阶段：发现事实阶段、发现思想阶段、发现解决方案阶段。后来又细化为七个阶段：定向、准备、分析、观念、沉思、结合、估价。

苏联时期，阿奇舒勒用了 40 年时间创立了 TRIZ 经典理论体系，其中对发明创造过程、步骤的研究伴随始终。TRIZ 的"发明问题解决算法"（ARIZ）用进化的视角、辩证的方法，集成和融合了各种 TRIZ 解决问题的工具，给出了发明创造的精确步骤。它可以有效地组织人的思维，通过标准化的程序对问题进行系统分析和求解，使困难的问题转化为容易的问题。

在发明问题解决算法的 1959 年版本（ARIZ-59）中就已经明确给出了发明创造的三个阶段：分析阶段、实施阶段、综合阶段，每个阶段分为若干步骤。此后伴随着 TRIZ 新工具的产生而不断发展和细化，经历了一个从简单到复杂、从笼统到精细的过程，直到阿奇舒勒主持的最后一个版本 ARIZ-85 时，已经成为一套包含三个阶段、九大步骤、九十多个子步骤的工具，用于解决复杂的、非标准的问题。ARIZ 至今仍在不断发展完善之中。

ARIZ 的方法步骤可以简要、通俗地描述如下：

（1）分析阶段——建构与分析原有问题。

步骤一：分析问题。对问题进行分析和简化，建立一个可准确描述的极其单一化的模型：问题模型。

步骤二：分析问题模型。主要目的是创建用来解决问题的现成的有效资源的清单（空间、时间、物质和场）。

步骤三：陈述最终理想解和物理矛盾。将问题向解决方案方向转换。经过本步骤可获得最终理想解的未来图像，也确定了阻碍获得理想解的物理矛盾（虽然理想解不会轻易获得，但却可以指引出如何获得理想解的方向）。

(2) 实施阶段——移除实体限制。

步骤四：利用资源。在步骤二查明的现有资源基础上，进一步分析派生资源，增加资源可用性。步骤四将继续沿着步骤三的路线前进。

步骤五：应用知识库。很多情况下步骤四可帮助我们找到解法方案并直接进入步骤七。如果没有找到解法，推荐使用步骤五。步骤五的目的是动用 TRIZ 理论知识库里积累的所有经验。

步骤六：转换或替代问题。简单问题可通过物理矛盾的克服得到解决，解决复杂问题时通常与改变问题的描述有关。也就是消除由惯性思维所产生的那些从一开始看来就明显的初始限制，正确地理解并解决问题。发明问题不可能在一开始就能得到精确的表述，问题解决过程本身也伴随着修改问题陈述的过程。

(3) 评价阶段——分析问题答案。

步骤七：分析解决物理矛盾的方法。步骤七的主要目标是检查解决方案的质量。

步骤八：利用解决方案。创新的方法不仅用于特定问题的解决，还能为其他类似问题的解决提供通用的答案。步骤八的目的是能使解决方案最大化利用。

步骤九：分析解决问题的过程。使用 ARIZ 解决每一个问题都能很好地增长使用者的创新潜能。然而，要想获得这些，需要对解法过程进行透彻的分析，这就是步骤九的主要目的。

问题导向的创造过程一般步骤

创新过程是在创新心法的引导下，灵活运用各种创新技法发现问题、分析问题、解决问题的过程。按照发明创造的一般性规律和本课程知识技能训练目标要求和内容设计，创造过程的一般步骤为：描述问题、分析问题、初步解决问题、设想问题的极限、挖掘问题的矛盾、查找解题的资源。

(1) 描述问题。运用质疑思考的方法描述正确的问题，正确地描述问题。

(2) 分析问题。运用系统思考的方法分析问题，建立全面认识，发现可用资源、预测未来发展。

(3) 初步解决问题。运用动态思考的方法尝试寻找答案，初步解决问题。

(4) 设想问题的极限。若问题未被解决，则运用极限思考的方法进一步放大分析问题、定位解决问题的目标和方向。

(5) 挖掘问题的矛盾。运用矛盾思考的方法挖掘产生问题的根本原因（物理矛盾），进而确定矛盾的分离原理。

(6) 查找解题的资源。运用资源分析的方法查找解决问题的最佳资源。

(7) 评价解决问题的方案。

特别地，在团队创新时，提倡运用平行思考的方法组织思维，并适时运用思

二、发明创造案例——输电杆塔鸟巢问题的解决

随着自然生态不断恢复和好转，鸟类活动越来越频繁，随之而来的鸟害原因引起的输电线路跳闸次数明显增加。在春季的时候，一般鸟类都喜欢在输电线路的杆塔上方筑窝产卵与孵化，经常叼一些铁丝、柴草、树枝等在输电线路上方飞行，当这些物质掉落在导线和横担之间的时候，就会导致一些线路发生故障。当刮风的时候，杆塔上鸟巢就会被强风吹散，进而掉落在绝缘子或者导线上，出现接地短路的故障；鸟类在输电线路的杆塔上筑窝，其排泄物就会沿着绝缘子串向下流，导致出现单相接地短路故障；鸟粪随着风吹的方向坠落，落在带电体上，致使出现空气间隙击穿的现象，导致出现一定的线路故障。另外，体型较大的鸟类在杆塔横担上活动，展翅瞬间使绝缘子串短接也会造成线路故障。鸟害防治对保障线路的正常运行、维护国家财产安全十分重要。

（一）问题描述

多数鸟类喜欢在电塔上筑窝（图 3.3.1），导致线路短路故障以及空气间隙击穿现象时有发生，从而造成所在区域停电事故。目前，电力工作人员通过攀爬至电塔顶端清除鸟窝，但需要大量工作人员沿线定期巡视，工作量大，效果不明显。

图 3.3.1　电塔上的鸟巢

（二）解题过程

1. 质疑思考——5W2H 法

Who：什么鸟喜欢在电塔处筑巢？

主要是喜鹊。

Where：喜鹊喜欢在电塔的什么位置筑巢？

喜鹊在高处稀疏的地方筑巢，在高压线塔高处。粪便集中在铁塔重要部件（易短接位置）、电线上。

妙思偶得

When：喜鹊通常什么时候筑巢？多久可以完成？

喜鹊的筑巢活动通常在2月底就开始了，雌雄鸟都参加筑巢工作，一般四五天就可以筑好了。

What：喜鹊用什么材料筑巢？

经过观察分析，喜鹊巢穴材料主要有枯枝、铁丝、泥土、草叶、棉絮、兽毛、羽毛等。

Why：为什么在电塔高处筑巢？鸟巢为何导致线路故障？

因为平原地区树木太矮小，电杆高过树木，所以喜鹊选择高大的电塔；电塔采用钢结构，风吹不摇动，有安全感；电塔顶端空气流通好；高处筑巢是鸟的本能，为了安全，防止小动物爬上去。

当刮风的时候，如果鸟巢里的物体尤其是铁丝掉落在输电线和电塔构件之间，就会导致线路故障；鸟的排泄物还会沿着绝缘子串向下流，导致出现单相接地短路故障以及空气间隙击穿的现象；如果多只喜鹊在鸟巢附近活动，展翅瞬间还会将绝缘子串短接，从而造成停电事故。

How to：喜鹊如何筑巢？

喜鹊的巢呈球状，由雌雄共同筑造，以枯枝、铁丝编成，内壁填以厚层泥土，内衬草叶、棉絮、兽毛、羽毛。巢大且圆，结构坚实且复杂，有每年翻新的习惯。

How much：清除鸟巢的难度有多大？

目前电力工作人员手动去除鸟巢，工作量大，成本高；如果不需要工作人员，工作量将大大减少，电力部门也将减少工作人员的开支。

经过以上七个步骤质疑，我们可获得如下信息：

(1) 电塔筑巢鸟类主要为喜鹊，在喜鹊活动范围内，制高点只有电塔，且电塔稳定性高。

(2) 喜鹊通常在2月底筑巢，筑巢时间短，仅4～5天。

(3) 喜鹊用树枝、草叶、铁丝筑巢。铁丝及鸟类粪便可导致线路故障。

因此，我们需要解决的问题为：在不需要人工介入、保证喜鹊正常繁殖的情况下，如何用最小成本去除电塔上的喜鹊窝？

2．平行思考——六顶思考帽

创新源于质疑，正确地提出问题是成功解决问题的前提。经过5W2H法分析，我们已经确定了我们的解题方向，下面让我们一起来集体实战吧！

目标：如何用最小成本去除电塔上的鸟巢？

时间：30分钟。

人数：10人。尽量选择不同年龄、不同职业人群。

以下为思维过程：

（1）蓝色思考帽。

蓝帽：主持人选择帽子，制定帽子佩戴顺序（图 3.3.2），并做出结论。

说明：白帽思维获取的数据信息，我们已经通过 5W2H 进行了分析，在此不再重复。

图 3.3.2　帽子佩戴顺序

（2）红色思考帽。

① 用老鹰等猛禽把鸟吓跑。

② 利用长竿，工作人员在地面就可以处理电塔上的鸟巢。

③ 利用超级大喇叭将鸟赶跑。

④ 改变电塔架构，不利于鸟类停留筑巢。

⑤ 用强力吹风机把鸟吹跑。

⑥ 在电塔上搭建安全的人工鸟巢。

⑦ 在电塔两侧栽上同样高大的树木，让鸟在树上筑巢。

⑧ 干脆不用电塔了，改用别的输电方式。

（3）黄色思考帽

① 按鸟类害怕天敌的道理，在电塔顶端安放假老鹰把鸟吓跑的方法是可行的。

② 长竿主要是携带不便，可以将其做成可伸缩的。

③ 噪声驱鸟用的是声音，可以用模仿猛禽叫声的装置驱鸟。

④ 改变电塔架构的方式需要进一步探讨。

⑤ 连续的强风不易维持，可以改为间歇式的强风，效果会更好。

⑥ 从保护鸟类的角度看，搭建人工鸟巢的想法具有建设性，重点在于如何处理鸟粪。

⑦ 应选择栽植高大的乔木。

⑧ 取消电塔，可以考虑地下输电。

（4）黑色思考帽

① 在每个电塔顶端都安放假老鹰，或安装模仿猛禽叫声的驱鸟装置，一是成本问题，二是时间一长可能会被鸟类识破，不起作用。

② 利用长竿，本质上还是没有改变人工作业方式，工作量大，边远地方巡视困难。

③ 现有杆塔数量庞大，改造不现实，改变电塔架构困难重重，而且改造现有

的电塔将耗费巨大。

④ 不管是连续的强风还是脉冲式的强风,其装置成本高,且都将耗费很多的能源。

⑤ 什么样的人工鸟巢才是安全的?

⑥ 树木通常达不到电塔高度。为保证输电安全,树木需要保持与电塔的安全距离,而按喜鹊等高处筑巢的鸟类习性,依然会在塔上筑巢。

⑦ 架线传输电力是目前最简单高效的方式;高压输电如改为地下传输需要解决许多技术问题;埋地线成本太高,对于地形地貌的要求有一定限制,有些地区不适用于埋线。

(5) 绿色思考帽

① 在电塔顶安放智能假鹰,可以在有鸟落在附近时自动动起来并发声。

② 输电线本身输送的就是强力的能源,驱鸟装置可以从中获取足够动力,或应用现成的其他能源。

③ 改造电塔、电线,不怕鸟儿巢穴、粪便,并且电塔可以自清洁粪便。

(6) 蓝色思考帽

总结上述观点,得到以下结论和想法:

① 利用可伸缩的长竿,将人工上塔作业改为地面作业,本质上还是人工作业。

② 在安全的地方安装人工鸟巢可行,但效果有限。

③ 改变线塔本身属性使之不适于鸟类筑巢技术难度大,成本高。

④ 改为地下输电方式成本高,受地形限制,技术难度大。

⑤ 仿生的、自动化的、智能的驱鸟除巢装置应作为解决问题的有效方法,是解决问题的方向。

3. 动态思考——和田十二法

根据前面的分析,我们应该用动态的、变化发展的眼光来进一步分析问题,寻找可行方案。

我们用动态思考工具和田十二法对问题分析如表 3.3.1 所示。

表 3.3.1 和田十二法

加一加	在电塔上加一些遮挡物,使鸟类不能在上面筑巢
减一减	在保证支撑强度前提下,减小电塔顶部支撑部件的数量或斜角等,使之不适于筑巢
扩一扩	扩充电塔顶部,预留足够的安全空间用于鸟类筑巢,只重点保护存在隐患的部位
变一变	将杆塔顶端涂上鸟讨厌的颜色;将电塔两侧一定距离内的电缆套上绝缘管

续表

改一改	改变杆塔顶端现有表面，如：带刺，使鸟因刺痛不敢落在上面
缩一缩	在保障安全的前提下，缩小杆塔的高度，使之矮于两侧的树木等
联一联	将塔与风力发电风机、广告牌等联系在一起，使鸟类有在他处筑巢的空间
学一学	学一学风车、发电风机，使杆塔顶有旋转装置，让鸟无法筑巢
代一代	寻找可以替代电塔输电的方法
搬一搬	将远程图像识别技术用于电塔鸟巢监控
反一反	将电缆的下垂方式改为上举，使鸟在其下筑巢
定一定	按鸟类的习性制定巡检、驱鸟等的时段和频度

4．系统思考——九屏分析

我们已经初步得到了一些想法和思路。对于目前数量庞大的杆塔，全面改造的想法并不现实，我们应该立足于不改变或少改变现有杆塔来解决问题。为了更全面认识问题，寻找解题方向，查找可用资源，用九屏幕法进行分析。因杆塔不适于改变，我们将其置于超系统，而将重点放在如何清理鸟巢上。依此确定当前系统为人工清理鸟巢装置，未来系统为非人工（自动）装置，分析如图 3.3.3 所示。

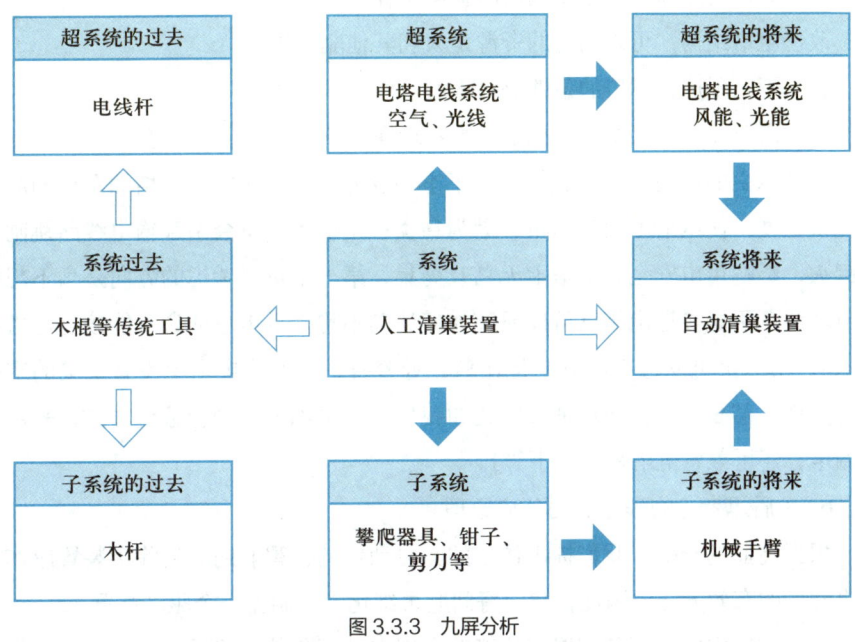

图 3.3.3　九屏分析

分析超系统未来路线得到想法：自动驱鸟装置需要能量来源，经分析超系统未来，能量资源可来自于电塔电线系统、风能、光能，按资源优先使用顺序，风能、太阳能应该是合适的。

分析子系统的未来路线得到想法：人工清巢装置由钳子、刀等组成，系统未来为自动清巢装置。因此，系统未来应包含类似机械手臂等实现自动清巢功能的子系统。

5．极限思考——最终理想解

经过以上系统思维过程，我们又对问题的思考层面进行了扩展，也得到了一些想法和思路，接下来我们可以尝试采用极限思维的方法，将关键问题进行极限的放大或者缩小。

最终理想解分析：

（1）进行设计的最终目的是什么？

不需要人工介入，发现鸟巢可以及时清除。

（2）最终理想解是什么？

不增加系统的成本及复杂程度，使鸟无法在电塔上筑巢。

（3）达到理想解的障碍是什么？

电塔的高度和结构，鸟的移动性，鸟筑巢繁殖的天性。其中鸟的移动性和鸟筑巢繁殖的天性是不可改变的。

（4）如何消除障碍？可以利用的资源是什么？

改善电塔结构；可以利用的资源是人和其他驱鸟工具。

（5）不出现这种障碍的条件是什么？

鸟不需要在电塔上筑巢；电塔自身物理属性不满足鸟筑巢的条件。

经过以上的提问过程，我们找到了本问题的最终理想解：不增加系统的成本及复杂程度，使电塔上没有鸟巢。因为鸟类在电塔上筑巢会引起输电线路跳闸或者起火，影响用电安全。电塔上无鸟及鸟巢，第一个可以考虑的方向是鸟不想接近电塔或者不能接近电塔（可以研究如何让鸟不想接近电塔或者不能接近电塔的方法），第二个可以考虑的方向是让鸟无处容身，也就是电塔上没有筑巢的空间或者条件，甚至可以让电塔消失（比如我们是否可以考虑创新输电方式，采用无线输电，还可以将电塔埋于地下等）。

6．矛盾思考与物理矛盾的分离原理

根据前面的分析，我们提出仿生的、自动化的、智能的驱鸟除巢装置应作为解决问题的有效方法，因此，我们将问题再细化为，制作一个驱鸟装置。

（1）描述问题。驱鸟装置应该能够实现自动清除装置附近鸟的作用，工作区域为电塔的衡量斜角处。

(2) 进行矛盾思考。

① 驱鸟装置的体积要大，因为可以用驱鸟装置填充电塔上的空间；驱鸟装置体积要小，因为太大成本高，电塔上无法安装。

② 驱鸟装置应该模拟人的外形或动作以及声音，这样可以吓走鸟，使鸟不敢靠近，但会增加装置的复杂性。

③ 驱鸟装置应该能感知有鸟靠近，从而控制装置进行驱鸟，但驱鸟装置不能感知有鸟靠近，因为驱鸟装置没有眼睛等感知结构。

④ 驱鸟装置的电池容量应该无限大，因为给电池充电的工作量很大，但电池容量不能无限大。

(3) 想象。

① 如果取消电塔上空闲的空间，能达到没有鸟类筑巢，措施目标的后果是增加建造电塔的成本。也就是不让鸟有筑巢的地方，可以让其他的装置占据鸟筑巢的空间。

② 如果驱鸟装置能够模拟可以吓走鸟的声音，不需要现成能源就能一直工作。

(4) 规划行动步骤，管理并运用手上的矛盾。

(5) 均衡执行，确保自己没有偏废两难的任何一方，于是我们确定既不改变原有电塔的结构，又不让鸟有空间筑巢的方法就是用另外一种装置将电塔上的空间占满。

于是，我们采用物理分离原理对以上分析，给出解决方案。首先必须找到一个资源，既能满足对电塔的要求，保证电线正常传送电力，同时又能使鸟类远离电塔。

明确第一种要求：为了实现电线的正常传送电力，资源必须在电塔上；为了避免系统复杂，资源又不能在电塔上。

明确第二种要求：为了实现驱鸟装置能够实现驱赶鸟的功能，又能长期正常的工作，资源应该在超系统或子系统中找。

(1) 应用空间分离法。

第一步：定义矛盾，首先确定矛盾的参数。

驱鸟装置的体积得大，又得小。

第二步：在空间上满足电塔空间的要求，电塔的空间不满足鸟筑巢的要求。

第三步：实现电塔既保留高度和空间，又不允许鸟筑巢，将电塔空间在电塔上分离出来给了驱鸟装置。

(2) 应用时间分离法。

第一步：定义矛盾，首先确定矛盾的参数。

驱鸟装置的能量应该无穷大,但是没有无穷大容量的蓄电池。

第二步:我们在超系统中找到资源——风能。资源在时间上满足发电的要求,驱鸟装置的蓄电池在时间上满足持续供电的要求。

第三步:在驱鸟装置上安装一个风力发电装置,将风能转换为电能,储备在蓄电池中待用。

(3) 应用条件分离法。

第一步:定义矛盾,首先确定矛盾的参数。

当有鸟存在时,驱鸟装置能感知鸟的存在,发出声音驱赶鸟;当鸟不存在时,不驱鸟。

第二步:资源在时间上满足感知鸟从而驱鸟的要求,驱鸟装置在时间上满足感知鸟和驱鸟的要求。

第三步:当鸟不在驱鸟装置周围时,驱鸟装置保持待工作状态;当鸟靠近时,触发开关,转变到工作状态,发出巨大的声音,吓走鸟。

(三) 方案评价与应用

1. 方案设计

方案1:一种驱鸟刺。如图3.3.4所示,驱鸟刺的本体为柔性结构,驱鸟刺通过魔术贴子面和魔术贴母面,紧紧包裹在电塔的钢结构上,固定在本体上的驱鸟刺给鸟的爪子以刺痛感,从而防止鸟类落在电塔上。

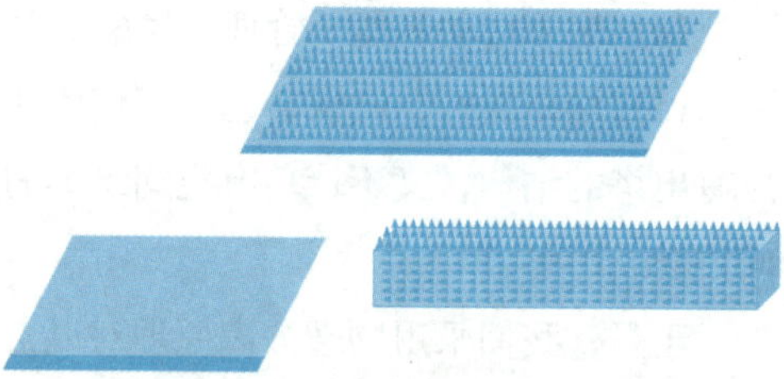

图3.3.4 驱鸟刺

方案2:设计一种驱鸟炮。如图3.3.5所示,风能带动风力发电装置转动,风力发电装置的转动带动下方的大齿轮转动,大齿轮带动与其相啮合的小齿轮转动,从而带动发电机转动进行发电,发电机产生的电能输入蓄电池进行储电。当有鸟落在激光发射器与激光接收器之间时,驱鸟炮检测到激光接收器接收不到激光发射器发射的激光,磁控装置通电,磁控装置带动空气炮处于蓄力状态,然后磁控装置断电,空气炮从蓄力状态发射,并产生爆破音,以此来驱散电塔上的鸟类。

方案3:为电塔裹上一层保护膜,防止鸟类进入。

方案4:可以人工在离电塔不远的地方为鸟儿建好鸟巢。

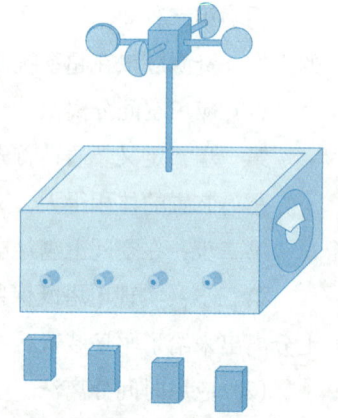

图3.3.5 电塔驱鸟炮

方案5：利用可用资源"人"。人手拿可以调节长度的竿，竿末端设有执行装置，可以将电塔上的鸟巢摘除或移动到其他地方。

方案6：利用可用资源阳光。在电塔上安装反光装置，使电塔上的鸟类容易停留和筑窝的地方长期处在强烈刺眼的光照之下，以达到驱鸟的效果。

方案7：声音／气味模拟装置。在电塔上安装声音模拟装置或气味模拟装置，用来模拟鸟类的天敌，比如鹰等，这样鸟类就不敢靠近电塔，达到驱鸟的效果。

方案8：针对鸟类粪便问题。可以设计一种绝缘子保护套，将绝缘子密封起来，保护绝缘子不受鸟类粪便的影响。

2．方案评价

（1）方案2中引入的声场可以用对鸟类造成影响的场代替，例如热场和压力场，但热场可能会对电塔钢结构的强度和稳定性造成影响；由于电塔的钢结构暴露在大气中，不属于封闭空间，因此想在电塔的钢结构内形成一个稳定的压力场，成本会比较高。

（2）子问题预测如下：

方案2设计的驱鸟炮，当鸟落在电塔的钢结构上停留休息或在电塔上筑窝繁殖时，驱鸟炮可以检测到有无鸟停留，从而驱动空气炮发出爆破声，使鸟类受到惊吓而飞离电塔；但当鸟类受到惊吓后，可能会慌不择路，一头撞在电线或绝缘子上，从而起到反效果。

方案3中提到的给电塔覆盖一层保护膜，防止鸟类进入。但如果电塔覆盖的保护膜经过长时间风吹日晒导致强度降低，某一个部位出现了破损，破损经过风吹会逐渐变大，直到鸟类可以钻进去时，鸟类只有这一个进出口，为鸟类提供了人造的保护环境，鸟类更愿意在这种环境中筑窝。

方案4中提到给鸟类提前建好鸟巢（图3.3.6），但可能出现鸟巢建好后，鸟类不在建好的巢中繁殖，还是在自己筑的巢中繁殖的情况。

方案5使用人力资源对鸟巢进行破坏，有可能对巢穴内的幼鸟或者鸟蛋造成破坏，影响鸟类的繁殖。

图3.3.6　线路维护人员正在安装竹制鸟巢

方案6安装反光装置能对鸟类的视线造成影响，同样有可能对飞机飞行员的视线造成影响。

（3）方案评估如下：

方案1、方案2、方案3、方案4和方案6实现了最终理想解的主要目标。

方案1、方案2、方案3、方案4和方案5没有解决物理矛盾。

方案1、方案2、方案4、方案5和方案6降低了结构的复杂性,易于在工程中实现。

采用原理解,解决了鸟在电塔上筑窝繁殖的问题。

3. 专利检索

经专利检索得:方案1、方案2、方案4和方案5中提到的方案均具有新颖性。

4. 原理解应用

飞机在机场起飞或降落时,鸟类极容易被吸入飞机发动机,破坏发动机的叶片,从而严重影响航空安全。方案2中设计的一种驱鸟炮可以应用在机场进行驱鸟,以保证航空安全,维护乘客的财产和生命安全。

针对电塔上的鸟巢问题,本项目通过六顶思考帽法、5W2H法、TRIZ理论中相应工具展开详细的分析与描述,进行了问题的九屏分析、最终理想解分析、物理矛盾分析和可用资源分析。结合矛盾和最终理想解对鸟类在电塔上筑窝繁殖进行了详细分析,并通过提出8个概念方案,对机械结构代替人工动作的方案进行了详细设计。在此基础上还对原理解进行了分析评价,并将产生的方案引申到机场的驱鸟问题中。

5. 最终方案

采用方案2,用绿色环保的风力发电装置供能,结构简单实用的激光装置检测鸟的存在,用空气压缩装置蓄能,并在激发时产生冲击气流和爆破音驱鸟。

战法训练

训练一:再 发 明

1. 训练目的

通过分析、模拟优秀小发明案例发明过程,学习创新方法应用,熟悉创新过程。

2. 内容步骤

以学习小组的形式讨论,提出一个问题实例,或选择一个现有系统,回到系统过去的状态,综合应用学过的方法进行再发明分析,尽可能填写下表。

问题实例或现有系统名称		
本发明之前问题的原始情境		
心法分析	内容	描述
	发散思维	
	联想思维	
	想象思维	
	逆向思维	
	灵感思维	
技法分析	内容	描述
	六顶思考帽	
	5W2H	
	和田十二法	
	九屏分析	
	STC 算子	
	最终理想解	
	矛盾分析	
	资源分析	

训练二：苹果分拣问题

问题来源：随着现代化技术和管理水平的提高，苹果的产量也迅速提高，农户采摘苹果后，如不迅速分拣则容易造成损果，还增加仓储费用。对苹果的分拣以颜色、大小为主要标准，需要手工进行，很容易因为主观因素而不能很好地执行分拣标准，对苹果的快速分拣能使农户获取更大的经济效益。

1．训练目的

提高学习生活实践中创造性解决问题的能力。

2．内容步骤

发明一种设备来提高苹果的分拣效率，撰写发明方案。（不少于 1 000 字）

参考文献

[1] 曹福全.创新思维与方法概论[M].哈尔滨：黑龙江教育出版社，2009.

[2] 李尚之.创新思维的训练手册：脑体操[M].北京：清华大学出版社，2017.

[3] 杨哲.创新思维与能力开发[M].南京：南京大学出版社，2017.

[4] 王竹立.你没听过的创新思维课[M].2版.北京：北京理工大学出版社，2017.

[5] 吴晓义.创新思维[M].北京：清华大学出版社，2016.

[6] 吕丽.创新思维：原理·技法·实训[M].2版.北京：科学出版社，2015.

[7] 胡飞雪.创新思维训练与方法[M].北京：机械工业出版社，2009.

[8] [英]罗德·贾金斯.学会创新——创新思维的方法和技巧[M].肖璐然，译.北京：中国人民大学出版社，2017.

[9] 艾萨克·布柯曼.TRIZ推动创新的技术[M].北京：中国科学技术出版社，2016.

[10] 孙永伟，谢尔盖·伊克万科.TRIZ打开创新之门的金钥匙I[M].北京：科学出版社，2015.

[11] 孙晓鸥.TRIZ理论基础教程[M].哈尔滨：黑龙江科学技术出版社，2014.

[12] 冯林.大学生创新基础[M].北京：高等教育出版社，2017.

[13] 吉家乐.哈佛思维训练课[M].天津：天津科学技术出版社，2014.

[14] 王薇.收益一生的脑力训练[M].北京：人民邮电出版社，2012.

[15] 彭聃龄.普通心理学[M].北京：北京师范大学出版社，2004.

[16] 董仁威.新世纪青年百科全书[M].成都：四川辞书出版社，2007.

[17] 龚升平.联想思维在新闻采访中的应用[J].青年记者，2015.

[18] 徐信优.类比法——开启学生思维的金钥匙[J].中学物理：初中版，2016.

[19] 刘清美.浅谈拓展想象思维在语文教学中的三种形式[J].新校园旬刊，

2013.

[20] 李猛.思维导图大全集[M].北京：中国华侨出版社，2010.

[21] 爱德华·德·波诺.平行思维——解读六顶思考帽的深层价值[M].王以，译.北京：企业管理出版社，2004.

[22] [俄] 根里奇·斯拉维奇·阿奇舒勒.创新算法[M].谭培波，译.武汉：华中科技大学出版社，2008.

[23] 杨清亮.发明是这样诞生的[M].北京：机械工业出版社，2011.

[24] 沈孝芹，师彦斌，等.TRIZ 工程题解及专利申请实战[M].北京：化学工业出版社，2016.

[25] [美] 斯科特·安东尼.创新者的转机[M].胡建桥，译.北京：中信出版社，2010.

[26] [美] 卡迈恩·加洛.非同凡"想"[M].陈毅骊，译.北京：中信出版社，2011.

[27] [美] 杰夫·戴尔，赫尔·格瑞格森，等.创新者的基因[M].曾佳宁，译.北京：中信出版社，2013.

[28] 陈爱玲.创新潜能开发实用教程[M].北京：化学工业出版社，2013.

[29] 王传友，王国洪.创新思维与创新技法[M].北京：人民交通出版社，2006.

[30] 创新方法研究会，中国 21 世纪议程管理学.创新方法教程（初级）[M].北京：高等教育出版社，2012.

[31] 邱章乐.思维风暴[M].北京：东方出版社，2009.

[32] 张明勤，范存礼，等.TRIZ 入门 100 问[M].北京：机械工业出版社，2012.

[33] [美] 亚里斯·奥斯本.我是最懂创造力的人物[M].严厉，译.福建：鹭江出版社，1989.

[34] [美] 亚厉克斯·奥斯本.创造性想象[M].王明利，盖莲香，译.广州：广东人民出版社，1987.

[35] 刘道玉.创造性思维方法训练[M].北京：首都经济贸易大学出版社，2012.

[36] [美] 托马斯·沃格尔.创新思维法：打破思维定式，生成有效创意[M].陶尚芸，译.北京：电子工业出版社，2016.

［37］［美］约翰·斯维尼，艾琳娜·伊梅尔茨卡.创新者的心智模式：培养创新思维的五大行为习惯［M］.龙红明，李妍，译.北京：人民邮电出版社，2016.

［38］鲁百年.创新设计思维［M］.北京：清华大学出版社，2015.

［39］［美］戴维·韦斯，克劳德·勒格朗.头脑风暴如何扼杀了创新？［M］.陈倩，译.北京：中信出版社，2012.

［40］韩博.九屏幕图在TRIZ理论教学中若干问题的探讨［J］.创新科技，2014（4）：6-7.

主编简介

曹福全，教授，黑龙江省TRIZ理论研究所所长，黑河学院创新创业学院副院长，"中俄TRIZ研究与推广基地"中方负责人，黑龙江省创新方法研究会副秘书长、创新教育专业委员会主任。历任首届（2012）—第六届（2018）全国"TRIZ"杯大学生创新设计大赛发明类评审专家。长期从事创新思维与方法理论与教学研究，先后主持、参与省、市级科研课题20余项，发表论文10余篇，主编、参编教材6部。曾获黑龙江省优秀教师，获黑龙江省高等教育教学成果一等奖1项；黑龙江省高等教育学会优秀成果一等奖2项、二等奖1项、三等奖3项；黑龙江省自然科学技术学术成果三等奖1项；黑龙江省高校人文社会科学研究优秀成果二等奖1项；黑河市社科优秀科研成果一等奖1项；黑河市自然科学技术学术成果二等奖1项。

郑重声明

高等教育出版社依法对本书享有专有出版权。任何未经许可的复制、销售行为均违反《中华人民共和国著作权法》，其行为人将承担相应的民事责任和行政责任；构成犯罪的，将被依法追究刑事责任。为了维护市场秩序，保护读者的合法权益，避免读者误用盗版书造成不良后果，我社将配合行政执法部门和司法机关对违法犯罪的单位和个人进行严厉打击。社会各界人士如发现上述侵权行为，希望及时举报，本社将奖励举报有功人员。

反盗版举报电话 （010）58581999 58582371 58582488

反盗版举报传真 （010）82086060

反盗版举报邮箱 dd@hep.com.cn

通信地址 北京市西城区德外大街4号 高等教育出版社法律事务与版权管理部

邮政编码 100120

防伪查询说明

用户购书后刮开封底防伪涂层，利用手机微信等软件扫描二维码，会跳转至防伪查询网页，获得所购图书详细信息。用户也可将防伪二维码下的20位密码按从左到右、从上到下的顺序发送短信至106695881280，免费查询所购图书真伪。

反盗版短信举报

编辑短信"JB，图书名称，出版社，购买地点"发送至10669588128

防伪客服电话

（010）58582300

资源服务提示

方式一：

访问职业教育数字化学习中心——"智慧职教"（http://www.icve.com.cn），以前未在本网站注册的用户，请先注册。用户登录后，在首页或"课程"频道搜索本书对应课程"创新思维训练"（主持人：曹福全）进行在线学习。用户可以在"智慧职教"首页或下载"智慧职教"移动客户端，通过该客户端进行在线学习。

方式二：

授课教师如需获得本书配套辅教资源，可致电资源服务支持电话，或电邮至指定邮箱，申请获得相关资源。

资源服务支持电话：010-58581854 邮箱：songchen@hep.com.cn

本书编辑邮箱：licc@hep.com.cn

全国高职经管论坛QQ群：101187476